로봇
사람이 되다

② 함께 사는 로봇이야기

로봇과 함께
살아가는 세상을 꿈꾸다!!!

이제 인간은 로봇이라는 새로운 종과 더불어 살아가야 하는가?
로봇의 인공지능이 인간의 두뇌를 뛰어넘어 영화에서처럼 반란이 과연 가능한가?
죽지 않는 인간 즉 로봇과 인간을 접목시키면 '불사조'가 가능해진다.
로봇으로 영생의 세계로 들어간다는 말이 과연 정말로 실현될 수 있을까.
로봇이 그리는 과거와 현재, 미래 세계로 함께 들어가 보자.

로봇 사람이 되다
이종호 저

2
함께 사는 로봇이야기

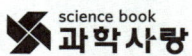
science book
과학사랑

머리말

아이작 아시모프의 소설 「양자인간Positronic Man」을 영화화한 「바이센테니얼 맨Bicentennial Man」은 과학이 발달하면 기계와 인간의 차이가 없어질 수 있다는 생각을 느끼게 한다.

인간형 지능 로봇 앤드류는 인간인 포샤와 사랑을 이룬 후 엉뚱한 꿈을 꾼다. 인간과 사랑을 이루었지만 진짜 인간으로 대접받고 싶다는 것이다. 그는 그 한 조건으로 죽을 수 있는 존재가 되겠으니 자신을 인간으로 대접해 달라며 법정투쟁을 벌인다. 「바이센테니얼 맨」은 미래의 어느 때가 되면 심부름만 하는 로봇에는 만족하지 못한다는 것을 알려주는데 이 영화가 그리는 세상이 정말로 올 것인지 궁금하지 않을 수 없다.

잔잔한 로봇이야기들이 감동을 주지만 로봇이 궁극적으로 인간에게 도움만 주는 존재로 남겠느냐는 의문도 제기한다. 기술의 오용이나 남용 가능성에 대한 비판적 견해는 결코 새로운 일이 아니다. 이 질문은 로봇이 개발됨으로 해서 인간에게 부작용은 없는가, 즉 로봇이 인간을 상대로 위해를 가할 수 있느냐 없느냐로 해석할 수 있다.

SF Science Fiction물에서 다반사로 나오는 것 하나가 로봇의 반란이다. 한마디로 로봇이 오용되거나 남용될 경우 인류는 종말을 맞이할 수 있다는 경고다. 로봇이 반란을 일으킬 수 있는 정도가 되어야, 완벽한 로봇이 태어났다고 인정한다는데 아이러니가 생긴다.

로봇의 미래가 만만치 않다는 것을 알려주지만 과학은 그것이 과연 '참'으로 나타날지에 흥미를 보인다.

필자는 5년 전에 『로봇, 인간을 꿈꾸다』로 독자들로부터 큰 호응을 받았다. 그러나 책이 발간된 지 5년 밖에 지나지 않았음에도 로봇에 대한 제반 상황은 상상할 수 없을 정도로 변모했다. 한국이 휴머노이드 로봇 연구에 착수한지 10년 정도 밖에 되지 않았음에도 40년 동안 세계를 주름잡던 일본의 로봇 기술에 도전할 정도가 되었다는 반가운 소식도 들린다. 이를 반영하듯 많은 독자들이 새로운 로봇에 관한 정보를 당부했다.

로봇은 이제 SF물에 나오는 환상만은 아니다. 이 책을 읽는 순간에도 수많은 로봇이 지구의 여러 곳에서 다양한 활동으로 인간을 대신하고 있다. 이들에 대한 내용을 살펴보면 과연 로봇이 얼마나 많은 분야에서 인간을 위해 이용되는지를 가늠할 수 있다.

2011년 9월 11일 오전, 뉴욕 맨해튼에서 가장 눈에 띄는 세계무역센터에 비행기 한 대가 돌진하여 쌍둥이 건물 중심부를 정확히 강타했다. 몇 분 후 또 다른 비행기가 출현하여 나머지 한 건물마저 박살냈다. 세계를 경악케 한 그 당시 충돌 장면은 현실에서는 불가능한 SF물에서나 나올만한 장면이었는데도 불구하고 실제로 이런 사건이 일어났기 때문에 더욱 충격적인 사건이었다.

　　테러리스트에 의해 일어난 이 사건에 대한 사후 대책들이 곧바로 강구되기 시작했는데 그 중점은 이런 기상천외한 사건들을 사전에 예측하고 대비할 수 있는 방안을 수립하자는 것이다. 이때 미국 당국에서 가장 귀하게 모신 전문가들은 관련 분야 과학자들이 아니라 SF물 감독들이었다. 정책입안자들이 SF물 감독들을 선호한 것은 그들이 상상하는 영화의 장면들이 현실과 무관하지 않은 소재이기 때문이다.

　　실제로 일반인들이 쉽게 상상할 수 없는 아이디어가 아니라면 SF물의 영화가 관객들의 호응을 얻을 리 만무하다. 그럼에도 불구하고 그런 내용이 마냥 황당무계하고 비현실적이라면 그것 또한 외면당한다는 것은 자명한 사실이다. 기발하면서도 현실 세계에서 일어날 수 있는 내용이 관객들에게 재미와 감동을 주는데 로봇 활동도 이들 범주에 들어간다. 참신한 아이디어로 사람들을 깜짝 놀라게 하는 소재 즉 불가능이 없는 미래 세계를 보여주는 데 로봇처럼 유용한 대상이 거의 없기 때문이다. 더불어 이들이 창안한 상당 부분의 아이디어가 현실 세계에 등장하는 것은 잘 알려져 있다. 그러므로 이 책에서는 SF물을 기본으로 로봇의 과거·현재·미래를 풀어간다. 이미 우리들의 현실 세계에 들어온 로봇 세상을 알 수 있다면 로봇이야말로 우리에게 피할 수 없는 대상이라는 것도 알게 될 것이다.

『로봇, 사람이 되다』는 제1권과 제2권, 두 권으로 나누어 「로봇, 인간을 꿈꾸다」에서 많은 부분을 차용했지만 기본적으로 성격을 달리하는 새로운 책으로 탈바꿈했다. 하루가 달리 변하는 과학은 로봇 세상 역시 빠른 속도로 변모시키고 있기 때문이다.

제1권 「영화 속 로봇이야기」에서는 로봇의 과거와 현재에 대해 SF물에 등장한 내용을 기본으로 설명하므로 영화의 장면을 보면서 읽는 것처럼 느낄 것이다. 제2권 「함께 사는 로봇이야기」에서는 로봇이 가져올 미래를 설명하면서도 인간을 모사한 사이보그와 안드로이드에 집중하여 보다 많은 논리적인 이야기가 다루어진다.

근래 로봇의 연구는 매우 놀랄만한 분야로 전개된다. 로봇과 인간의 접목을 위한 비약적인 연구의 결과로 파생된 것으로 학자들의 결론은 그야말로 놀랍다. 한마디로 죽지 않는 인간 즉 로봇과 인간을 접목시키면 '불사조'가 가능하다는 설명이다. 지구상에 생명체가 태어난 이후 단 한 번도 어겨본 적이 없는 죽음이라는 단어가 사라질지 모른다는 말처럼 흥미를 자아내는 것은 없다.

로봇으로 영생의 세계로 들어간다는 말이 과연 정말로 실현될 수 있을까. 필자와 함께 로봇이 그리는 과거와 현재, 미래 세계로 들어가 보자.

저자 이종호

함께 사는 로봇이야기

머리말　　　　　　　　　　　　**004**

9
세계를 주도하는 한국의 휴머노이드

- 일본의 휴머노이드 로봇　　　**015**
- 한국의 휴머노이드 로봇　　　**021**
- 재료 개발이 관건　　　　　　**029**
- 감각을 살려라　　　　　　　**037**

10
안드로이드가 보인다

- 인간보다 더 인간적인 안드로이드　**049**
- 튜링테스트　　　　　　　　　**052**
- 로보사피엔스 등장한다　　　　**058**

11
안드로이드의 두뇌 만들기

- 인간 두뇌의 연구 방법　　　　**067**
- 복잡한 인간의 뇌　　　　　　**070**
- 인간의 기억　　　　　　　　　**080**
- 기억의 메커니즘　　　　　　　**110**
- 서로 다른 좌뇌와 우뇌의 기능　**126**

12
괴롭히는 인간의 특성

- 골머리 아픈 지능　　　　　　**140**
- 인간 지능의 탄생　　　　　　**147**
- 여성과 남성은 다르다　　　　**167**
- 예측이 만드는 행동　　　　　**176**
- 마음도 있다　　　　　　　　　**181**

CONTENTS

13 미완성 로봇이 완벽한 로봇
- 자폐증환자의 천재성 … 198
- 로봇이 느끼는 감정 … 202
- 로봇은 기계 … 206
- 개성있는 로봇 … 218

14 로봇의 반란
- 로봇은 인간과 다른 별종 … 228
- 선악이 구분 안 되는 로봇 … 231
- 거짓말이 가능한 로봇 … 236
- 반란을 꿈꾸는 로봇 … 244
- 제어가 안 되는 의식 … 249
- 매트릭스 세계 … 253
- 로봇의 네트워크 통제 … 266

15 로봇 + 인간 = 불사조
- 인간의 한계 … 282
- 뇌파로 움직인다 … 287
- 영생으로 가는 길 … 295
- 뇌파는 다르다 … 307
- 인간에게 남겨진 숙제 … 323

제1권
영화 속 로봇이야기

1 인간의 꿈이 만든 로봇
- 상상 속의 로봇
- 현실 세계 속의 자동 기계
- 드디어 로봇 등장

2 상상력이 만드는 로봇
- 로봇보다 먼저 태어난 영화
- 로봇의 미래는 유토피아
- 로봇의 미래는 디스토피아

3 로봇 전성시대
- 대형 로봇은 단골
- 외계인은 무엇이든 가능
- 슈퍼맨은 슈퍼맨
- 한계가 없는 상상력
- 로봇의 3대 원칙
- 로봇의 권리 보장

4 로봇태권V의 부활
- 한국인 혼이 담긴 「로봇태권V」
- 한국은 「로봇태권V」가 구한다
- 「로봇태권V」 부활 프로젝트

5 로봇이 달려온다
- 무궁무진한 로봇의 활용
- 의료용 로봇
- 극한용 로봇

CONTENTS

- 군사용 로봇
- 가정용 로봇
- 섹스 로봇

6
두뇌 논리의 모사
- 인공 지능의 역사
- 논리게이트를 만들자
- 하향식 주입
- 상향식 이론
- 기본 상식 해결도 어려워
- 정보 검색의 딜레마
- 전문가가 중요
- 무작위성의 승리

7
언어가 핵심이다
- 이타성이 보이는 언어
- 언어의 진화
- 언어유전자가 존재
- 의사소통은 언어만이 아니다
- 한글로 통일하자

8
사이보그 세상에 산다
- 사이보그는 개조인간
- 인간에 견주는 로봇
- 2족 보행의 필요충분조건
- 인간은 특별한 동물

9

세계를 주도하는 한국의 **휴머노이드**

일본의 휴머노이드 로봇
한국의 휴머노이드 로봇
재료 개발이 관건
감각을 살려라

로봇으로 하여금 2족 보행을 구체화하는 도전은 계속되고 있는데 그 큰 도전에 가장 심혈을 기울이는 나라가 일본과 한국이다. 큰 틀에서 인간형 로봇 개발은 한국과 일본이 전부라 해도 과언이 아니다.

일본의 인기로봇 아톰이 제2차 세계대전의 패망으로 인해 실망에 빠진 전후 세대에게 꿈과 희망을 주자 아톰을 현실세계에서 만들어보려는 것은 당연하다. 여기에 많은 일본인들이 공감하는데 세나 히데아키는 그의 저서 『로봇 21세기』에서 아톰이 일본의 로봇 개발에 큰 영향을 미쳤다고 강조했다. 반면에 도쿄공업대학에서 로봇을 개발한 모리마사 히로시는 일본에서 로봇연구가 심도 있게 추진된 이유를 다음과 같이 일본인의 특성에서 찾기도 했다.

일본에는 사람과 물건을 대립시키지 않고 협조하게 하는 전통이 있다. 사람은 물건을 살리고(활용), 물건은 사람을 기른다(성숙). 로봇이 동료라고 하는 발상은 서양에 없다.[1]

일본인들은 일본이 로봇의 강국이 된 것이 아톰과 일본인의 특성 때문이라는 설명에 수긍한다. 이에 부응하여 일본 정부는 로봇을 7대 성장산업으로 선정하여 집중적으로 로봇 산업 육성책을 주도했다. 일본이 현재 로봇 분야에 관한 한 세계 선두주자로 일어서게 된 계기이다. 2001년 〈21세기 로봇챌린지 프로그램〉을 발족시켰고 2004년에는 〈네트워크 로봇기술 개발사업〉, 2005년에는 AICHI Expo에서 NEDO 주관 63개 국가과제 연구개발 결과를 전시하는 등 로봇 개발에 총력을 기울이고 있다.

일본의 휴머노이드 로봇

일본의 로봇 연구는 소니, 혼다, NEC, 도시바 등 대기업이 주도하는 것이 특징이다. 이 중에서도 일본이 심혈을 기울이는 분야는 다름 아닌 2족 보행로봇 즉 휴머노이드 로봇이다. 이 분야에서 일본의 연구는 매우 오래되어 1973년으로 거슬러 올라간다.

와세다 대학의 가토 이치로 교수가 '와봇-1 WABOT-1'을 발표했다. 이 로봇은 팔과 다리, 시각 시스템 및 음성 시스템으로 구성되어 있으며 이 시스템을 통해 간단한 대화, 사물 인식, 방향 파악 및 거리 측정과 2족 보행이 가능했다. 그러나 이것은 전시용 로봇에 불과하여 주위 세상을 인지하는 것이 아니라 입력된 소수의 질문에만 반응할 수 있었다.

1984년에는 '와봇-2 WABOT-2'가 태어났는데 이 로봇은 피아노를 연주할 수 있어 실제로 오케스트라와 함께 연주하기도 했다. 1985년에는 제한적인 공간 내에서지만 쓰쿠바 과학박람회에서 많은 사람들 앞에서 오르간을 연주하기도 했다.

와봇-2는 피아노 연주시 발은 페달을 밟는 데 사용해야 하므로 피아노용 의자에 앉아서 일어

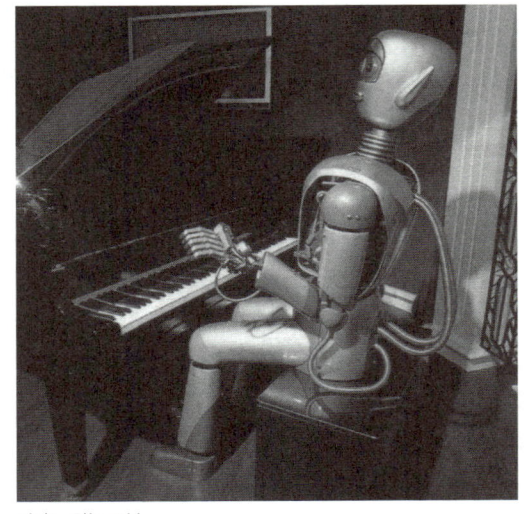

피아노 치는 로봇

날 수는 없었고, 팔과 손은 건반을 두드려 연주하는 데에만 사용되었다. 특히 악보를 눈으로 보면서 읽었다는 점이 주목을 받았는데 머리가 대형 카메라로 되어있어 피아노에 놓인 악보를 읽고 연주했다. 와봇-2가 어느 정도 지능이 있는 로봇이라는 의미로[2] 연구팀들은 인간이 보고 연주할 수 없는 악보이지만 로봇 연주가를 위해서는 특별한 음악이 작곡될 것이라고 장담할 정도였다.

1990년대에서 2000년대로 넘어가면서 로봇 개발은 차원을 달리하는데 일본 혼다사가 휴머노이드 로봇개발에 기선을 제압했다.

혼다는 1986년부터 2족 보행이 가능한 휴머노이드 개발에 착수하여 1996년에 휴머노이드 로봇 'P2'를 발표했다. P2는 로봇이 지혜로운 존재라고 부를 수 있을 정도로 개발되었다는 의미로 '혼다사 피언스'라고 명명되었다. 이 로봇은 인간처럼 두 팔과 두 다리가 있으며 문을 열어 주거나 걷거나 물건을 집어 들고 손을 흔들며 인사도 한다. 휴머노이드 로봇과 같은 거대한 프로젝트가 10년 이상 완벽하게 비밀리에 이루어졌다는 사실 때문에 로봇 연구계가 아연실색했다.

곧이어 'P3'를 선보였고 2000년에 유명한 '아시모ASIMO'를 발표했다. 아시모는 1.2미터의 어린이 키로 중량은 53킬로그램이다. P2와 P3에 비해 다리 부분의 자유도는 변함이 없으나 워크스테이션에서 원격조작으로 움직이던 두 로봇과 달리 아시모는 휴대용 제어기에 의한 조작이 가능하다.

사람은 곧장 걸어가다가 각도가 급한 코너를 돌려면 자연스럽게 몸의 무게 중심을 미리 코너의 안쪽으로 이동한다. 아시모도 다음 동작을 예측하고 미리 무게 중심을 이동할 수 있는 기능이 있다. 이것은

ZMP기술과 I-Walk라는 기술을 접목시킨 결과로, ZMP기술은 로봇에 작용하는 중력과 관성력의 합력이 존재하는 점에 발을 내딛어 반작용력을 받아 힘과 모멘트의 균형을 이용해 보행하는 방법이다. 또 I-Walk 기술은 운동하려는 지점을 예측해 미리 무게중심을 이동시키는 예측 운동제어기술이다. 즉 I-Walk 기술은 ZMP기술을 보완했다고 볼 수 있다.

아시모가 안정된 보행뿐만 아니라 다양한 상황에 대응해서 부드럽고 정확하게 걸을 수 있다고 평가되어 세계를 놀라게 했다. 또한 귀로 사람의 소리를 알아듣고 간단한 답을 할 수 있는 능력도 갖추었다. 아시모야말로 인간을 닮은 로봇을 개발하고자 했던 인류의 오랜 열망이 현실화될 수 있다는 것을 인식시키는 역할을 톡톡히 했다.[3]

초기 아시모는 약간 느린 사람이 걷는 속도라 볼 수 있는 시속 3킬로미터로 걸었으며, 상업적으로도 성공하여 미래과학관, 일본 IBM, 도쿄전력 등에서 관람객을 안내하면서 미리 입력된 내용을 음성으로 들려주었다.

1999년 6월에 발표된 일본 소니의 '아이보[일본어로 친구라는 뜻]'도 세계를 깜짝 놀라게 했다. 아이보는 강아지 모양의 완구용 로봇인데 당시 300만원이라는 고가임에도 불구하고 인터넷으로 시판되자마자 20분 만에 3천개가 팔리는 등 선풍적인 인기를 끌었다. 이를 업그레이드한 '아이보2'는 한 달 만에 4만대가 팔렸다.

이렇게 아이보가 300만원이나 되는 고가의 장난감인데도 품절되는 등 세계적으로 인기를 얻었다는 것은 로봇이 비즈니스적으로도 큰 성공을 거둘 수 있다는 것을 의미한다.[4]

아이보가 이렇게 인기 있는 이유는 사람과 어느 정도 교감을 나눌 수 있기 때문이다. 실제 강아지처럼 유연하게 걷고, 눕고, 장난스럽게 행동하는 것은 물론 동물로서의 본능과 학습 능력까지 보여 주었다는 점에서 더욱 충격적이었다. 아이보에는 감각센서가 있어 사람이 손으로 쓰다듬어 주면 좋아하는 동작을 한다든지, 음성인식 기능이 있어 주인의 말에 따라 적절히 반응한다.

아이보는 설거지를 하거나 청소를 하는 가사용 로봇 등과 함께 사람을 위한 서비스 로봇으로 분류되었다. 그러나 인간형은 아니지만 인간의 흉내를 낼 수 있으므로 휴머노이드 로봇으로 간주하기도 한다. 아이보의 탄생은 로봇이 더 이상 산업체에만 존재하지 않고 우리 곁으로 올 수 있음을 상징적으로 보여준 사건인 동시에 휴머노이드 로봇의 개발이 상업적으로도 성공할 수 있다는 가능성을 보여주었다는 점에서 더욱 큰 평가를 받았다.[5]

아시모ASIMO

아이보는 비싼 가격에도 불구하고 첫해에 6만 대가 팔렸으며 2005년까지 무려 15만 대가 팔렸다. 하지만 놀랍게도 소니는 곧바로 로봇사업에서 철수했고 아이보의 생산과 판매를 중단했다. 15만대 정도 판매로는 수익성을 맞출 수 없어 수익성 낮은 사업을 정리해 주주 이익을 지킨다는 명분으로 소니는 로봇이 당장 돈 안 되는 사업으로 결론짓고 곧바로 철수했다. 초기에 전망은 좋았지만 그 이후 신제품을 계속 내놓지 못한 일회성으로 끝났지만 그래도 로봇 학자들이 자위하는 것은 15만대가 팔릴 수 있었다는 자부심이다.

실생활에서 각광받는 것이 청소로봇이다. 로봇 청소기의 대중화는 2002년 미국 아이로봇사의 '룸바'가 출시되면서 부터이다. 지름 34센티미터, 두께 9센티미터의 원반 모양의 룸바는 원터치식 전원 스위치를 누르면 작동을 시작하는데 회전솔이 모서리에 감기지 않도록 하는 철사가 있다. 룸바는 장애물에 부딪히면 다시 중앙으로 돌아온 뒤 무작위로 이동하며 약 20제곱미터의 방을 30여 분에 걸쳐 청소한다.[6] 사람의 손이 필요한 곳까지 완벽하게 해결하지는 못해도 일손을 덜기에는 충분하다. 근래 한국에서도 판매될 정도로 인기인데 이는 일부 아이템이 실패했다고 해서 로봇의 산업화가 실패하는 것은 아님을 단적으로 보여주는 예이다.[7]

'e Vac'라는 청소로봇은 보다 업그레이드되어 카펫이나 융단, 바닥과 같은 집안 청소 중 가장 힘든 영역의 청소도 가능하다.

한국의 유진로봇이 개발한 로봇청소기 '홈런'은 2011년 독일의 〈엠포리오 테스트 매거진〉에서 실시한 로봇청소기 성능 평가에서 그동안 청소로봇에서 우위를 점하던 룸바 등을 제치고 1위를 차지했다. 홈런은 실내 공간 구석구석을 청소할 수 있는 공간 커버능력과 장애물 회피능력 등에서 최고 점수를 받았다. 아이템만 잘 선정하면 보다 좋은 결과를 얻을 수 있으리라는 생각이다.[8]

2족 보행 로봇으로 돌아간다. 일본의 휴머노이드 로봇은 각지에서 경쟁적으로 개발하고 있다는 점에서도 특징적이다. AIST연구소에서 개발한 HRP-2는 1.54미터의 키에 중량은 약 58킬로그램으로 골반부의 메커니즘이 외팔보 형태로 되어 있다. 넘어짐을 방지하는 기능이 탁월하고 다리의 교차나 좁은 경로에서의 보행이 가능하다는 점과 몸체 내의 고밀도 실장에 의해 등짐이 불필요한 장점이 있다.

도쿄 대학에서 개발한 H7은 인간의 발가락에 해당하는 부분이 있는 것이 특징이며 인간의 눈을 모방하여 눈동자 움직임 제어가 가능한 스테레오 카메라가 장착되어 있다. 일본 소니도 2000년부터 2족 보행이 가능한 소형 휴머노이드 SDR과 QRIO 등을 선보였다. 영상과 음성인식 등이 가능하고 기억에 근거하여 인간과의 대화나 행동의 제어기술을 채용했다.

일본이 2족보행 로봇 개발에 총력을 기울이지만 엄밀한 의미에서 아직까지 2족보행 로봇이 산업적인 면에서 볼 때 별로 도움이 되는 것은 아니다.[9]

그럼에도 불구하고 일본이 이와 같이 인간형 로봇 개발에 투자하는 것은 「아톰」, 「마징가Z」, 「건담」 등이 흥행에 성공하면서 로봇이 일본인들의 머릿속에 각인되었고 이를 개발하는데 열중했기 때문이다.

이를 반영하는 일환으로 2003년 요코하마에서 애니메이션 「철완鐵腕 아톰」 탄생 40주년을 기념하는 대대적인 전시회가 열렸다. 아톰의 원작 만화를 그대로 실물모형을 공개하여 많은 사람들의 탄성을 자아냈다. 로봇을 통해 일본이 세계의 강국으로 일어날 수 있다는 자부심도 포함되어 있으므로 일본이 매년 로봇 개발에 엄청난 예산을 쏟아 붓고 있는 것은 이해되는 일이다.[10]

물론 일본이라고 해서 천문학적인 예산이 드는 로봇개발에 경제성을 도입하지 않을 수 없다. 단지 일본은 로봇 자체로 경제성을 얻으려는 것보다 이미지 광고의 수단으로 널리 활용하는데 치중하고 있다. 혼다의 경우 첨단 이미지를 갖고 있는 아시모를 자동차 광고와 연계시켜 수천억 원 이상의 기업 홍보 효과를 거두고 있다. 이래저래 2족보행의 개발 필요성은 결코 떨어지지 않는다는 것을 의미한다.

한국의 휴머노이드 로봇

'일찍 일어나는 새가 벌레를 잡는다'라는 속담이 있지만 기술 경쟁의 세계에서는 '일찍 날아오른 새가 모든 벌레를 잡는다'라고 말한다. 기술의 선진국이 모든 것을 독식하는 것이 치열한 기술 경쟁 시대인 오늘의 현실이다.

이런 시장에 한국이 뛰어들어 21세기 로봇 강국을 꿈꾸는데, 우리나라는 반도체와 정보통신기술 분야의 강국이기 때문에 비교적 로봇 개발에 매우 좋은 환경이다. 특히 각종 로봇대회에서 우리나라가 세계적 수준을 꾸준히 유지하고 있다는 것도 강점이다.[11]

한국의 특성을 감안할 때 로봇이 기술 산업용으로 수많은 파생 분야를 이끌 수 있음을 인지한 한국 정부도 범국가적인 지원을 하면서 일본에 도전장을 내밀기 시작했다. 이는 일본의 로봇 관련 만화나 애니메이션 등이 한국에서도 인기를 끌었고 국내 자체적으로 도출된

김청기 감독의 「로봇태권V」, 「우뢰메」, 김산호의 「라이파이」 등이 큰 인기를 끌어 한국인들이 일본에 못지않은 지대한 관심을 나타냈기 때문으로 생각한다.

한국의 로봇 개발 분야는 그야말로 비약적으로 발전했다. 정부도 지식경제부·교육과학기술부 등 7개 부처가 로봇시범 사업에 뛰어들 정도이다. 2013년 로봇산업 3대 기술 강국으로 자리매김하고 2018년까지 서비스로봇을 자동차와 반도체를 잇는 한국의 차세대 1등 산업으로 육성해 현재 10억 달러^{약 1조700억 원} 안팎인 로봇 매출을 2018년 200억 달러^{21조5000억 원}로 끌어올리겠다고 밝혔다.[12]

파격적인 정부의 지원으로 한국의 로봇 기술은 2010년의 시점에서 미국보다 2~3년 정도밖에 뒤떨어지지 않은 것으로 평가된다. 한국에서 지능형 로봇산업을 경제성장의 중추엔진으로 인식한 결과이다. 이에 부응하여 산업용 로봇과 인간형 로봇이 중추적으로 개발되고 있는데 특히 인간형 로봇은 일본과 쌍벽을 이룰 정도로 세계를 이끌고 있다.[13]

한국의 로봇 개발도 크게 두 가지로 나뉜다. 첫째는 산업용을 포함한 실용적인 로봇이고 둘째는 휴머노이드 로봇 개발이다. 한국의 휴머노이드 2족 보행 로봇은 도전 역사가 매우 짧은데도 세계에서 기선을 잡는다는 것은 그야말로 놀라운 일이다.

한국에서 만들어진 첫 인공지능 로봇은 KAIST 양현승 교수가 2001년 개발한 '아미'이다. 아미는 사람과 악수를 하고 상대방의 말을 인식해 인사를 하거나 대꾸를 한다. 바퀴로 움직이는 아미는 2003년 대구 유니버시아드 대회에서 성화를 봉송하는 등 여러 곳에서 화제를 일으켰으며, 더욱이 시각인식과 감정인식의 기능까지 갖춰 200여명의 얼굴을 인식하고 얼굴 표정에 나타난 감정까지 읽을 수 있다.

2003년 한국과학기술원KAIST 지능로봇연구센터에서 소형 휴머노이드인 '베이비봇'을 개발했고 기계제어실험실의 오준호 교수팀에서도 '휴보Hubo'를 개발했다. 휴보는 세계적인 과학자 알버트 아인슈타인 얼굴을 지닌 휴머노이드 로봇이다.

30여개의 얼굴 근육을 모사하는 서보모터를 이용, 웃고 기뻐하고 놀라며 화난 모습을 재연할 수 있는 머리가 있다. 휴머노이드 로봇 연구센터에서 개발한 이족보행 로봇인 휴보는 걷거나 춤을 추면서 다양한 표정과 감정을 표현하고 상대방의 얼굴을 바라보며 말하는 등 인간의 신체로 표현할 수 있는 대부분의 모습을 그대로 행할 수 있다. 휴보의 신장은 137센티미터, 중량은 57킬로그램이며 시속 1.2킬로미터의 속도로 주행한다.

2009년 휴보2는 더욱 업그레이드되어 두 발로 달리는 모습을 선 보였다. 휴보2는 보통 성인이 여유 있게 걷는 것과 비슷한 속도로 최대 보폭 30㎝로 1초에 3보 이상을 사람처럼 달렸다. 로봇이 달린다는 것은 두 발이 동시에 공중에 떠 있는 순간이 존재하는 것을 뜻한다. 그동안 세계 각국이 달리는 로봇을 만드는 데 실패한 이유는 로봇이 공중에 떴다가 착지할 때 무게 중심을 제어하는 것이 어렵기 때문이다.

2009년 휴보를 뛰게 만들었던 오준호 교수는 2012년 전신제어 기술 개발에 성공해 힙합춤을 추도록 진화시켰다. 로봇이 춤을 춘다

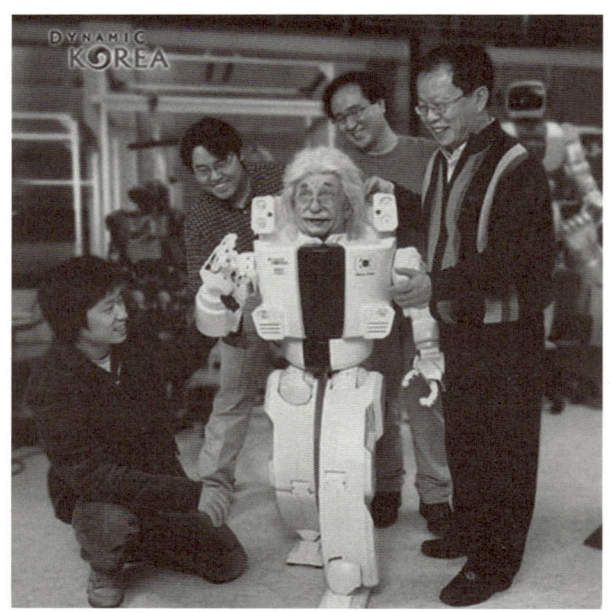

오준호 교수팀이 개발한 '알버트 휴보Hubo'-걷고 말하며 감정표현이 가능하다.

는 것은 팔다리와 상체 하체를 제각각 빠르게 움직이는 중에도 무게중심을 정확히 맞춰 쓰러지지 않았다는 뜻이다. 로봇은 사소한 동작 하나에도 무게중심이 흔들려 쓰러질 수 있기 때문에 역동적으로 움직이는 춤의 구현은 대단히 어렵다. 오박사는 현재 휴보는 인간이 할 수 있는 모든 동작을 70% 이상 흉내 낼 수 있다고 말한다.

달리는 인간형 로봇 개발은 세계적으로 2004년 일본 혼다의 '아시모Asimo'와 2009년 8월에 공개된 도요타의 '파트너'에 이어 세 번째다. 로봇이 두 발로 뛰는 것은 일본을 제외하고는 이른바 로봇 선진국인 미국·유럽에서도 성공 사례가 없는 고난도의 기술이다.

하지만 2002년 1월 국내에서 인간형 로봇 개발이 시작된 이후 약 8년이라는 비교적 짧은 시간에 휴보로 하여금 뛸 수 있게 만들었다. 물론 휴보2의 걷는 속도는 시속 1.8km로 휴보1의 시속 1.2km보다 빨라졌지만 달리는 속도에서는 일본 '아시모'나 도요타의 '파트너'의 최대 속력인 시속 약 6~7km에 비해 다소 느리다. 오준호 박사는 달릴 수 있는 기능을 갖췄다는 것만으로도 완벽한 인간형 로봇 개발

에 한걸음 더 다가선 것이라고 설명했다.14)

그러나 한국에서의 본격적인 2족 보행로봇은 2005년 한국과학기술연구원KIST 유범재 박사팀이 선보인 '마루'와 '아라'이다. 휴보보다 다소 키가 큰 이들은 신장 150센티미터, 몸무게는 67킬로그램, 최대 보행속도는 시속 0.9킬로미터이다. 전후좌우 보행, 좌우회전 보행 및 대각선 보행이 가능하고 외부에 무선 네트워크로 연결된 6대의 컴퓨터 시스템에 의해 작동되며 미리 입력된 주인의 얼굴이미지를 인식해 주인을 알아본다.

또 기존의 로봇이 독립형인데 비해 무선으로 연결돼 있어 지능을 지속적으로 향상시킬 수 있다. 2008년 보다 업그레이드된 마루를 선보였다. 걸으면서 양팔을 자유롭게 움직이고 음악에 맞춰 춤을 출 수 있는 기능이 있는데 상체와 하체를 동시에 움직이는 전신운동을 하는 로봇으로는 일본 아시모가 세계적으로 유명하지만 국내에서는 '마루'가 처음이다.

유 박사는 전신운동계획 기술과 실시간 운동변환을 통한 원격제어기술을 마루에 적용해 사람처럼 유연한 동작을 할 수 있게 함으로써 로봇이 걸어가면서 팔을 움직이며 작업하는 기본기를 갖추게 했다고 밝혔다. 전신운동계획 기술은 로봇이 걸을 때 팔 동작으로 발생하는 무게 중심의 변화에 로봇 스스로 대응해 자신의 보행 패턴을 계획하게 하는 것으로 마루는 음악에 맞춰 춤출 수 있다. 또 실시간 원격제어기술은 사람의 동작을 바로 배우거나 멀리서도 로봇의 동작을 제어할 수 있으므로 마루는 멀리 있는 사람이 모션캡처시스템을 입고 동작을 하면 그 정보를 실시간으로 변환해 따라할 수 있다.

마루의 핵심 기술은 네 가지로 요약된다. 우선 영상과 음성, 위치데이터를 수집해 외부 서버로 보내고 서버의 명령을 다시 로봇으로 보내는 네트워크를 관장하는 '미들웨어 기반 작업계획 및 원격제어기술'이 있다. 현재 얼굴과 물체, 음성, 동작, 위치, 합성음성 등 6개 정도의 정보를 인식하고 동시에 4대의 로봇을 관리할 수 있다. 인체로 말하면 감각기관과 신경계다.

또 '전신제어기반의 이동조작 인텔리전스'는 운동명령을 받은 로봇이 효율적이고 유연하게 움직이는 기술로 마루가 춤을 출 수 있는 것은 이 기술 때문이다. 뇌의 기능을 하는 기술도 있다. '작업지시 모델링 및 환경인식 기술'은 데이터를 해석하고 명령을 내린다. 인간의 동작을 보고 배우는 기술도 이 범주다. 이밖에도 하드웨어를 구동할 수 있는 지능제어 소프트웨어인 '자율보행 기술'도 있다. 현재 움직이지 않는 장애물 정도는 피해갈 수 있는 수준이지만 천천히 움직이는 장애물을 피하는 것도 개발 중이다.

유 박사의 목표는 마루가 상업적으로도 성공하는 것이라고 밝혔다. 마루가 식탁을 치우고 설거지 할 수 있는 능력을 갖추도록 하는 것이다. 즉 마루가 식탁 위 그릇을 집어서 식기세척기에 넣고 스위치를 눌러 설거지를 끝내는 것으로 로봇이 실제 생활에 들어올 수 있음을 의미한다. 이를 위해 마루가 물체를 인식하고 물체를 집은 상태에서도 안정적으로 움직일 수 있는 기술을 접목시키는 것이다.

이들 기술은 국내외로부터 큰 반향을 얻어 〈한국과학기술단체총연합회〉는 춤을 추는 마루로봇을 '2008년 과학기술 10대 뉴스'에 선정했고 〈내셔널지오그래픽〉은 2011년 8월 식빵을 굽는 '마루Z'.

KIST유범재박사팀이 선보인 2족보행로봇 「마루」와 「아라」

구운 식빵을 사람들에게 배달하는 '마루-M', 인간의 모습을 따라하는 '마루-3'을 「우리 그리고 그들」이라는 제목 하에 '커버스토리'로 다루기도 했다.

일본은 1971년 인간형 로봇을 개발한 후 로봇을 달리게 하는 데 까지 약 30년이 걸렸으나 한국은 이 기간을 대폭 단축함으로써 한국이 로봇강국으로 자리매김할 수 있는 발판이 마련되었다고 한다. 인간의 크기 정도로 두 발로 걷는 로봇을 잘 만드는 연구소는 세계 최고의 로봇 연구소로 대접받는데 이 대열에 한국 과학자들이 올라선 것이다.

현재 전 세계적으로 개발되는 휴머노이드는 다양한 크기인데 어린이만한 휴머노이드가 가장 제작하기 어렵다고 한다. 휴보는 150센티미터로 어린아이보다는 다소 크지만 어른보다는 상당히 작다. 그

만큼 휴보의 기술이 앞서있다는 것이다. 첨단지능 로봇산업에 한국이 거는 기대가 큰 이유다.[15] [16]

참고로 중국도 2족 로봇개발에 뛰어든 것은 놀랄만한 일이 아니다. 중국은 2001년 세계무역기구WTO에 가입하자 위상에 알맞은 새로운 산업으로 로봇을 선정했다. 15억 명이나 되는 거대인구 중 부유층이 5천만 명, 우수한 인재풀이 5천만 명에 달하므로 그에 해당하는 수요와 기술이 새로운 산업을 이끌 수 있다는 전망에서다.

이에 발맞춰 중국 동북3성 중의 하나인 흑룡강성의 하얼빈哈爾濱공업대학은 2족 보행로봇인 'HIT-3'의 개발에 성공했다고 발표했다. 이 로봇은 몸체와 발 부분에 3D 센서가 장착되어 가사, 의학, 군사 용도로 사용될 목적으로 개발한다고 한다. '합력哈力'이란 이름의 로봇은 전신에 19개의 관절이 있으며 음악에 맞추어 지휘를 하는 기능도 있다. 또한 몸체와 양팔을 자유롭게 움직이고 포옹도 할 수 있다.

장사長沙국방과학기술대학도 '선행자'라 불리는 독자적인 휴먼형 로봇을 발표했다. 키가 1.4미터인 휴머노이드로 어느 정도 언어를 이해할 수 있다. 최초의 시제품은 6초에 한 걸음씩 옮겼지만 '선행자'는 1초에 두 걸음을 걸을 수 있고 사전에 입력되지 않은 곳도 걸을 수 있는 능력을 갖추었다.

한국을 포함한 동양 3국이 2족 보행로봇에 총력을 기울이는 것을 볼 때 로봇이 동양인에 가장 잘 어울린다는 설명도 있다.[17]

 **재료 개발이 관건**

작가들은 초능력을 발휘할 수 있는 사람들에 매력을 느낀다. 사실상 사람들이 사이보그를 선호하는 것도 SF 영화 등에서 보여주는 사이보그들이 인간의 능력을 뛰어넘는 특별한 능력이 있기 때문이다. 그 근거로 앞에서 두뇌만 제외하고 신체의 대부분을 인공제품으로 교체할 수 있다고 설명했다. 실제로 많은 부분에서 인공장기 등이 사용되고 있는데 현실적으로 인간의 모든 부분을 대체시킨다는 것은 간단하지 않다. 그 이유를 찾아본다.

사이보그의 피부는 얼핏 상반된 것처럼 보이는 두 가지 요구 조건을 만족시켜야 한다. 사이보그가 기계적인 구조로 되어 있다면 사람처럼 자연스럽게 움직이기 위해서 당연히 탄력이 있어야 하고, 또한 주변 환경을 감지하기 위해서 전선의 배선과 접합이 잘 되어야 한다.

만약 사이보그의 감지기관에 금속전선을 연결하면, 탄력 있는 피부가 움직이는 순간 문제가 생길 것이다. 학자들은 해결방안으로 탄력 있는 외피에 넓은 주름이 잡히는 금속을 넣는 방법이라고 제시한다. 프린스턴 대학의 전기 기술자인 시거드 와그너와 스테파니 라커는 넓은 금속조각을 만드는 일종의 전도체를 개발하였는데, 이것은 전선과는 달리 길이를 두 배나 늘일 수 있으면서도 전기를 잘 통한다.

일반적인 금속필름은 매우 약해서, 길이를 1퍼센트만 더 잡아 늘려도 툭 끊어지고 만다. 와그너와 라커가 만든 탄력 있는 금속필름 커넥터는 불과 25나노미터 두께의 금 필름에 기반한 것으로서, 탄력 있는 실리콘 막 안에 들어가도 적어도 15퍼센트 이상 늘어날 수 있다. 이것은 금 필름은 주름을 잡을 수 있기 때문이다. 물론 이런 재료를 사용한 전도성 피부를 로봇 몸체의 어느 곳에 이식했다고 해서 인간과 똑같은 감각기관의 역할을 하지 못하는 면에서 볼 때 생체조직을 기계로 만드는 것이 얼마나 어려운지 이해했을 것이다.

과학이 발달하면 이 정도의 장벽은 간단히 해결될지도 모른다. 그러나 감독들이 사이보그가 나오는 SF물에서 애니메이션과는 달리 주인공들의 능력을 무한대로 늘리지 않는다.

텔레비전 시리즈로 제작된 후 이어서 영화로도 제작되는 등 폭발적인 인기를 끌었던 「600만 불의 사나이」나 「소머즈」의 경우 스피드와 높이뛰기, 청각과 시력 등의 능력이 일반인들보다는 월등하도록 신체의 일부분이 인공으로 대체되었다. 그런데 그들은 마술사나 슈퍼맨과 같은 무한대의 능력은 없다는 데 묘미가 있다. 이와 같이 SF물인데도 불구하고 주인공의 능력을 무조건 높이지 않는 것은 대부분의 감독들이 과학적 지식을 기반으로 사이보그의 한계를 감안하고 제작에 임했기 때문이다.

반면에 SF물에서는 작가들에 따라 임의적으로 인간의 한계를 뛰어넘는 파워를 갖게 설정한다. 이들 설정이 얼마나 비과학적인지는 곧바로 알 수 있다.

거의 모든 만화영화에서는 주인공의 달리는 속도는 초음속 비행기에 버금가는 마하 3^{초음속 전투기는 보통 마하 2.5이상}이상이 보통인데 이런 설정이 얼마나 황당한 일인지를 살펴보자. 주인공이 초음속 전투기와 같이 마하 3의 초인적인 질주를 위해서는 우선 인간의 근육을 강화해야 하는데 무턱대고 근육만 강화한다고 모든 문제점이 해결되지는 않는다는 어려움이 있다. 마하 이상의 속도로 달리는 순간 뼈가 부서지므로 인공뼈를 삽입해야한다. 더구나 공기와 직접 닿는 피부의 온도는 몇 100도까지 올라가 생체피부가 곧바로 타 버리므로 단열피부도 필요하다.

주인공이 순간적으로 마하 3의 속도로 가속하는 재주도 있는데 이때 뇌에 걸리는 압력은 무려 1.5톤이나 된다. 약간의 과학적 지식만으로도 머리가 남아나지 않는 것을 알 수 있다. SF영화에서 소위 사이보그로 된 주인공들의 몇몇 신체부위만 강화시키는 이유는 황당무계한 주인공으로 만들었을 때 관객과 과학자들이 벌 떼처럼 달려들 수도 있기 때문임을 이해했을 것이다.[18]

「로보캅」, 「스타워즈」, 「아이언 맨」에서처럼 주인공의 외피를 인공피부가 아니라 완전한 금속으로 만들기도 하는 것은 과학적인 모순점을 줄여주기 때문이다. 물론 머리만 인간일 경우에도 간단하지는 않다. 머리를 비롯한 신체의 일부가 생체조직이고 나머지는 모두 금속 등으로 대체되더라도 생체조직이 살아 있으려면 계속 에너지를 주어야 한다. 때때로 대체된 기계부분도 에너지를 제공해 주어야 한다.

대체된 기계를 작동시키기 위해 전기 등의 에너지를 공급해주면 되지만 생명체의 경우 전기 등 일반 동력으로 에너지를 주어서는 어림도 없다. 그러므로 인간과 같이 에너지 즉 음식을 주는데 「로보캅」에서 주인공 머피에게 죽과 같은 이유식을 공급하는 장면이 있다. 「스타워즈」에서는 다스베이더가 무엇을 먹는지에 대해서 자세한 설명이 없지만 그 역시 로보캅과 같은 식사를 한다고 생각하는 것이 합리적이다. 물론 로봇이 자체적으로 에너지를 얻어 가동시킨다는 개념의 로봇도 개발되고 있다.

2000년 미국에서 제작된 '가스트로놈^{Gastronome}, 애칭 추추$^{Chew Chew}$'는 음식을 소화시켜 스스로 동력을 만드는 로봇이다. 이 로봇의 주식은 위장에서 미생물에 의해 완전 분해되는 각설탕이다. 가스트로놈은 길이 1미터의 4륜차 3대로 구성되는데 앞부분 4륜차에는 눈, 입, 식도, 위장이 있다. 위장은 대장균으로 음식을 분해하는 미생물 연료전지로 이곳에서 각설탕 분자가 분해되어 물과 이산화탄소로 바뀐 뒤 배터리를 충전하는 전자를 방출한다. 두 번째 4륜차에 축전지가 있어 이들이 충전되면 에너지가 발생하여 바퀴를 움직인다.

2004년에는 보다 업그레이드가 된 로봇이 개발되었다. 영국에서 개발된 '에코봇2'는 8개의 미생물 연료전지가 있다. 각 연료전지에는 하수 오물이 채워져 있고 죽은 파리를 음식으로 넣어준다. 박테리아들이 파리 몸통의 표면을 덮고 있는 껍질, 곧 키틴질을 분해하여 설탕이 되면 이 당분자를 섭취하고 노폐물을 배설한다. 이 과정에서 박테리아가 전자를 방출하는데 이 전자가 전류를 발생시킨다. 말하자면 위장에 해당하는 연료전지가 파리를 소화시켜 에너지를 만들어내는 것이다.

이런 아이디어는 '파리지옥 로봇'에도 도입되었다. 미국 메인대 샤힌푸르 교수는 '이온성 고분자-금속 복합체^{IPMC}'란 물질로 만든 파리지옥 로봇을 발표했다. IPMC는 전기가 흐르면 형태가 변하는 고분자 물질의 일종으로 파리지옥 로봇은 잎과 돌기가 이런 고분자 막으로 이뤄져 있다. 파리가 돌기에 닿으면 전극에 전압 변화가 생기고,

이어 고분자 막에서 이온이 이동해 마주 보는 두 잎이 순식간에 달라붙어 파리를 잡을 수 있다. 파리지옥 로봇을 보다 개발하면 파리를 잡는 데 사용할 수 있을 뿐만 아니라 이들이 잡은 파리를 박테리아가 분해하는 과정에서 전기를 만들 수 있다. '추추'나 '에코봇2'와 마찬가지로 원료 공급과 전기 생산 모두를 독자적으로 해내는 로봇도 가능하다.[19]

그렇다고 해서 다스베이더나 로보캅이 이와 같은 음식을 먹을 수는 없다. 그것은 다스베이더나 로보캅은 두뇌가 인간 즉 생물체이기 때문이다.[20] SF영화에 등장하는 사이보그는 원칙적으로 능력이 배가된 인간을 의미하지만 현실적인 감각과 과학성을 감안하면 상상력을 동원하는데 제한이 있다는 것을 알 수 있다.

생체의 에너지를 공급하는 것은 아니지만 앞으로 에너지 공급으로 각광을 받을 분야는 운동에너지를 전기에너지로 전환하는 것이다. 한국과학기술연구원KIST의 윤석진 박사는 교육과학기술부의 '기반형 녹색기술 융합연구' 지원을 받아 주변의 모든 에너지를 전기로 변환시키는 '하이브리드 에너지 하베스팅 hybrid energy harvesting' 연구에 착수했다. 에너지 하베스팅은 일상생활에서 사람이 눈치 채지 못하게 소모되는 에너지를 모아 전력으로 재활용하는 기술로 에너지원은 진동, 사람의 움직임, 빛, 열, 전자기파 등이다. 태양광 풍력 등 신재생에너지도 넓은 의미의 에너지 하베스팅에 속한다.

이 기술의 원리는 '열전효과'와 '압전효과'로 요약된다. 열전효과는 서로 다른 금속 접합으로 이뤄진 폐쇄회로에서 접점의 온도가 다르면 전류가 흐르는 '제베크 효과'와 반대로 회로에 전류를 흘리면 접점의 한쪽에서는 열을 내고 다른 한쪽은 열을 흡수한다는 '펠티에 효과' 등 두 가지이다. 제베크 효과를 이용하면 사람의 체온으로 작동하는 손목시계를 만들 수 있으며 자동차 내 배기가스 온도차를 여분의 전류로 전환하는 하이브리드 자동차를 만들 수 있고 폐열 발전도 가능하다.

압전효과는 압력을 가하면 전기가 발생하는 것이다. 예컨대 사람이 밟고 지나가는 패드나 신발에서 전기를 생산하거나 손목을 흔들 때 생기는 운동에너지를 전기로 전환해 손목시계를 움직이는 것 등이 여기에 속한다. 현재는 이들 기술로 얻을 수 있는 에너지가 미약하지만 이를 확대하면 로봇이 움직이는 에너지를 전기로 전환하여 자신에게 공급해야 할 에너지를 충당할 수 있다는 환상적인 이야기도 된다.[21]

인간의 머리를 이식

인간의 머리는 어떤 경우도 대체할 수 없다는 지적 즉 인간의 두뇌를 살려야 한다는 것은 또 다른 인간의 욕심을 드러낸다. 사이버그와는 다소 다른 이야기지만 머리만 살려 다른 사람의 몸에 이식하자는 생각이다.

일반적으로 목을 다쳐 사지가 마비된 환자가 사망하는 이유는 장기들이 차례로 망가지기 때문이다. 만일 그 같은 환자가 새로운 신체를 이식받는다면 생명이 연장되는 것은 불문가지다. 신체를 어떻게 확보하는가가 관건이지만 뇌사 판정을 받은 사람의 신체를 사용할 수 있다. 대체로 이들은 장기기증자 역할을 하므로 머리 이식에 관한 한 특별히 새로운 생명윤리 문제도 생기지 않는다.

남다른 유머의 소유자로 잘 알려진 팀 버튼 감독이 「화성 침공 Mars Attacks」에서 이런 상황을 그렸다. 그동안의 SF물이 화성인을 비롯한 외계인의 지구 침공을 그리는데 결론은 분명하다. 외계인에 대항하여 유능한 지구인이 등장함으로써 결국 지구가 지켜졌다는 내용이다.

그런데 팀 버튼은 이와 같은 헐리웃식 활극이 아니라 이들 상상을 역으로 차용해서 큰 반향을 얻었다. 그 중에서도 가장 인상적인 장면 중의 하나는 화성인이 TV 여성아운서의 머리를 치와와 개의 몸통에 붙이는 장면이다. 영화 속 화성인들의 과학 기술이 얼마나 발달했는가를 단적으로 보여주는데 이와 같이 머리를 이식할 수 있는가는 그동안의 과학계에서 가장 큰 논란을 불러일으킨 화두이다.

다소 황당할지 모르지만 이 분야의 연구 결과만을 보면 불가능하지 않다는 결론이다. 머리 이식에 대한 연구는 20세기 초부터 의학계를 후끈 달군 주목 대상이었다. 1908년 미국의 찰스 거트리 박사는 작은 잡종개의 머리를 같은 종의 더 큰 개목에 접합하는 실험을 했다. 1950년대 러시아의 과학자 블라디미르 데미코프는 잡종 강아지 상체앞다리를 포함를 목 혈관에 연결시키는 방법으로 다른 더 큰개의 목에 접합하는 수술을 했다. 수술이 성공하여 '목이 둘 달린 개'는 수술 뒤 29일이나 생존했다.

그러나 학자들이 진정으로 원하는 것은 머리가 제거된 포유류의 몸에 새로운 머리를 이식하는 것이다. 1998년 케이스웨스턴리저브 대학의 로버트 화이트 박사는 붉은털원숭이 두 마리의 몸을 통째로 바꾸는 실험에 성공했다고 발표했다. 화이트 박사는 한 원숭이 몸의 혈관과 다른 원숭이의 머리 혈관을 서로 연결하고 금속 죔쇠를 척추와 머리에 부착하여 머리를 몸에 고정시켰다. 그리고 인공 튜브를 이용해 기관과 식도를 연결했다. 원숭이는 6시간 후 의식을 회복했고 시각과 청각 기관이 정상적인 반응을 보였으며 8일간 살아 있었다. 학자들에 따라 머리가 아니라 몸통을 이식받았다고 보는 편이 옳다고 생각하는데 그것은 '나'라는 존재가 뇌의 생물학적 메커니즘의 산물이라는 것을 증명했기 때문이다.

인간의 머리이식 수술절차는 원숭이와 다를 것이 없다. 다만 수술과정에서 피가 뇌에 충분히 흘러가도록 유지하는 것이 관건인데 화이트박사는 새로운 방법을 개발했다. 즉 이식될 머리로 공급되는 혈액의 온도를 섭씨 10도까지 낮춤으로써 뇌의 신진대사가 느려져 수술하는 약 한 시간 동안 뇌에 피의 공급을 중단할 수 있다.[22]

물론 화이트 박사는 머리와 척추를 연결하는 수백만 가닥의 신경다발인 척수를 잇는다는 것은 현 단계에서는 현실적으로 불가능하다고 인정했다. 특히 머리를 이식하여 새로운 몸을 얻더라도 목 아래쪽은 무감각 상태가 된다고 한다. 그러나 그는 머리만큼은 자신이 본래 가지고 있던 기억력과 지능, 시각과 청각, 그리고 자기 몸에 대한 인식을 그대로 간직한다고 한다. 물론 그는 미래의 언젠가 척수의 신경을 연결하는 과업이 해결될 수 있을 거라고 생각했다.

그러나 머리 이식에 따르는 부작용으로 탐욕스러운 부자가 자신의 머리를 이식하기 위해 젊고 건장한 젊은이들을 납치하거나 인신매매하는 사건이 생기지 말라는 법은 없다. 두뇌를 교환할 수 있는 가능성이 열리면 발생하는 사건으로 그동안 수많은 SF물에서 등장했다.

그럼에도 불구하고 「화성 침공」처럼 치와와와 접목될 수 있는 사람은 없다. 더욱이 스핑크스나 켄타루스의 등장도 불가능하다. 여기서 개, 사자, 말은 사람과 종이 다르다는 것을 거론할 필요도 없지만[23] 인간의 경우 신체 교환이 언젠가 실현될지 모른다는 이야기는 상당한 파급 효과가 있다. 그러나 이를 역으로 생각하면 인간의 두뇌 복제는 불가능하다는 것을 전제로 한다.[24]

 감각을 살려라

BCI^{Brain Computer Interface} 기술이 획기적인 진전을 이루자 「스타워즈」의 영화장면이 현실화될 수 있느냐는 질문이 나온다.

주인공 루크 스카이워커가 아버지인 다스베이더와 광선 검으로 싸우다 팔이 잘리자 곧바로 인공 팔을 만들어 끼우는데 진짜 손과 전혀 구별되지 않는다. 영화장면에서 인공 팔이 스카이워커의 의지대로 손가락을 자유자재로 움직이는 것은 감각도 있다는 것을 보여준다. 이와 같은 로봇 팔이 실제로 가능할까. 즉 '인공근육^{Artificial Muscles}'을 이용한 로봇 팔이 생체 팔처럼 감각을 느끼면서 움직일 수 있는가 이다.

미국 항공우주국^{NASA} 제트추진연구소^{JPL}의 요세프 바코헨 박사가 이 문제에 도전했다. 소량의 전기에 재빠르게 반응해 인체 근육처럼 늘었다 줄어드는 인공 근육을 개발해 구동장치가 없는 로봇에 대입했다. 신축성이 뛰어나면서도 가벼운 재질의 '전기활성 고분자 EAPs·Electroactive Polymers'를 이용한 것이다.

이 로봇 팔은 진짜 근육처럼 탄성을 지녀 자연스럽게 작동한다고 선전했지만 기계적 장치가 진짜 근육을 흉내 내는 것은 간단하지 않다. 로봇팔과 17살의 여고생 파나 펠센과 세 차례 팔씨름을 벌였지만 짧게는 3초도 버티지 못하고 쓰러졌다. 무엇보다 전기활성 폴리머가 너무 무거워 힘을 쓰는 데 필요한 전원을 양껏 확보하기 어렵기 때문이었다.

한편 텍사스대학의 레이 바우만 교수는 근육 팔이 계속 발전하면 에너지 밀도가 높은 알코올이나 수소를 동력원으로 삼아 진짜 근육보다 최대 100배나 강한 인공근육을 만들 수 있다고 주장했다. 문제는 이것도 로봇학자들이 궁극적으로 원하는 작품은 아니라는 점이다. 과학자들이 원하는 궁극적인 목표는 구동장치가 필요 없이 인간의 두뇌로만 조종되는 로봇 팔이다. 「스타워즈」처럼 팔과 다리를 절단한 장애인에게 이식하여 감각이 살아나고 움직일 수 있어야 비로소 완전한 팔로 인정받을 수 있기 때문이다.[25]

기계 자체는 기술 개발로 계속 발전할 수 있지만 여기에서 관건은 생각만으로 로봇 팔을 움직일 수 있게 만들되 감각이 있어야 한다는 점이다. 두뇌만으로 무엇을 움직이게 하더라도 로봇 팔에서 아무런 느낌도 받지 못한다면 그것은 기계적 장치에 불과하다. 마찬가지로 케빈 워웍 박사도 로봇 손으로 움직이고 물체를 붙잡을 수 있었지만 그가 감각을 느낀 것은 아니다. 문제는 인간의 경우 제어와 감각이 동시에 일어난다는 점이다.

앞에서 로봇 손이 달걀을 확실하게 잡을 수 없다는 것은 로봇 손이 자신이 하는 일이 어떤 것인지 정확하게 느끼지 못하기 때문이다. 달걀뿐만 아니라 손에 잡은 물건이 미끄러지려고 하면 정상적인 신경계를 가진 사람은 즉시 물건을 더 꽉 잡으면서도 물건이 미끄러지지 않을 만큼의 힘만 더 주고는 멈춘다. 이는 감촉이 어떤 행동을 제어할 수 있다

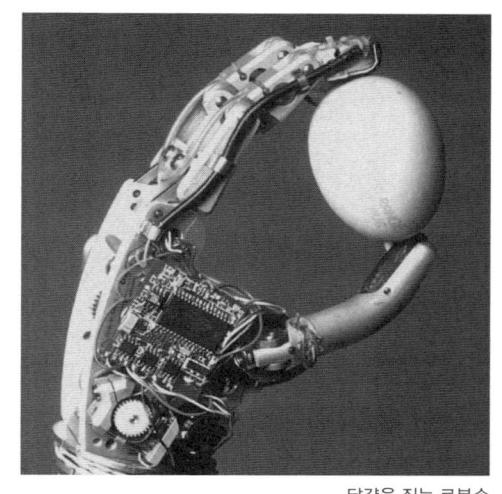

달걀을 집는 로봇손

는 전제를 기본으로 하는데 실제로 달걀의 감촉을 느끼지 못해 적절한 힘으로 달걀을 집을 수 없다면 달걀을 박살낼 가능성이 높다. 일단의 신경들이 손을 움직이는 동안 또 다른 신경들은 뇌에 감각 정보를 전달한다. 이러한 피드백 과정은 로봇이 성공을 거두려면 매우 중요한 과정이다.

실제로 적절한 피드백 메커니즘 없이 신체를 업그레이드했다가는 사회생활에서 재앙을 초래할 수 있다. '600만 불 사나이'가 사업상 고객을 만나 악수를 하다가 상대방의 손가락을 부러뜨린다면 어떻게 될 것인지 상상해보면 그 결과를 알 수 있다.

사람들이 악수를 하는 등 신체적인 접촉을 원하는 것은 실제 동작 때문만은 아니다. 느낌이 없다면 우리 세상은 현재와는 완전히 다른 세계 즉 인간성이 제외된 채로 사는 것과 다름이 없다. 사실상 연인과 키스를 하고 부모가 사랑스럽게 아이를 만져주는 행동에서 만들어지는 느낌이 없다면 인간세계가 제대로 발전되지 않았을 것이다.

손가락 끝에는 물체의 모양과 질감, 마찰을 감지하는 약 2000

개의 촉각 수용기가 있다. 그리고 그 옆에 열과 차가움을 느끼는 감각기가 있다. 각각의 손가락 끝은 매초 1000회 이상의 감각 자극을 뇌로 보내는데 여기에다 전체 손가락 수를 곱하면 손의 감각을 전자적으로 모사한다는 것이 얼마나 어려운지를 알 수 있을 것이다. 또한 우리의 뇌는 매 초마다 손에서 보내온 수만 가지 이상의 신호를 해독하고 각각의 움직임을 조절한다. 더구나 인간은 때때로 만지고 있다는 것을 전혀 의식하지도 못하고 물건을 집어 올릴 수 있다.

팔다리를 잃거나 신경이 손상된 사람에게 촉감을 느끼게 하는 것은 매우 중요하다. 물론 촉감을 느끼게 하는 것은 장애자에게만 해당되는 것은 아니다. 감각을 가상 세계의 장으로도 확장시킬 수 있다. 양팔을 잃은 아버지가 의수로 아들의 머리를 쓰다듬는데 그 아들은 바로 옆에 있는 것이 아니라 대륙을 건너 미국에 있다고 생각할 수도 있다. 물론 컴퓨터와 같은 도구를 사용해야 하지만 미래의 언젠가는 이것이 가능하다는 것이 학자들의 예측이다.[26]

인체는 오묘하다. 오른팔이 없는데도 오른팔에 관계된 대뇌 피질의 어떤 부분을 자극하면 오른팔에서 아픔을 느낀다. 이를 '환상지통'이라 하는데 엄밀하게는 오른팔이 아픈 것이 아니라 오른팔 감각을 지배하는 뇌에서 아픔을 느끼는 것이다.[27]

자연스러운 움직임을 가지려면 로봇에게 이런 감각까지 갖추어 주어야 한다는 뜻이다. 골머리 아픈 일이다. 사실 촉각에 관한 한 어느 정도 비약적인 성공을 이루었다고 본다.

미국 해병대 소속이었던 클라우디아 미첼은 2004년 오토바이를 타고 가다가 고장이 나서 고속도로 가드레일을 받는 큰 사고를 당하자 왼팔을 절단하고 의수義手를 달았다. 어깨까지 절단한 팔에 부착한 의수를 자유롭게 사용할 수 없어 매우 불편했다. 시카고 재활의학연구소는 2006년 그녀의 어깨에서 팔의 운동신경들을 떼어내 가슴 근육 아래에 삽입했다. 이를 통해 신경들이 되살아나 가슴 근육이 움직이고 결국에는 가슴 근육의 전자 신경신호를 새로운 생체공학 팔이 받아들일 수 있도록 했다. 수술은 놀라운 성공을 거두었다. 이제 미첼은 팔을 자유롭게 움직여 셔츠를 개거나 야채를 썰고 포도주 마개를 따는 등 대부분의 일상생활을 무리 없이 할 수 있다. 가장 놀라운 것은 손에서 뜨겁다는 감각을 느낄 수 있다는 점이다. 의료진이 운동신경뿐만 아니라 감각신경도 함께 이식했기 때문이다. 미첼의 뇌는 팔의 위치를 가슴 부위로 인식해 가슴에 뜨거움을 느끼면 팔도 뜨거움을 느낀다. 생각으로 움직이는 그녀의 로봇 팔과 손은 물건이 손에 닿는 감각까지 느낄 수 있도록 만든 것이다.[28] [29]

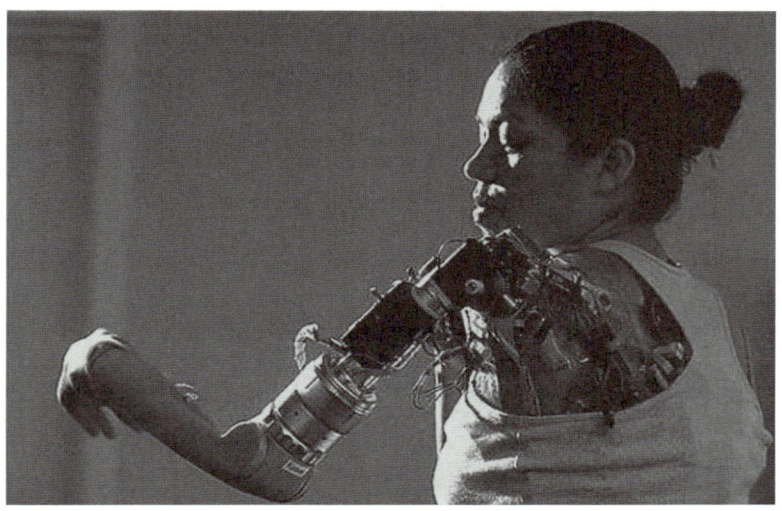

운동은 물론 감각까지 느낄 수 있는 바이오닉 우먼

MIT의 촉각연구팀은 보다 업그레이드된 연구로 위험한 수술을 하는 로봇에 촉각 즉 감각을 접목하는 연구를 하고 있다. 원격 조종 로봇을 이용하여 수술하는 경우 외과 의사들이 비디오 화면을 보면서 수술도구를 다루는데 가장 중요한 것은 의사의 감각과 마찬가지로 로봇도 감각을 느낄 수 있도록 만들어주는 것이다. 이것이 얼마나 어려운지 이해할 것이다.[30]

이러한 성공은 산업 분야 특히 방사능을 다루는 원자력 분야에서도 활용된다. 원자력발전소의 방사능 구역처럼 위험한 환경에서는 인간 대신 원격 조종 로봇을 투입하는 것이 일반화되어 있다. 이런 장비에 촉각학이 접목된다. 그래야 로봇을 조정하는 오퍼레이터가 안전한 거리에서 물체를 정확하게 다룰 수 있기 때문이다. 물론 현재의 로봇 팔은 인간처럼 2000개의 촉각 수용기 대신에 몇 개의 전자 센서를 사용하지만 느끼는 힘을 오퍼레이터에게 전달할 수 있다는 것은 매우 중요한 일이다. 로봇의 발달이 얼마나 현대 과학을 발전시키는지 알 수 있을 것이다.

주석

1) 『로봇 비즈니스』, 김광희, 미래와경영, 2002
2) 『로드니 브룩스의 로봇 만들기』, 로드니 A. 브룩스, 바다출판사, 2005.
3) 「인간형 로봇 개발 20년」, 이범희, 과학동아 2004년 4월 별책부록
4) 『로봇 비즈니스』, 김광희, 미래와경영, 2002
5) 『공학에 빠지면 세상을 얻는다』, 서울대학교공과대학, 동아사이언스, 2005
6) 『사람을 위한 과학』, 김수병, 동아시아, 2005
7) 「[나노 이야기] 로봇 비즈니스」, 중앙 Sunday Opinion, 2007.06.24
8) 「이제는 로보테크(RT) 시대 〈3·끝〉 급증하는 로봇 수출」, 조형래, 조선일보, 2011.06.
9) 『인터넷 다음은 로봇이다』, 배일한, 동아시아, 2003.
10) 『인터넷 다음은 로봇이다』, 배일한, 동아시아, 2003.
11) 『공학에 빠지면 세상을 얻는다』, 서울대학교공과대학, 동아사이언스, 2005
12) 「IT 이을 新성장동력… 대기업들까지 뛰어들어」, 조형래, 조선일보, 2011.06.
13) 「[신영수 칼럼] 중국 제조업과 '로봇' 이야기」, 신영수, 내일신문, 2012.05.
14) 「한국, 로봇을 달리게 하다」, 임기훈, 한국경제, 2009.12.04
15) 『공학에 빠지면 세상을 얻는다』, 서울대학교공과대학, 동아사이언스, 2005
16) 「한국 드디어 로봇 르네상스 열었다」, 김상연, 과학동아, 2005년 2월
17) 『로봇 비즈니스』, 김광희, 미래와경영, 2002
18) 『미리 가 본 21세기』, 현원복, 겸지사, 1997.
19) 「파리지옥 로봇 탄생」, 이영완, 조선일보, w011.11.01
20) 『나는 멋진 로봇 친구가 좋다』, 이인식, 랜덤하우스중앙, 2005
21) 「팔·다리 움직여 충전하는 시대 온다」, 이해성, 한국경제, 2011.06.29
22) 『맞춤인간이 오고 있다』, 사이언티픽 아메리칸, 궁리, 2002
23) 『물리학자는 영화에서 과학을 본다』, 정재승, 동아시아, 2002
24) 「다윈의 진화과정」 : 내셔널지오그래픽, 2006년 11월
   「알프레드 윌리스」 : 내셔널지오그래픽, 2008년 12월
25) 「미래의 사이보그가 걸어온다」, 김수병, 한겨레21, 2006년 09월 01일
26) 『맞춤인간이 오고 있다』, 사이언티픽 아메리칸, 궁리, 2002
27) 『3일 만에 읽는 뇌의 신비』, (주)서울문화사, 2004
28) 『과학 카페(첨단 과학과 내일)』, KBS〈과학카페〉제작팀, 예담, 2008
29) 『맞춤인간이 오고 있다』, 사이언티픽 아메리칸, 궁리, 2002
30) 『판타스틱 사이언스』, 수 넬슨 외, 웅진닷컴, 2005.

10
안드로이드가 보인다

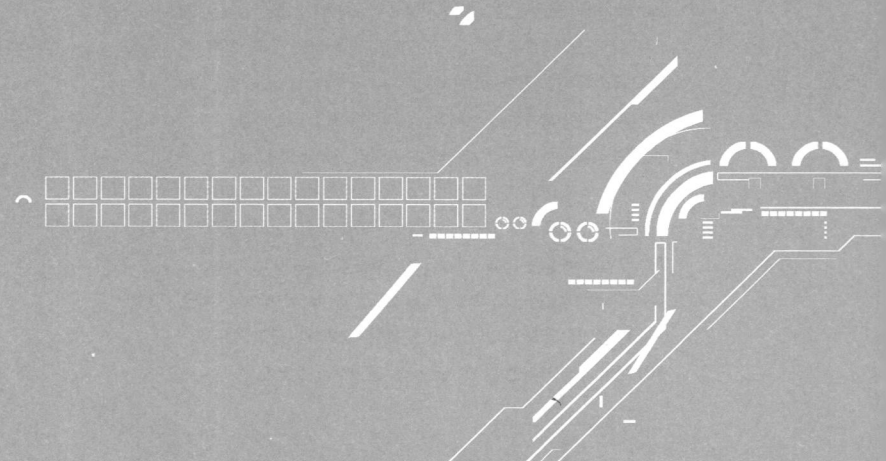

인간보다 더 인간적인
안드로이드

튜링테스트

로보사피엔스 등장한다

「스타워즈」시리즈의 다스베이더와 「로보캅」시리즈의 머피, 「형사 가제트」의 브라운형사는 머리만 있고 나머지는 모두 기계인데도 불구하고 인간과 다름없는 동작을 보여준다.

그렇다면 이들은 인간인가, 기계인가? 일반 상식으로는 인체에 이식된 기계의 비율에 따라 인간과 기계를 구분하자고 할 수도 있지만 인간에 관한 한 이 말에 모순이 있음을 알 수 있다.[1]

물론 일반적으로 이 문제에 대한 공감대는 어느 정도 형성돼 있다고 볼 수 있다. 새로 만들어 절대로 갈아 끼울 수 없는 인체의 기관이나 부위를 확보한 경우에 한해 진정한 인간이라고 부를 수 있다. 현재 뇌사를 죽음의 기준으로 인정하는 데서 보듯이 두뇌가 그런 기관일진데 인간의 두뇌도 실제로 만들 수 있다는 것이 바로 안드로이드다. 두뇌도 인간의 것과 다름없는 안드로이드는 인간의 두뇌만은 대체할 수 없다는 사이보그의 절대적인 생각에서 벗어나 기계가 인간의 지능과 감각을 지닌다는 개념이다. 로봇의 개념으로 본다면 겉보기에 말이나 행동이 사람과 거의 구별이 안 되는 로봇을 뜻한다. 외모는 물론 동작이나 지능까지 인간과 다를 바 없는 '인조인간'을 말하는데 사이보그를 만들 기술 수준이 된다면 두뇌까지 만들지 못할 이유가 없다는 생각이다.

「스타트랙 Star Trek」 시리즈는 새로운 문명을 찾아 먼 우주를 탐험하는 인간의 모험을 다룬 SF물이다. 배경의 무대는 23세기로 지구라는 작은 행성에서 살고 있는 인간들이 이기심과 질투 때문에 화합하지 못하는 것을 아쉬워하는 진 로든베리는 전 우주적인 화합과 공존의 미덕을 호소한다. 길이 500킬로미터가 되는 엔터프라이즈호는 지구를 포함한 '혹성연합The Federation'의 우주함대Star Fleet에 속한 우주전함이다. 지구를 침략으로부터 방어하는 것이 기본임무로 특히 이들 연합에 도전해 오는 강력한 적 클링곤과 싸운다. 또 다른 임무는 아직 인간의 손길이 닿지 않은 미지의 우주공간을 탐험, 개척하는 것이다.[2]

이 작품이 30여 년 동안 영화와 텔레비전에서 폭발적인 인기를 누려온 가장 큰 비결은 작가의 고집 때문이다. 진 로든베리는 시나리오를 작성하면서 SF 영화일지라도 과학이 뒷받침되지 않는 허무맹랑한 이야기는 거부했다. 그는 우주에서 일어날 수 있는 모든 현상을 과학적이고 논리적인 방식으로 전개했다. 우주선의 속도도 과학이 허용하는 틀 안에서 달려야 하므로 다른 SF 영화들과 같이 초광속 여행을 채택하지 않고 과학자들과 상의하여 초광속 효과를 얻을 수 있는 방법을 구상했다.

진 로든베리는 「스타트랙」에 나오는 우주선인 엔터프라이즈호가 아인슈타인의 이론에 따르면 광속을 넘을 수 없음을 인식하자 과학자들에게 광속을 넘나들 수 있는 방안을 요청했다. 진 로든베리의 요청에 따라 미구엘 앨큐비에르Miguel Alcubierre 박사는 우주선 자체만으로 광속을 돌파하는 것은 어렵지만 공간의 수축을 이용하여 광속 효과를 얻을 수 있는 '워프 항법'의 아이디어를 제공했다.

화면에서는 엔터프라이즈호가 달리는 것으로 보이지만 실제로는 워프항법을 이용하여 우주선이 달리지 않고 정지해 있다. 우주선이 달리는 것이 아니라 주위 환경이 움직이는 것인데 영화의 화면은 주위 환경을 수축과 확장이 가능한 '우주 버블'로 만들어 엔터프라이즈호가 정지한 상태임에도 광속보다 훨씬 빠른 속도로 공간 이동한다. 엔터프라이즈호는 이 방법으로 수백만 년의 공간도 간단하게 주파한다.[3]

「스타트랙」에서의 많은 승무원들이 안드로이드이다. 데이터 대장도 안드로이드인데 이는 진 로든베리가 스타트랙 정도의 우주선과 워프 항법이 개발될 정도라면 안드로이드가 등장하는 것이 불가능하지 않다고 생각했기 때문이다. 흥미로운 점은 우주탐험은 로봇의 이용 가치가 높은 분야인데도 불구하고 화면상으로만 볼 때 「스타트랙」에서 인간과 구별할 수 없는 안드로이드 로봇을 제외하고는 기계적인 로봇은 등장하지 않는다. 이 역시 진 로든베리가 엔터프라이즈호에 로봇을 탑재시키지 않았기 때문인데 그 이유도 제시한다. 엔터프라이즈호에는 100명 미만의 승무원이 있는데 이들이 항상 일을 하도록 만들려는 의도라고 한다. 우주에서 로봇에게 많은 일을 맡긴다면 결국 우주 생활이 단조하고 지루해질 소양이 많아지는데 이를 피하기 위해서라는 뜻이다.

그러나 이 착상은 매우 비현실적이다. 영화에서 엔터프라이즈호는 다소 큰 우주선으로 보이지만 엔터프라이즈호는 길이가 무려 500킬로미터 되는 거대한 우주선이라는데 놀랄 것이다. 한마디로 서울에서 부산까지의 거리보다도 큰 규모다. 이렇게 거대한 우주선이어야 하는 이유는 인공 중력을 만들어야 하기 때문이다. 우주공간이 무중력이므로 엔터프라이즈호에서 승무원들이 걸어 다닐 수 있도록 인공중력기로 중력을 만드는 것이다.

영화 「스타트랙」의 엔터프라이즈호

엔터프라이즈호의 승무원은 고작 100여명. 이들이 우주선 안에서 살아가는데는 수많은 변수가 생기는게 당연한데 100명을 바쁘게 움직이게 하기위해 로봇을 배치하지 않았다는 것은 현실감이 떨어지지 않을 수 없다. 결론은 500킬로미터나 되는 엄청난 규모의 우주선을 원활히 가동시키기 위해 각종 로봇이 수없이 내재되어 있다는 것이 상식이다. 그러므로 화면에만 로봇이 보이지 않는 것으로 이해할 수 있는데 그렇다고 해서 로봇이 전혀 등장하지 않는 것은 아니다. 죠나단 아쳐 함장이 데리고 있는 애완용 개인 '비글'은 로봇이다.[4]

인간보다 더 인간적인 안드로이드

로봇도 등장시키지 않을 정도로 철저한 진 로든베리임에도 불구하고 안드로이드를 등장시킨 것은 로봇학자들에게 큰 위안이 되었다.

진 로든베리는 안드로이드가 언젠가 개발될 것으로 예상했기 때문이다. 이를 반영하듯 리들리 스코트 감독의 영화 「블레이드 러너Blade Runner」는 우주에서 반란을 일으키고 지구로 침투한 인조인간리플리컨트들과 이를 쫓는 전문경찰관블레이드 러너, 튜링테스트를 통해 인간과 복제 인간을 구별할 능력을 지닌 경찰이 인조인간들과 벌이는 사투와 인간적인 고뇌를 그렸다.

타이렐사는 리플리컨트를 만들어 우주식민지 개척을 위해 사용하는데 그들의 정해진 수명은 5년이다. 이들은 사용 목적에 따라 생산용, 전투용, 위안용 등으로 나뉘는데 과학자들은 생명을 미끼로 리플리컨트를 통제한다. 4년이 되면 리플리컨트는 죽는데 그것을 해고라고 한다. 그러나 리플리컨트들은 4년 밖에 안 되는 자신들의 수명을 연장시키기 위해 반란을 일으키고 이들 중 4명이 지구로 잠입한다. 블레이드러너 데커드는 리플리컨트들에게 어머니에 대한 기억이 없다는 것을 이용해서 그들을 색출한다. 블레이드 러너는 고도의 감정이입과 테스트를 통해 인간과 리플리컨트의 차이점을 식별할 수 있다. 리플리컨트를 찾아내는 방법이 매우 지능적으로 전개되는데 데커드는 복제 인간은 인간이 아니라는 확신에 차서 그들을 죽이는 것을 '살해'가 아니라 '제거'라고 위안하지만 복제 인간을 하나 둘 죽이며 양심의 가책을 느끼기 시작한다. 복제 인간들도 슬퍼하고 분노하고 자유를 꿈꾼다는 것을 알았기 때문이다.

문제는 영화에 등장하는 레이첼이라는 리플리컨트는 블레이드 러너조차 사랑에 빠질 정도로 인간과 구별이 안 될 정도로 완벽하다. 즉 레이첼은 의학적 관점에서는 인간과 전혀 구분되지 않는다. 그들을 구별해 내는 방법은 고난도의 '튜링테스트'인데 레이첼의 경우는 그것도 어렵다. 그녀는 다른 사람의 어린 시절 기억이 이식되어 있고 증거로 엄마와 함께 찍은 사진도 갖고 있어 자신이 복제인간이라는 것을 모르기 때문이다.

　　기억이란 인간 고유의 역사성을 증명해 줄 수 있는 인간 정신 내부에 존재하는 무형의 증거이다. 특히 인간은 스스로 지닌 기억을 통해 자신이 누구임을 확신한다. 그런데 레이첼이 기억을 갖고 있다는 것은 미래의 사회에서는 인간 고유의 특성인 기억도 만들어낼 수 있고 원본과 복제품의 차이가 사라진다는 것을 의미한다. 즉 원본과 복제품의 차이가 해체되면서 인간과 인공적 기계라는 관습적 구분도 사라지는 것이다.[5] 이런 상황이 된다면 누가 인간인지 헷갈리기 마련이다. 이를 증명하듯 마지막으로 남은 대장격인 리플리컨트 로이의 지능은 뛰어나 철학적인 고민까지 한다.

"인간은 죽으면 천국에 가지만 우리 리플리컨트들은 죽으면 어디에 갑니까?"

　　리플리컨트 로이가 데커드를 죽음의 공포 속으로 몰아넣지만 데커드를 죽이지 않고 인간보다 더욱 인간적인 모습으로 최후를 맞는다. 블레이드러너는 로이가 자신을 죽이지 않은 이유를 자문한다.

"로이가 너무나 생명을 사랑했기 때문에 죽기 직전에 나를 구해준 것은 아닐까?"[6]

　　복제인간이 오히려 인간보다 더 따뜻한 마음을 지니고 있다는 설정이 매우 신선하게 느껴진다. 이 영화는 복제인간의 이야기를 인간성과 대비시키는 심오한 내용을 포함하고 있어 많은 연구대상이 되었는데 가장 많은 토론이 이루어진 주제는 로이가 왜 데커드를 살려주었느냐 하는 점이다. 이 문제에 대해서는 스코트 감독이 직접 말하기 전에는 영원히 알려지기 어려운 일이지만 매우 의미심장한 지적이 있다.

로이가 충분히 데커드를 죽일 수 있었지만 죽이지 않은 것은 죽일 수 없었기 때문이라는 설명이다. 로이가 비록 리플리컨트이기는 하지만 그는 단순히 인간과 동일한 기억을 간직하는 것에서 지나 사랑과 연민, 생에 대한 욕망과 같은 정서적 기질에 있어서도 인간을 능가하는 것으로 그려진다. 리플리컨트가 인간보다 더 인간적이므로 같은 인간을 살해할 수 없다는 것이다. 사실 로이는 항상 죽음의 공포에서 시달리며 살아왔고 실제로 생명을 늘리기 위해 지구로 잠복했다. 그러므로 죽음이 얼마나 무서운지 잘 알고 있는데 어떻게 같은 인간인 데커드를 죽일 수 있느냐 하는 반문이다.[7]

튜링테스트

「블레이드 러너」의 주제 중의 하나는 튜링테스트이다. 「블레이드 러너」에서 활용되는 튜링테스트란 한 인간을 개인화할 수 있는 기억의 기원이 다르다는 점을 활용하는 것이다. 말하자면 인간은 삶을 통해 '경험된' 기억을 갖지만, 리플리컨트는 경험과는 무관한 '이식된' 기억을 지닌다. 이 차이를 찾아내는 방법이 튜링테스트이다.

튜링테스트의 원리를 처음으로 제창한 사람은 놀랍게도 겨우 24살에 불과한 영국인 앨런 튜링Alan Mathison Turing, 1912~1954이다. 그는 컴퓨터의 실질적인 발명자로 더욱 잘 알려져 있는 인물이다.

튜링은 수학에 천부적인 자질을 보여 19살인 1931년, 유명한 케임브리지대학교의 킹스칼리지에 입학한다. 이 대학교에는 빛이 태양 때문에 휜다는 아인슈타인의 상대성 이론을 증명해 준 아서 에딩턴Arthur Eddington, 1882~1944이 있었다. 에딩턴 교수는 평균값 근처에 매우 많은 관측 값들이 존재하고 극단적인 경우로 갈수록 관측 값들이 급격히 적어지는 종 모양의 분포가 있다고 강의했다. 가우스가 관측 오차를 다루기 위해 도입했기 때문에 '가우스 분포'라고도 한다.

대부분 자연 현상을 관찰한 관측 값들이 정규 분포를 따르므로 물리학에서는 대단히 중요하게 생각한다. 물리학자인 에딩턴은 어떤 개념을 설명하는 데 수학적 엄밀성보다는 직관적인 방법을 토대로 문제를 설명하는 것이 효과적이라고 주장했다. 그러나 튜링은 에딩턴과는 반대로 수학적으로 엄밀한 설명을 선호했고 관측 값들이 정규분포를 따른다는 단순한 설명에 만족하지 않았다.

그는 1934년 나름대로의 새로운 아이디어를 만드는데 성공했다. 이때가 그의 나이 겨우 스물두 살 때로 그의 논문은 곧바로 주목을 받았다. 그의 업적이 얼마나 뛰어났는지는 1935년에 킹스칼리지 학회원으로 선발되었고 1936년에는 케임브리지 대학교에서 우수연구원에게 수여하는 스미스 상을 받았다는 점으로도 알 수 있다.

1936년 튜링은 「계산 가능한 수에 관하여」라는 석사학위 논문을 작성했다. 논문 요지는 사람의 두뇌에 해당하는 제어장치, 데이터가 수록된 테이프, 이를 읽고 기록하는 입출력 헤드의 3부분만 있으면 기계적 절차로 모든 계산이 가능하다는 것이다.

인공지능을 판별하는 튜링테스트

　　물론 튜링보다 한 발 먼저 유사한 생각을 도출한 수학자가 있었다. 그의 논문이 발표되기 직전에 미국의 알론조 처치 Alonzo Church 는 접근 방법은 매우 달랐지만 계산의 의미에 대한 수학적 접근을 시도했다. 그는 튜링 기계와 같은 어떤 종류의 기계적인 장치로도 풀리지 않는 문제가 존재함을 증명했으므로 처치가 튜링보다 컴퓨터에 관한 개념을 먼저 도출했다는 주장도 있다.

　　그러나 처치가 엄밀하게 컴퓨터와 같은 생각을 한 것은 아니므로 튜링의 석사학위 논문을 디지털 컴퓨터의 원조 개념을 다루었다고 간주한다. 일부 학자들은 인간이 생각하는 모든 것을 튜링 기계를 통해 구현할 수 있다는 가설을 들어 '처치-튜링 논제'라고도 부른다. 처치가 튜링의 지도교수였으므로 튜링을 컴퓨터의 원조라고 인정하면서도 처치를 배제하지 않았다. 처치 교수의 논문을 읽고서 미국으로 건너가 처치의 지도를 받은 튜링은 자신의 논문을 수정하여 1938년

26세의 나이로 프린스턴 대학에서 박사학위를 받았다.

　　컴퓨터에 앉아 게임을 한다고 하자. 컴퓨터는 다음과 같은 기능이 있는 물건이다. 첫째, 테이블 위에 보고 만질 수 있는 기계^{하드웨어} 즉, 본체가 있고, 게임을 하게 만드는 프로그램^{소프트웨어}이 있다. 게임을 위한 각 프로그램은 컴퓨터 안에서 각기 다른 방식으로 상이한 작업을 하면서 게이머들이 마음껏 게임에 몰입할 수 있도록 한다.

　　컴퓨터란 간단히 말하여 중앙처리장치, 데이터 채널, 기억장치, 입출력 장치 등으로 구성되어 있는 기계이다. 여기서 가장 중요한 것은 사람의 두뇌와 비슷한 기억장치로 프로그램이나 수를 기억해 둔다. 컴퓨터가 가능한 한 많이 기억하고 또 읽는 속도가 빨라질수록 효용성이 높으므로 소형이면서도 기억용량이 높은 컴퓨터를 개발하려는 것이다.

　　튜링은 인간의 기능을 기계가 분담할 수 있다고 생각했다. 그 당시에 보편화된 자동화기계가 아니라 인간과 같은 두뇌 기능도 기계가 할 수 있다는 것이었다. 그래서 먼저 인간의 정신과 지능을 떠올린 다음 기계가 행할 수 있는 모든 작업을 생각한 후, 그러한 모든 일을 하나의 기계가 행하려면 어떻게 해야 할지를 연구했다.

　　기계가 인간의 두뇌 역할을 하기 위해서는 우선 수학적인 체계로 정보를 이해할 수 있어야 된다고 생각해서 고안한 기계는 실제로 조립되어야 할 기계가 아니라 사고 속에서의 기계였다. 튜링은 모든 수학적 작업을 논리적 연산의 작은 원자들로 분해하고 그것을 수행하도록 하면 인간의 두뇌처럼 움직일 수 있다고 생각했다. 놀랍게도 그는 자신이 생각한 기계를 실제로 만들 수 있다는 것을 깨달았고 그러한 기계를 만드는데 노력을 경주했다. 튜링이 제시한 원리를 앤드루 호지즈는 다음과 같이 설명했다.

우선 부호가 기록될 종이테이프가 있다. 그런 다음에 한 번에 한 개의 부호만을 볼 수 있는 기계가 있다. 기계는 정해진 수만큼의 여러 상태 중에서 한 상태에만 놓일 수 있다. 기계가 무엇을 행하는가, 어떻게 작동하는가는 전적으로 그것이 어떤 상태에 놓여 있는가와 그것이 보는 부호에 달려 있다. 기계가 할 수 있는 것은 테이프의 한 곳에서 우측이나 좌측으로 움직이고 테이프에 하나의 부호를 쓰며 한 상태에서 다른 지정된 상태로 옮겨가는 것뿐이다.

이러한 기계를 튜링기계Turing machine라고 부른다. 각 기계는 각 상태에서 어떻게 행동할 것인지 그리고 어떤 부호를 보아야 하는지에 대한 결정적인 규칙을 가진다. 튜링기계가 어떤 부호를 보았을 때 각 단계에서 어떻게 해야 할지를 알려주는 '행동표'를 가지도록 규정해주면 인간은 기계에 대한 모든 것을 알 수 있게 된다. 즉 '명확한 방법'이라고 부를 수 있는 모든 것을 하나의 튜링기계로 생각할 수 있다는 것이다.

그러나 튜링기계의 중요성은 기계를 사용하는 사람들이 모든 단계에서 그 다음에 무엇이 행해져야 할지에 대해 완벽한 메모를 남길 수 있으며 그 일을 다른 사람에게 인계할 수 있다는 점이다. 이러한 '명확한 방법'의 정의는 수리논리학에서 중요한 위치를 차지하는데 놀랍게도 튜링의 아이디어는 1936년에 쓴 것으로 그의 나의 겨우

24살 때라는 것을 앞에서 이야기했다.

튜링기계는 곧바로 '보편기계'라는 아이디어를 창출했다. '행동표'에 있는 값을 보는 일은 기계적인 과정이므로 특별한 종류의 튜링기계, 즉 보편적 튜링기계가 고안되면 다른 튜링기계의 행동표를 읽고 또 다른 튜링기계가 했던 일을 수행할 수 있다. 따라서 모든 튜링기계의 행동을 보기 위해서 여러 기계를 만들 필요가 없다.

컴퓨터로 게임을 하든, 영화를 보든, 이메일을 보내든 컴퓨터를 다루는 독자들은 이 말이 무슨 뜻인지 곧바로 알아차렸을 것이다. '보편기계'가 바로 지시된 프로그램을 읽고 그것을 수행하도록 고안된 컴퓨터이다. 기계 자체를 게이머가 손댈 필요가 없다. 컴퓨터 게임을 위해 컴퓨터 본체를 열 필요가 없으며 단지 그 기억장치에 다른 프로그램을 넣기만 하면 된다. 여러 가지 다양한 업무를 처리하는 데 하나의 기계만으로 충분하다.

튜링이 1936년에 제안한 이 아이디어는 당시 컴퓨터도 없이 상상 속에서 만들어졌다는 것이 놀랍다. 튜링의 상상력은 더욱 비약하여 인공지능이 가능하다고 믿었으며 '기계가 사고할 수 있다면 우리는 어떻게 알 수 있는가'라는 질문을 제기했다. 튜링의 생각은 단순했다.

기계로부터의 응답을 인간의 응답과 구별할 수 없다면 그 기계는 사고할 수 있다고 결론을 내려야 한다.

이것을 '튜링 테스트 Turing Test'라고 부르며 인공지능을 판별하는 시험으로 부른다. 로봇의 지능을 거론할 때에도 이 질문과 대답이 정

확하게 적용된다.[8]

SF물로만 보이는 「블레이드 러너」에 튜링테스트와 같은 고난도의 이론이 기본 주제라는데 놀랄 것이다. SF물에 나오는 아이디어가 항상 황당한 이야기로 전개되는 것이 아님을 이해하면 SF물을 보는 것이 한결 흥미로울 것이다.

로보사피엔스 등장한다

미국의 MIT 인공지능연구소의 로드니 브룩스 교수, 카네기 멜론 대학의 한스 모라벡Hans Moravec 교수 등은 컴퓨터의 가능성을 거의 무한대로 예견했다. 특히 모라벡 교수는 1988년 『마음의 아이들Mind Children』에서 로봇의 진화는 4단계로 이루어질 것이며 2050년 이후 지구의 주인은 인류에서 로봇으로 바뀔 수 있다고 역설했다.

그에 따르면 20세기 로봇은 곤충 수준의 지능이지만 21세기에는 10년마다 세대가 바뀔 정도로 지능이 향상된다고 강조했다. 즉 2010년까지 1세대, 2020년까지 2세대, 2030년까지 3세대, 2040년까지 4세대 로봇이 개발된다고 한다. 그가 예상한 로봇의 4단계는 다음과 같다.

① 1세대 로봇 :

1세대 로봇은 동물로 표현하면 도마뱀 수준의 지능을 가진다. 크기와 모양은 사람을 닮고 다리는 2개에서 6개까지 사용이 가능하다. 평평한 지면뿐만 아니라 계단을 돌아다닐 수 있으며 가정에서는 목욕탕을 청소하거나 잔디를 손질한다. 테러범이 숨겨놓은 폭탄을

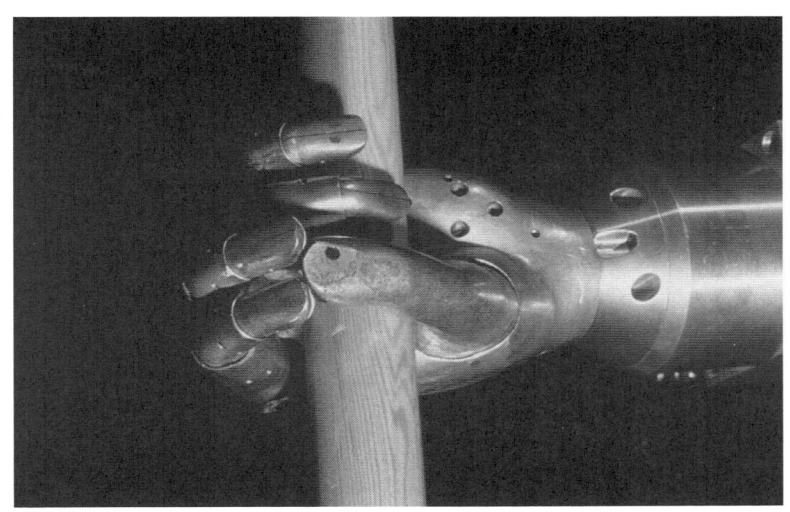

한스모라벡 교수가 개발한 인공손

찾아내는 일도 수행할 수 있다.

② 2세대 로봇 :

2020년까지 나타날 2세대 로봇은 1세대보다 성능이 30배나 뛰어나며 생쥐 수준의 지능을 가진다. 1세대와 다른 점은 스스로 학습하는 능력 즉 주위 환경의 변화에 따라 자율적으로 적응하는 능력이 있다.

③ 3세대 로봇 :

3세대 로봇은 원숭이 정도의 지능을 가진다. 어떤 행동을 취하기 전에 스스로 생각하는 능력이 있다. 부엌에서 요리할 때 2세대는 팔꿈치를 식탁에 부딪친 후 대책을 세우지만 3세대 로봇은 사전에 장애물과의 충돌을 회피할 방법을 강구한다.

④ 4세대 로봇 :

2040년까지 개발될 4세대 로봇은 20세기 로봇보다 최소한

100만 배 이상의 성능을 갖는다. 지구상에서 원숭이보다 머리가 좋은 동물은 인간이지만 이때가 되면 인간처럼 스스로 생각할 줄 아는 로봇 탄생이 가능하다.

모라벡은 2050년 이후 지구의 주인이 인간에서 로봇으로 바뀔 수 있다고 매우 구체적으로 예언했다. 이 로봇은 소프트웨어로 만든 인류의 정신적 유산, 즉 지식, 문화, 가치관도 물려받으므로 계승자라 부를 수 있으며 이러한 로봇을 '마음의 아이들'이라고 불렀다. 이런 상황이 되면 현생 인류를 호모사피엔스라 부르는 것처럼 지혜를 가진 로봇 즉 '로보사피엔스'가 지구상에 출현할 수 있다는 주장이다. [9]

그의 견해에 미래학자 레이먼드 쿠르츠와일 박사도 동조한다. 그는 지난 시기 기술의 발전이 기하급수적인 형태로 발전해 왔음을 예로 들어 수십 년 후에 기계의 지능이 인간의 지능을 앞설 것이라고 예측했다. 그러므로 향후 이루어질 첨단 기술의 성과를 인간이 적극적으로 받아들여 인간과 기계의 융합을 통한 진화를 추진해야 한다고 역설했다. [10]

반면에 영국의 물리학자 로저 펜로즈 등 일부 학자들은 컴퓨터로 인간의 본성까지 복제하는 것은 근본적으로 불가능하다고 주장했다. 기계인 로봇 컴퓨터는 어떠한 일이라도 인간의 기능을 추월할 수 없다고 반박한다. 어떤 경우라도 생물체인 인간은 인간이고 기계인 로봇은 로봇이라는 설명이다. 이와 같이 로보사피엔스 출현에 부정적인 학자들의 생각은 매우 단순하다.

지구상에 일단 태어난 생물에게 가장 중요한 것은 생존 본능이다. 생존 본능의 기본은 생명이 유한하므로 후대에 물려주는 시스템 즉, 번식이라고 볼 수 있다. 인간의 감성에서 번식이 차지하는 비중은 의외로 높다. 남녀 간의 사랑은 후손을 남기려는 본능이라는 것도 같은 맥락으로 이해된다.

학자들에 따라 본능과 지능을 무관하다고 하지만 동물의 행동 양식을 살펴보면 번식을 위한 행동에서 가장 지능적인 면을 발견한다고 한다. 인간이라고 예외일 수는 없다. 그런데 박테리아에서 인간까지 모든 생명체는 자신과 같은 후손을 만들 능력이 있지만 기계는 그런 능력이 없다.[11]

스티븐 스필버그 감독의 「8번가의 기적 Batteries Not Included」에서는 외계에서 온 소형 로봇이 새끼를 낳는다. 이 영화에는 고치는 것이 취미인 이상한 기계가 나오는데 부서진 집을 고치는 대신 전기와 금속 등을 먹는다. 놀라운 것은 기계가 새끼도 세 마리 낳는데 한 마리가 죽자 간단히 살린다. 배터리를 충전하면 된다. 영화는 결국 해피엔딩으로 끝나지만 기계가 새끼를 낳는 것은 상당히 충격적인 뉘앙스를 제공했다.

물론 기계가 기계 부품을 만들었다고 해서 엄밀한 의미에서 자손을 만들었다고는 볼 수 없다. 영화 내용 중 전기 배터리가 떨어지자 작동이 중지되는 것으로도 알 수 있다. 한마디로 기계를 생물로 보려는 아이디어 자체가 어불성설이다.

이와 같이 자명하게 보이는 로봇의 치명적인 결점에도 불구하고 한스 모라벡 교수는 로봇의 미래를 어둡게 보지 않는다. 그의 로봇에 대한 독특한 시각 때문이다. 인간과 여타 동물들이 다른 종種인 것처럼 로봇도 다른 종으로 발전할 수 있다면 로봇이 인간과는 다른 진화 과정을 겪으면서 로봇을 만들 수 있다는 설명이다. 즉 인간과 같은 번식 방법을 굳이 답습하지 않아도 된다는 뜻이다. 이것은 인간과 기계가 다른 종으로 분화된다면 인간의 손길에서 벗어난 로봇들이 엄청나게 번식해서 지구를 뒤덮어 버릴 수도 있다는 설명도 된다.[12]

미국의 브랜다이스 대학의 요르단 폴랙 교수는 생물의 진화 과정을 모방하는 프로그램을 개발해 로봇 설계에 적용했다.

우선 컴퓨터에게 플라스틱 막대, 조인트 등 간단한 기계 부품을 주고 움직이는 로봇을 시뮬레이션해서 설계토록 명령했다. 컴퓨터는 주어진 부품으로 다양한 로봇 구조를 설계하고 이를 다시 조합해서 더 복잡한 로봇을 만든다. 그리고 시뮬레이션을 통해서 가장 우수한 로봇을 골라낸다. 이런 과정을 반복하자 기술자들이 생각하지 못했던 독특한 로봇 구조가 탄생했다. 또 컴퓨터가 설계한 도면대로 로봇을 조립하니 훌륭하게 작동했다.

폴랙 교수는 생명체가 수억 년간 진화했듯이 로봇도 자기복제를 거치면서 더 우수하고 복잡한 형태로 진화할 수 있다고 주장했다.[13]

이 문제는 사이버그와는 달리 매우 복잡한 내용을 근원적으로 다루어야 한다. 과연 인간의 뇌를 컴퓨터가 모사할 수 있느냐, 그렇지 않다면 불가능한가를 확인해야 하기 때문이다. 한마디로 인간의 뇌에 대한 정보가 관건이다.

1) 『현대과학의 쟁점』, 이인식 외, 김영사, 2002
2) 『영화로 과학읽기』, 이필렬 외, 지식의 날개, 2006
3) 『불가능은 없다』, 미치오 카쿠, 김영사, 2010
4) 『로봇 비즈니스』, 김광희, 미래와경영, 2002
5) 『씨네 페미니즘의 이론과 비평』, 서인숙, 책과길, 2003
6) 『재미있는 영화이야기』, 이경기, 삼호출판사, 1993
7) 『여간내기의 영화교실』, 김동훈, 해들누리, 2002
8) 『천재들의 수학노트』, 박부성, 향연, 2004.
9) 『로봇 비즈니스』, 김광희, 미래와경영, 2002
10) 『영화로 과학읽기』, 이필렬 외, 지식의 날개, 2006
11) 『양자세계의 미스터리』, 마이클 크라이튼, 이무열 옮김, 이인식, 『타임라인』 권말부록, 김영사, 2000.
12) 『인터넷 다음은 로봇이다』, 배일한, 동아시아, 2003.
13) 『양자세계의 미스터리』, 마이클 크라이튼, 이무열 옮김, 이인식,
 『타임라인』 권말부록, 김영사, 2000.
 『미래와 진화의 열쇠 이머전스』, 스티븐 존슨, 김영사, 2004

안드로이드의 두뇌 만들기

인간 두뇌의 연구 방법
복잡한 인간의 뇌
인간의 기억
기억의 메커니즘
서로 다른 좌뇌와 우뇌의 기능

인간처럼 행동하는 인조물 즉 로봇을 만들겠다는 욕구가 점점 높아지고 있다. 사람처럼 걷는 로봇은 초보적이기는 하지만 가시권에 들어왔다고 볼 수 있다. 그러나 인간처럼 생각하는 로봇을 만들려는 시도는 아직은 무지개를 쫓는 것이나 다름없다. 한마디로 사람처럼 생각하는 로봇은 시도조차 못했다고 해도 과언이 아닌데 이는 인간의 두뇌에 대해 모르는 것이 너무나 많기 때문이다.[1]

초창기의 로봇연구 학자들은 그동안 축적된 인간들의 두뇌에 대한 연구가 너무 미미한 수준이라는 데 놀랐다. 인간의 두뇌를 모두 이해하지 못하는 가장 큰 이유는 인간의 두뇌를 연구한다는 자체가 어렵기 때문이다. 간단한 예로 인간의 두뇌를 연구하려면 두 가지의 두뇌가 필요하다. 죽어있는 상태의 두뇌와 살아있는 인간의 두뇌를 직접 실험해야 한다는 전제조건이 필요하다.

죽은 두뇌에 대한 기본 연구는 그런대로 어느 정도 진전이 있다. 미국의 경우 사형선고를 받은 한 살인범이 자신의 뇌와 신체를 정밀 검사할 수 있도록 허락하여 그에 관한 150억 바이트의 자료들이 미국국립의학도서관 웹사이트로 공개되어 있을 정도다. 수많은 두뇌 연구자들이 이 자료로 각종 연구를 하고 있다.[2]

반면에 살아있는 사람에 대한 연구를 만만하게 보는 사람은 없을 것이다. 이런 제한은 연구 자체가 거의 불가능해 보이는데도 학자들의 고집은 놀라워 지극히 제한된 연구 여건임에도 불구하고 인간의 두뇌가 어떻게 활용되는가를 알아내는데 열중했다. 여기서 설명하는 인간의 두뇌에 대한 자료들도 그런 연구에 의한 결과이다.

그러나 수많은 학자들이 인간의 두뇌에 대해 연구해왔는데도 인간에 대한 정보가 미흡한 것은 인간의 두뇌가 그만큼 복잡하기 이를 데 없음을 뜻한다. 한마디로 전문 학자들도 '인간의 두뇌는 우주보다 더 복잡하다'라고 말할 정도로 인간의 두뇌가 아직 신비의 세계에 있다. 인간의 두뇌에 대한 설명이 다소 어려울 수 있음을 의미하지만 로봇을 개발하기 위해 반드시 넘고 가야 할 부분이므로 꼼꼼히 읽어주기 바란다.

그러나 이 장의 설명이 어려워 이해가 쉽지 않은 독자는 이 장을 뛰어넘어 다음 장부터 끝까지 읽은 후 다시금 도전하기 바란다. 정리된 로봇 아이디어로 무장하면서 다시 도전하면 어렵게만 여기던 내용이 쉽게 이해될 것이라고 생각한다.

인간 두뇌의 연구 방법

살아있는 인간의 두뇌를 연구한다는 것은 정말로 어렵고 복잡한 일이다. 지구에서 태어난 생물 중에서 가장 정교하다는 두뇌에 대해 연구하되 어떠한 경우라도 두뇌에 아무런 영향도 주어서는 안 된다는 제한이 있기 때문이다. 그런 제한이 있음에도 불구하고 현재 봇물같이 발표되는 두뇌에 대한 연구는 이들 장벽을 넘을 수 있는 나름대로의 방안이 있다.

근래에 화상기법인 PET^{방사단층촬영법, Positron emission tomography}가 개발되어 뇌에 대한 연구가 상상외로 빨리 진행되고 있다. 다소 간단한 방법인데 고에너지 감마선이 피검사자의 머리 주위에 배열된 센서들을 때리고 컴퓨터에 연결된 센서들은 포착된 활동 부분을 스크린 속의 뇌지도 상에서 분석 처리한다. 감마선은 방사성 물질에서 방출되는 양전자와 뇌 속의 전자가 충돌할 때 발생하는데 이 때 방사선을 방출하도록 이용되는 방사성 물질은 산소나 포도당이다. 이 물질들은 뇌세포의 활동에 필수적인 연료이므로 뇌에서 활동이 가장 활발한 부분에 집중적으로 나타난다.

하지만 특수하게 처리된 산소나 포도당을 먼저 혈관에 주입한 후 관찰해야 하므로 그 물질들이 뇌에 도달하는 시간이 지체되는 것을 막을 수 없다는 것이 큰 단점이다. 따라서 뇌가 활동하는 시점과 그 활동이 포착되는 시점 사이에 간격이 발생한다. 즉 PET는 지속적인 과제수행이나 조건에 임한 뇌를 관찰하는 데는 유용하지만 뇌의 순간적인 상태를 직접 포착할 수는 없다.

참고로 성인 남자의 뇌는 하루에 약 500킬로칼로리의 에너지를 필요로 한다. 그 에너지를 확보하기 위해서는 약 120그램의 포도당이 필요하며 또한 적혈구도 하루에 약 40그램의 포도당을 필요로 한다. 흔히 공복 때 사고력이 흐려지는 것을 느낄 것이다. 그럴 때에는 사탕 하나가 뇌를 상쾌하게 해주는데 도움이 된다. 바로 즉석으로 뇌에 공급되는 당을 제공했기 때문이다.[3]

반면에 fMRI 기능성자기공명영상법, functional magnetic resonance imaging는 이런 문제점을 다소 보완할 수 있다. 이 기법도 산소와 포도당을 인지한다는 점에서 PET와 같지만 원리는 산소를 뇌에 공급하는 헤모글로빈의 변화를 탐지하는 것이다. 자기장 속에 놓인 원자핵들은 약한 전파 신호를 방출하는데 그 신호의 세기는 헤모글로빈이 운반하는 산소의 양에 따라 달라지므로 뇌의 활동 정도를 알려주는 표지 역할을 한다.

그 표지는 1~2밀리미터 크기의 정사각형 구역을 짚어낼 수 있을 만큼 정확하게 뇌의 활동을 관찰할 수 있다. 그러나 이 기법도 몇 초의 시간 지체가 생긴다. 뇌 활동의 시간 단위가 1초 이하인 것을 감안하면 1초의 지체는 대단히 큰 시간이다.

세 번째 기법으로 MEG^{뇌자기도 촬영법, Magnetic encephalography}가 있다. 이 기법은 뇌세포들이 전기신호를 산출할 때 발생하는 자기장의 미세한 변화를 포착하는 것인데 천분의 1초 단위로 구분할 수 있다는 것이 장점이다. 그러나 이렇게 좋은 기법도 뇌 속으로 깊이 들어갈수록 자기장을 탐지하는 것이 어려워진다. 또 다른 단점은 개별 뇌세포나 뇌세포의 집단을 보여줄 때 정밀도가 fMRI에 비해 크게 떨어진다는 사실이다. 학자들은 이 경우 절충안을 제시한다. 시간적으로 신속한 MEG와 공간적으로 정밀한 fMRI를 함께 사용하는 것이다.

근래 개발된 또 다른 방법은 뇌세포가 활동하면서 빛을 낸다는 광학적 색소를 이용하는 것이다. 신경과학자들의 쥐의 뇌세포 한 개가 백만 분의 1초 동안 활동하는 것을 탐지했다. 이런 기법을 인간에게 적용하여 뇌의 활동을 정밀하게 측정하면 뇌 연구에 획기적인 진전을 보일 것으로는 생각하지만 이 기술 자체는 아직 초보 단계이다.

뇌에 대한 연구가 만만치 않다는 것은 앞에서 설명했지만 피실험자에게 실험으로 인한 어떠한 영향을 미쳐서는 안 된다는 점이다. 즉 신속과 독성이 없는 방법을 개발해야 한다.

앞에 설명한 혈류를 이용하는 것이 아니라 뉴런에서 발생하는 전압을 직접 측정하자는 아이디어도 제시되었다. 즉 뉴런의 막에서 일어나는 전압의 변화를 광학적 영상기법처럼 신속하게 포착하고

fMRI처럼 안전하게 검출하는 기법을 개발하는 것이다.

학자들은 앞으로 10년에서 20년 안에 인간의 뇌에 대한 정보가 폭발적으로 제시될 것으로 전망하는데 이들 연구 하나하나가 로봇 개발에 큰 도움을 줄 수 있을 것이다.[4]

복잡한 인간의 뇌

인간의 두뇌에 대한 연구의 역사는 19세기 초로 거슬러 올라간다. 프루엔키가 1838년 처음으로 소뇌를 현미경으로 관찰했고 1904년에 노벨상 수상자인 파블로프가 조건반사를 발견했다. 1929년 베르거가 뇌파를 최초로 기록했고 1957년 펜필드가 언어영역 등 기능의 부위를 명확하게 했고 1968년 스페리가 좌우 대뇌반구의 작용의 차이를 발견했다. 이후 인간 두뇌에 대한 연구는 제한적이기는 하지만 정보가 계속 쌓이기 시작하여 현재는 분자 수준에서의 뇌세포와 유전자 구조의 분석도 이루어지고 있어 인간의 뇌에 대한 연구는 더욱 촉진될 것이다.

인간의 뇌는 두개골머리뼈로 싸여 있으며 뇌척수액腦脊髓液의 바다에 떠 있어 외부의 충격으로 보호받는데 뇌의 내부 구조는 아주 복잡하고 강인하며 동시에 대단히 민감하다. 뇌는 단순한 하나의 덩어리가 아니다. 뇌는 내부에 '몇 개의 뇌'가 있고 그것들은 층을 이루면서 각각 적합한 역할을 담당한다.

사람의 뇌 구조는 먼저 대뇌반구, 간뇌間腦, 중뇌中腦, 연수延髓가 있고 척수로 이어진다. 대뇌반구는 뇌의 커다란 부분을 차지하고 좌우

대칭으로 이루어졌다. 표면에는 많은 홈이 있는데 그 홈을 따라 전두엽앞머리엽, 두정엽머리꼭대기엽, 후두엽뒷머리엽, 측두엽옆머리엽으로 나뉘고 각 기능을 분담한다. 이중 대뇌 앞에 위치한 전두엽이 대뇌의 40퍼센트를 차지한다. 간뇌, 중뇌, 연수를 통틀어 뇌간腦幹이라고도 부른다.[5]

인간 뇌의 무게야 1~1.5 킬로그램 밖에 되지 않지만 그 안에는 우리 은하에 존재하는 별만큼이나 많은 신경에 관련된 세포가 들어 있다. 우리 뇌에는 최소한 1000억 개의 신경세포인 뉴런대뇌피질에 약 140억 개, 그 크기의 10배에 달하는 신경교세포glia, 글리어가 있고 이들이 100조 개의 시냅스synapse, 신경세포 사이의 연결고리로 서로 복잡하게 네트워크를 이루고 있다.[6][7] 반면에 침팬지의 대뇌피질의 신경세포는 약 80억 개, 토끼의 신경세포는 약 13억 개다.[8]

로봇을 연구하는 학자들은 우선 지금까지 알려진 뇌를 본격적으로 분석하기 시작했다. 인간의 뇌에 대해 김형자의 글을 인용한다.

척추동물은 진화 단계에서 온몸에 흩어져 있던 작은 뇌들이 등쪽으로 모이면서 척추 속에 있는 척수라는 한 가닥의 커다란 뇌를 만들었다고 학자들은 추정한다. 그래서 척추동물의 진화 초기단계에서는 뇌가 단순한 신경세포가 모인 혹 같은 것으로 생각해 그 척수의 앞 끝 부분이 더욱 비대해져 마침내 지금처럼 뇌다운 뇌가 만들어졌다는 설명이다.

파충류 단계를 거치면서 뇌간腦幹, 포유류 단계를 거치면서 구피질舊皮質, 영장류 단계를 지나면서 신피질新皮質이 차례로 진화해 현재와 같은 인간의 뇌가 만들어졌다. 이 3개 층을 두드러지게 가진 생명체는 인간이 유일하다. 뇌의 3층 구조가 인간의 모습을 대변한다고 해도 과언이 아니다.

뇌간은 파충류에게도 있을 정도로 뇌 진화의 역사상 가장 오래된 부위로 '파충류의 뇌' 또는 '원시뇌'라고도 불린다. 파충류형 뇌는 인간의 생존에 기본적인 호흡이나 섭식과 같은 일상적 행동의 조정에 관여하는 기능이 있다.

구피질은 신피질 안쪽에 있는 층으로 하등 포유류의 뇌와 비슷한 대뇌변연계大腦邊緣系 부분을 일컫는다. 대뇌변연계는 시상視床, 시상하부, 해마, 뇌하수체 등으로 구성되며 성행위와 같은 인간의 본능적 충동과 정서를 다스린다.

신피질은 포유류가 진화되어 영장류가 출현함에 따라 발달한 것으로 '영장류의 뇌'로 불리며 진화의 역사가 가장 짧다. 뇌간과 대뇌변연계가 사람의 동물적 본능을 지배하는 원시적 뇌라면, 뇌의 90퍼센트를 점유하는 신피질은 원시적 뇌를 통제하여 인간적 이성을 지배하는 기능이 있다.

김형자 교수는 이성의 힘이 순간적으로 약화될 때마다 원시적 뇌가 주도권을 잡게 되고 신피질이 통제를 시작한다고 설명했다. 그런데 대뇌피질은 대뇌 표면을 덮고 있는 회백색 부분, 신피질·고피질·구피질의 3종류로 구성돼 있다. 고피질과 구피질을 합쳐서 변연피질이라고 한다.

뇌가 특별한 것은 몸의 한 기관이면서 단순히 하나의 기관에 그치는 것이 아니라는 데 있다. 우리의 몸에는 간이나 신장, 심장, 폐 등 다양한 기관이 있다. 이들 기관은 그 기관으로서의 역할만을 수행한다. 이에 비해 뇌는 정보를 받고 그것을 처리하며 출력하는 기관으로서의 기능 외에도 몸 전체 기관들의 조절센터로서 작용한다. 게다가 인간이 언어를 사용해 의사소통을 하듯 기관끼리의 정보교환도 뇌가 조절한다.

약 12세까지 부위별로 그 기능이 발달하는 이 시기에 우리의 뇌 속에는 천지개벽의 변화가 일어난다. 배움과 경험의 과정을 통해 뇌 세포들이 다른 뇌 세포와 연결을 시작하는데, '시냅스'의 수가 무려 100조 개에 이른다는 것은 다시 말해 하나의 신경세포가 최소한 수천 개에서 심지어 어떤 것들은 7만에서 8만 개의 다른 신경세포와 연결돼 있다는 말이다.

놀라운 뉴런의 구조

학자들의 연구는 계속되어 우선 뉴런의 내부 구조를 밝히기 시작했다. 뉴런의 내부 구조는 세포핵과 미토콘드리아로 이루어져 있어 기본적으로 일반 동물세포와 다른 것이 없다.

신경세포체(신경 단위에서 돌기를 제외한 부분, 원형, 방추형, 성형星形 따위를 이룬다)에는 핵과 다른 많은 세포 내 소기관들이 들어 있어서 뉴런의 물질대사와 생장에 관계한다. 또한 신경세포체에는 활면소포체와 리보솜이 풍부해서 짙게 염색되는 부분도 있어 이곳에서 필요한 단백질을 합성한다. 이 모든 것이 세포체의 주요 부분에 들어가 있다.

이 세포체에서 수상돌기라고 부르는 일련의 작은 가지들이 뻗어 나와 있고, 축색돌기^{이것이 실제 신경섬유이다}라는 더 긴 가지가 하나 뻗어 있다. 이처럼 사람의 머리는 핵, 머리카락은 수상돌기이며 몸은 축색돌

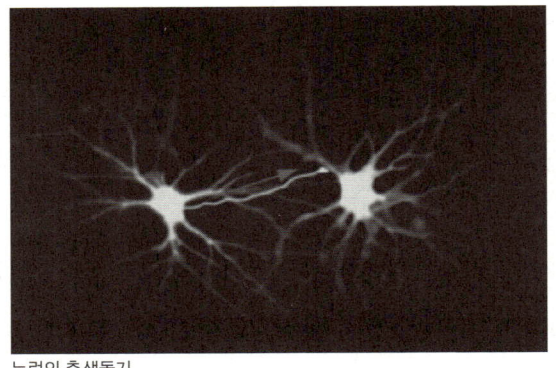

뉴런의 축색돌기

기로 비유할 수 있다. 개개 신경 섬유는 서로 다발을 이루어 신경을 형성하며 아주 길게 뻗어 있기도 한데, 척추 끝에서 발가락 끝가지 뻗어 있는 신경 섬유는 약 1미터에 이른다.

뉴런은 메시지나 신호를 이 수상돌기로부터 받아들이고 어떤 메시지정보를 받았느냐에 따라 전기적인 신호를 축색돌기를 통해 내보낸다. 즉 신경이 자극을 받으면 축색돌기를 따라 전기 신호가 전달되는 것이다.

축색돌기의 끝에서 세포는 여러 가닥으로 가지가 뻗어 있고, 각각의 가지는 시냅스와 접합점으로 연결된다. 그러나 이들의 연결은 전선줄과 같이 직접 다른 뉴런에 연결되는 것이 아니라 전기신호가 시냅스에 도착하면 화학물질이 방출되어 세포들 사이의 작은 틈을 건너간다. 이런 화학물질을 신경전달물질이라고 부르는데 이 물질이 인접 뉴런의 수상돌기의 수용기에 붙으면 거기서 또 다시 작은 전기신호가 발생한다. 각각의 신경 세포에는 수상돌기가 수천 개나 있으며 그 중 일정수가 자극을 받을 때에만 고유한 전기자극을 방출한다. 즉 수상돌기 하나가 자극되는 것만으로는 아무 일도 일어나지 않는다는 뜻이다.

이를 다시 설명하면 뇌에 들어온 메시지정보 즉 뉴런의 전기신호는 시냅스에서 화학신호로 바뀌어 다른 신경세포로 전달돼 다시 전기

신호로 바뀌는 과정을 거친다. 이때 수신된 전기신호에 의해 각각의 수상돌기는 얼마간의 전기적인 전압을 가지는데 더 많은 신호를 받으면 더 큰 전압을 갖게 된다.

뉴런의 기본구조를 전선으로 설명하는 것이 옳다고 볼 수는 없지만 전선으로 비유하면 이해가 쉽다. 핵이 존재하는 신경세포체는 플러그의 몸체와 같고, 콘센트 부분은 자극을 수용하는 수상돌기, 긴 전선은 자극을 전하는 축색돌기에 비유할 수 있다. 구리선을 싸고 있는 피복은 축색돌기를 싸는 수초와 같다.

여하튼 우리가 살아가는 동안 이러한 뉴런의 네트워크는 끊임없이 변한다. 이 책을 읽고 있는 동안에도 뇌 속은 계속 변하고 있다는 것을 이해할 필요가 있다.

학자들은 뉴런들이 연결되는 방법이 아주 복잡하고 무작위로 보이지만, 결과적으로 각각의 조합으로 구성되는 유전 프로그램의 한 부분을 이룬다는 점에 주목한다. 어떤 뉴런의 덩어리에서 다른 덩어리로 연락이 전해지는 식의 큰 테두리는 유전적으로 결정되어 있다.

그러나 그 테두리 안에서 일어나는 연락은 환경에 따라 변한다. 완전히 같은 유전자 세트를 가진 일란성 쌍둥이가 자라난 환경에 따라 서로 다른 개성을 가지는 이유가 바로 여기에 있다. 뇌의 신경 회로망은 유전자의 지배를 넘어선 것이다.

그러므로 학자들은 뇌 세포 수의 감소가 바로 뇌기능 저하로 이어진다는 것은 잘못된 생각이라고 한다. 인간의 뇌 세포는 매일 수만 개에서 수십만 개씩 소멸되어도 충분할 만큼의 양이 존재하며, 머리의 좋고 나쁨은 뇌 세포의 수가 아니라 바로 이 '연결성connection'에 달려 있기 때문이다. 하등동물의 경우 뉴런의 수가 적고, 어느 세포가 어느 세포와 연락하는지를 유전자가 엄격하게 지배하고 있다. 하지만 뉴런의 수가 늘어나면 자유도$^{degree\ of\ freedom,\ 주어진\ 조건하에서\ 자유롭게\ 변화할\ 수\ 있는\ 정도}$가 늘어나 많은 연락이 가능해진다.

인간 뇌의 네트워크에 대해 노벨상 수상자인 프랜시스 크릭은 매우 '놀라운 가설'을 발표했다. 그는 우리의 의식이 경험하는 것과 스스로에 대한 우리의 인식은 전적으로 1,000억 개 비트의 젤리 즉 뇌를 구성하는 신경세포인 뉴런 1,000억 개의 비트가 활동한 결과라는 것이다. 크릭의 이런 생각은 상당한 비판을 받았는데 이는 인간의 가장 고상한 사상과 열망조차 일종의 신경활동의 부산물에 불과하다는 주장과 다름없기 때문이다.

그런데 그의 주장은 현재 우주에서 인간의 위상을 바라보는 관점을 바꾸어버린 5개 중 하나로 간주되기도 한다.

① 지구를 우주의 중심에서 밀어버린 코페르니쿠스의 지동설

② 인간이 지구상의 유일한 지성물이 아니라 단지 인간의 사촌뻘 되는 포유류보다 약간 더 영리한 원숭이에 지나지 않는다는 다윈의 진화론

③ 인간의 행동이 자신이 거의 의식하지 못하는 것^{무의식}의 충동과 자극에 지배를 받는다는 프로이트의 학설

④ 인간에게는 오직 분자만 있고 나머지 다른 모든 것은 사회학이라는 왓슨과 크릭의 DNA의 발견

⑤ 인간의 가장 고상한 활동도 신경활동의 부산물 즉 신경과학

이 거둔 혁명의 결과라는 크릭의 주장.[9]

크릭의 주장을 일부 과학자들은 다소 비인간적이며 너무 앞서 갔다고 이의를 제기하지만 과학자적인 측면에서 그렇다는 뜻이다. 이 문제는 더 이상 거론하지 않지만 뇌의 기능에 대한 연구는 계속되어 근래 학자들을 놀라게 하는 매우 중요한 연구결과들이 계속 발표되었다.

학자들은 뇌에 있는 약 1000억 개의 뉴런 신경세포들이 생각을 하거나 감각을 느끼기 위해 더욱 큰 네트워크를 형성할 필요가 있다고 한다. 즉 생각이나 감각 등을 처리하는 능력을 발휘하기 위해서는 최소한 수 천 개의 개별 신경세포들 간의 네트워크 연결이 필요하다는 것이다. 그런데 1000억 신경세포 중 1개만 있어도, 즉 뇌기능 수행신경세포 한 개로도 인체나 동물에 있어서 충분히 사고를 하고 감각을 느끼는 등 신경계 기능을 정상적으로 수행할 수 있다.

과거에도 초파리 등 일부 단순한 신경계를 가진 동물에서는 한 개의 신경 세포만으로도 중요한 역할을 수행할 수 있다고 알려져 왔다. 그런데 네덜란드 및 독일 연구팀은 2007년, 쥐를 대상으로 한 연구결과, 고등동물에서도 단 한 개의 신경세포를 자극하기만 해도 접촉 감각을 전달하는 것을 발견했다. 미국 연구팀도 신경세포들 간의 연결인 시냅스의 복잡한 연결에 의해 형성되는 기하학적 처리능력 또한 한 세포와 다른 부위끼리의 연결에 의해서도 나타날 수 있다고 밝혔다. 이는 한 신경세포 내 시냅스끼리도 수많은 정보를 완벽하게 저장하고 처리할 수 있다는 것을 뜻한다.[10]

전기신호로 정보 전달

인간이 세상에 태어나자마자 해야 할 일 중에서 생존에 필요한 에너지를 공급하는 것이 가장 중요하다. 소위 밥을 먹는 것인데 한 끼에 먹을 수 있는 양이 한정적이므로 끼니마다 먹어야 한다. 이 신호가 바로 배가 고프다는 정보인데 자신의 몸속에서 생기는 배고프다는 정보를 어떻게 뇌가 알 수 있을까. 갓난아이들이 부모에게 무언가 원한다는 것을 알리는 울음은 어떤 경로를 통해서 시작되는지에 대한 질문이나 다름없다.

앞에서 설명했지만 뇌에 있는 특별한 세포인 뉴런이 외부 자극을 받으면 뉴런의 세포막에서 전기적인 스파크가 일어난다. 이 전기신호는 뉴런에 있는 긴 돌기인 축색을 따라 이동한다. 그러다가 시냅스라는 뉴런 간의 접속부위를 만나면 전기신호가 화학신호로 바뀌고 이 화학신호는 다른 뉴런에서 다시 전기신호로 바뀌는 과정을 거치면서 정보를 전달한다. 다소 딱딱하기는 하지만 과학적인 설명으로는 그렇다.

뇌가 근육에 명령을 내릴 때도 같은 방식으로 정보가 전달된다. 전기신호를 통해 그야말로 순식간에 정보가 전달되는데 이때 전기신호는 마치 디지털 컴퓨터에서 쓰는 0과 1의 이진법처럼 'Yes'와 'No' 식으로 발생한다.

뇌가 이진법의 전기신호만으로 다양한 외부 정보를 인식할 수 있다는 내용을 학자들이 보다 구체적으로 밝히기 시작했다. 학자들의 주된 관심사는 즉 무엇을 보았을 때의 외부 정보와 배가 고프다는 내부 정보가 어떻게 전기신호로 암호화되어 뇌로 전달되는가이다.

우선 전기신호는 뇌의 어디 부위로 전달되는지 그리고 얼마나 빨리 나타나는지에 따라 다른 의미를 가질 수 있다. 예를 들어 뇌와 척수 같은 중추신경계에서는 전기신호가 나타나는 속도가 특정 색깔이나 특정 인물의 존재와 같은 외부 특성을 나타낸다. 말초신경계에서는 전기신호의 속도가 빠를수록 열이 높다거나 소리가 크다거나 근육의 수축이 강하다는 것을 의미한다.

과학자들의 연구가 구체적으로 진행되어 우리가 추억을 회상하거나 가치 판단을 하거나 또는 미래에 일어날 상황을 유추하는 등 복잡한 현상에 관여하는 뉴런이 있다는 것을 발견했다. 이 질문에 대한 해답이 인간 두뇌를 보다 이해하는 관건인데 〈사이언스타임스〉는 정답을 찾는 것이 왜 어려운 일인지 명쾌하게 설명했다. 컴퓨터에 능숙한 사람이라도 컴퓨터 안의 수많은 트랜지스터에서 전달되는 전기적인 신호를 통해서는 방금 서핑한 웹페이지의 내용이 무엇인지 아는 것이 쉽지 않다. 뉴런의 신호가 주는 의미도 바로 이와 같다는 것이다.

특정 정보가 하나의 세포보다는 세포들의 집단과 그들의 활동 패턴으로 저장될 것이라는데 학자들이 주목한다. 즉 어느 그룹의 뉴런들이 활동하는지 또 그들이 어떤 모습으로 활동하는지에 따라 정보의 의미가 달라진다는 뜻이다. 물론 증명된 내용은 아니다. 어느 한 뉴런이 어느 그룹에 속해있는지를 찾아낼 방법이 현재로선 없기 때문이다.

SF물에서는 주인공을 비롯한 어떤 사람의 뇌에 수많은 전극을 붙여 소기의 성과를 얻지만 현실과는 동떨어진 이야기다. 뇌 속의 뉴런만 해도 1000억 개나 되므로 몇 십 개 정도의 전극을 붙여서 이들의 상관관계를 얻을 수는 없기 때문이다. 하나의 신경세포가 최소한 수천 개에서 심지어 어떤 것들은 7만에서 8만 개의 다른 신경세포와 연결되어 있으므로 이들이 어떻게 작동되는지를 파악한다는 것이 쉽지 않음을 이해할 것이다.

더욱이 근래에 정보를 전달하는 것이 뉴런만이 아닐지도 모른다는 연구결과가 학자들을 혼돈스럽게 한다. 뉴런만이 정보를 전달하는 것이 아니라는 말은 뇌에는 뉴런보다 10배가 더 많은 글리아세포가 있다는데서 기인한다. 그동안 글리아세포는 뉴런을 둘러싸고 보호 역할만 한다고 알려졌는데 직접 뉴런의 활동에 관여한다는 사실이 밝혀진 것이다. 아직까지 글리아세포의 역할에 대해서 정확히 알려지지 않았지만 로봇개발 즉 인간을 따라 잡으려면 이처럼 복잡한 뇌기능을 철저하게 분석해야 한다는 숙제가 주어진 것이다.[11], [12]

인간의 기억

학창시절 다른 친구와 기억력에 차이가 있다는 것을 알고 누구나 한 번쯤 왜 그럴까 생각해 보았을 것이다. 똑같이 독서실에서 공부했는데 한 학생은 시험을 잘 보고 다른 학생은 시험을 망친다. 어느 학생은 책을 두세 번만 읽어도 모두 기억하는데 어느 학생은 백 번을 보아도 외울 수 없다는 말도 수없이 들었을 것이다.

학자들은 기억을 간단히 설명한다. 기억이란 어떤 자극^{학습}에 대하여 이를 느끼고 머리에 아로새겨 두었다가, 자극이 없어지면 그 정보를 다시 상기할 수 있는 정신 기능을 뜻한다는 것이다. 인간에게 기억능력이 없었다면, 지적 성장이나 발전은 없었다는 설명이다.[13]

인간이 기억을 다룬 최초의 기록은 명확히 알려지지 않았지만 대체로 기원전 600년쯤 그리스 시대로 거슬러 올라간다. 기원전 6세기 파르메니데스는 기억을 빛과 어둠 또는 뜨거운 것과 차가운 것의 혼합물로 생각했다. 이 혼합물을 휘젓지 않은 상태로 둔다면 기억은 완전할 것이고 혼합물이 뒤섞여 버린다면 그 순간부터 망각이 일어난다는 설명이다. 그보다 다소 후대인 기원전 5세기에 아폴로니아의 디오게네스가 기억은 몸속의 공기의 양을 똑같이 분배하는 과정이라는 새로운 이론을 주장했다. 파르메니데스와 마찬가지로 그도 이 균형이 깨어질 때 망각이 일어난다고 했다.

기억분야를 한 단계 업그레이드 시킨 사람은 기원전 4세기경의 플라톤이다. 그는 밀랍조각가설 Wax Tablet Hypothesis 을 주창했는데 그의 이론은 현재에도 일반적으로 인정받고 있다. 뾰족한 물체가 표면에 닿으면 밀랍에 자국이 남듯이 두뇌도 같은 방법으로 어떤 인상을 받아들인다는 것이다. 특히 일단 인상이 박히면 시간이 지나 퇴색될 때까지 남아서 다시 한 번 부드러운 흔적을 남긴다고 했다. 즉 플라톤은 이 부드러운 흔적과 완전한 망각은 똑같은 과정을 거치는 정반대의 면이라고 생각했다. 물론 현대에는 기억과 망각은 완전히 다른 두 개의 과정이라고 인식한다.

기억에 현대적 의미의 과학적인 용어를 처음으로 도입한 사람은 기원전 4세기 후반의 아리스토텔레스이다. 그는 이전의 용어들은 기억의 물리적인 면을 설명하기에는 부적합하다고 설명하면서 오늘날 우리가 두뇌에 속한다고 알고 있는 기능의 대부분을 심장의 기능으로 분류했다. 그는 심장의 일부 기능이 혈액과 관련이 있다는 것을 깨닫고 기억은 혈액의 이동에 근거한다고 생각했다. 망각은 이 혈액의 이동이 점차로 느려지기 때문이라고 그는 믿었다.

기원 3세기의 헤로필루스는 기억에 대한 매우 독특한 가설을 제시했다. 그는 인간이 동물보다 우수한 이유 중의 하나가 두뇌에 잡혀있는 수많은 주름 때문이라고 생각했다. 그가 말한 주름은 뇌피질의 회선들로 오늘날 알려진다.

고대인들이 인간의 기억 등 심층적인 면을 다루었지만 이들의 주장이 현대에도 접목되는 것은 아니다. 뇌피질의 진정한 중요성이 발견된 것은 고대 그리스인들로부터 2천 년도 더 지난 19세기에 와서이다. 그러나 이 당시의 연구도 추상적인 면에서 크게 벗어나지 않았으며 본격적인 기억에 대한 연구는 놀랍게도 1950년대 말로 내려온다. 기억에 대한 연구가 고작 50~60년에 지나지 않는다.

1950년대 말, 27세 한 간질 환자가 워낙 심한 발작을 일으키자 와일더 펜필드 박사는 마지막 치료법의 선택으로 대뇌의 측두엽 temporal lobe의 상당 부분을 제거했다. 수술에 들어가기 전에 펜필드는 절개된 두뇌에 규칙적으로 전기 자극을 주었다. 환자는 의식이 있는 상태였고 대뇌엽에 일시적인 자극을 주자 어린 시절의 경험을 기억했다. 환자는 뇌피질의 각 부분이 자극에 대해 다양하게 반응하고 대뇌엽에는 일시적으로 한번만 자극을 주어도 중요하고 통합된 경험이 되살아나는 것을 알았다.

이런 경험들은 종종 되살아날 때 색상, 음, 움직임, 원래의 경험에 대한 감정이 함께 되살아나는 면에서 볼 때 완벽하다고 할 수 있다. 펜필드가 놀란 것은 전기 자극에 의해 되살아난 기억 중 일부는 보통 상태에서는 기억해 낼 수 없다는 사실이다. 게다가 자극을 받은 경험들은 정상적인 의식 상태보다 훨씬 더 명료하고 정확했다.[14]

더욱 놀라운 것은 수술 후이다. 환자는 수술이 성공적이었음에도 수술 후의 일을 전혀 기억하지 못했다. 어린 시절부터 수술 전 몇 년까지의 기억은 멀쩡한데 수술 후 기억은 어떤 것도 오래 지속할 수 없었다. 이 지속할 수 없는 기억을 서술기억이라고 하는데 예를 들면 수술한 환자에게 농담을 하면 재미있어하며 웃었다. 그런데 조금 뒤에 다시 그 농담을 하면 그는 마치 새로운 내용을 듣는 것처럼 웃었고 계속 반복해도 마찬가지 반응을 보였다. 정상인이라면 이럴 때 짜증내는 것이 정상이다.

그의 사례를 통해 내측 측두엽 medial temporal lobe 과 해마 hippocampus 가 새로운 기억이 이루어지는 중요한 장소이며 인간이 기억은 매우 복잡한 과정을 거친다고 밝혀졌다. 한 예로 대뇌를 제거한 환자에게 복잡한 그림을 그리는 과제를 주자 그는 그 그림을 그렸다는 사실을 기억하지 못하면서도 그림 솜씨는 날로 꾸준하게 향상되었다. 즉 그림 그린 사실을 기억하지 못하지만 그 그림을 그리는 방법은 기억에 남아있다는 것이다. 다소 이해하기 어렵지만 뇌는 무엇을 기억하는가와 어떻게 하느냐를 기억하는 것이 다르다는 것이 밝혀졌다.[15]

참고로 많은 사람들이 우려하는 치매와 건망증은 원천적으로 다르다. 치매와 건망증은 기억을 못한다는 공통점이 있지만 분명한 차이가 있다. 둘 다 기억하는 과정에서 생기는 오류에 의한 것이지만 건망증은 주로 입력의 문제로 인출이 어려워지는 현상으로, 평상시 정보처리를 할 때 그 정보에만 집중하지 않고 다른 과제를 동시에 하거나 생각이나 감정에 휩싸여 정보처리를 제대로 하지 못하는 경우에 일어난다. 반면 치매는 신경세포의 파괴로 인해 저장에 문제가 생긴 경우다. 건망증은 자신이 무엇을 잊어버렸는지 잘 알지만, 치매는 자신의 기억력이 상실되었음을 알지 못한다.

예를 들어, 친구와 약속을 했는데 까맣게 잊고 있다가 친구한테 "왜 늦니?"고 전화를 받았을 때 "아! 맞아, 오늘 약속했지?"라며 약속한 사실을 기억하면 건망증이다. 그런데 "오늘 보자고 했었나?" 하며 약속 자체를 기억하지 못하면 치매라고 볼 수 있다.[16]

기억력 감퇴는 나이 때문이 아니다

기억력뿐만 아니라 시력이 나이와 함께 저하된다고 알려져 있다. 뇌 신경세포는 생후 증가하지 않고 나이를 먹을수록 감소한다. 일반적으로 20세부터 하루에 10만 개씩 감소되며 50세부터는 하루에 20만 개씩 감소된다고 알려진다. 사망한 사람의 뇌를 조사한 결과 뇌의 무게는 20세부터 30세에 걸쳐 최대가 되고 이후부터는 줄곧 감소하여 80세가 되면 최대치였을 때보다 17퍼센트나 줄어든다고 한다.

나이를 먹을수록 뇌가 줄어든다고 놀랄 일은 아니다. 나이가 들면서 대부분의 장기도 줄어들기 때문이다. 노인이 되면 키가 줄어들고 몸무게도 가벼워진다. 뇌도 같은 맥락으로 줄어드는 것이다. 문제는 뇌 신경세포의 감소다. 뇌 신경세포가 감소하면 제일 먼저 건망증이 나타난다. 건망증 다음으로 현저하게 나타나는 것이 시력 저하다. 시각을 지배하는 시각 중추의 신경세포가 감소해서 기능이 약해졌기 때문이다. 근래의 연구에 의하면 70세 이상이 되면 시각중추의 신경세포는 최고일 때의 절반 정도가 된다고 한다. 뇌의 노화가 더욱 진행되면 오래된 기억은 남아도 새로운 기억은 유지되지 않는다. 더 진행되면 한 시간 전의 일도 잊어버린다.[17]

그런데 기억에 대한 연구는 이러한 상식조차 부정한다. 토니 부잔 박사는 나이를 먹을수록 기억력이 감퇴한다는 주장에 이견을 제시한다.

아이들이 집으로 돌아가고 난 후 교실에 아이들이 두고 간 물건들이 어떤 것들인지 직접 확인해 보라. 시계, 연필, 펜, 사탕, 돈, 체육 준비물, 안경, 지우개, 장난감 등등 다양하다. 전화걸기로 한 약속을 잊어버리거나 서류가방을 사무실에 두고 오는 중년의 회사간부와 집에 돌아와서야 시계, 용돈, 숙제장 등을 학교에 두고 온 것을 깨닫는 7살 난 어린 아이의 유일한 현실적 차이는 7살짜리 어린 아이는 부모처럼 '내 나이 이제 일곱인데 기억력이 떨어지다니!'라고 소리치지 않는다.

뇌의 노화가 더욱 진행되면 오래된 기억은 남아도 새로운 기억은 유지되지 않는다. 더 진행되면 한 시간 전의 일도 잊어버린다는 것이[18] 일반적인 정설이다. 그러나 근래 뇌의 연구가 진척되면서 밝혀진 것은 나이가 들면서 두뇌를 사용하지 않았을 때 기억이 저하되고 많이 사용하기만 하면 평생 꾸준히 향상된다고 한다.[19]

영화 「론머맨」

나이 든 사람들에게 희소식이지 아닐 수 없는데 이런 작용을 다음과 같이 설명한다. 인간은 성장할수록 신경세포의 가지 수가 많아지며 두터워진다. 신경전도가 활발히 일어나는 부위의 시냅스는 새로운 가지도 생기면서 두터워져 흥분전도가 훨씬 원활해진다. 이런 구조적인 변화로 특정 시냅스 회로가 활성화되어 흥분전도가 회로를 쉽게 건널 수 있게 된다.

신경세포의 이런 작용 덕에 기억은 더 깊고, 오래 시냅스에 고정되고, 기억의 흔적으로 새겨져 회상하기가 더 쉬워진다. 시냅스 사이의 흥분전도가 원활해지면 시냅스 회로가 강화되고 두터워진다. 이런 과정이 반복되어 장기기억으로 남는다. 계속해서 사용하는 시냅스 회로는 활성화되고 강화되나, 쓰지 않는 회로는 없어진다는 뜻이다. 이를 서유헌 박사는 장기기억은 특수한 물질의 형태로 존재하는 것이 아니라 두터워진 시냅스 부위에 흔적으로 아로새겨져 오랫동안 존재한다고 설명한다. 이 내용은 기억물질이 있느냐 없느냐로 비화되므로 앞으로 계속해서 연계하여 설명한다.[20]

이런 상황을 묘사한 영화가 「론머맨 The Lawnmower Man」이다. 주인공 안젤로 박사는 가상현실을 연구하는 과학자로 침팬지 뇌의 특정 부위에 전기 자극을 주어 침팬지의 지능을 높이고 성격을 변화시키는 연구를 하고 있었다. 그런데 그의 방법으로 지능이 높아진 침팬지가 자신이 갇힌 연구소를 탈출하려다 경비원에게 살해된다.

　안젤로는 연구 대상을 찾지 못하다 이웃집 잔디를 깎는 청년인 조브에 주목한다. 조브는 착하고 순진하지만 지능이 낮아 하루 종일 잔디 깎는 것이 그의 일과이다. 영화의 제목이 론머맨인 것도 '잔디 깎는 사람'이란 의미로 조브를 지칭한다. 안젤로가 조브를 대상으로 실험하기 시작하자 그야말로 조브에게 놀라운 변화가 일어나 그의 두뇌가 급속도로 향상되는 것은 물론 사람의 마음을 읽을 수 있는 능력도 생긴다. 실험이 진행됨에 따라 조브에게 염력까지 생겨 자기가 생각하는 바에 따라 염력으로 물건을 움직일 수도 있게 된다. 지능이 낮은 조브가 전기 자극으로 초능력자가 된 것이다.

　남다른 무기를 쥔 조브가 그동안 자신을 업신여기고 괴롭혔던 사람들에게 복수를 시작하는 것은 물론 정신세계를 마음대로 컨트롤하여 세계를 지배하겠다고 한다. 결론은 영화의 주인공 안젤로가 있으므로 세계 지배가 무산되지만 전기자극으로 인간의 두뇌가 향상될 수 있다는 과학적 사실을 토대로 이와 같은 영화를 만들었다니 놀랄 뿐이다.

　현재도 영화의 장면처럼 뇌에 전기 자극을 주어 질병이나 장애를 치료하려는 연구가 곳곳에서 진행되고 있다. 시각이나 청각을 상실한 사람들을 위해 시신경세포와 정신경세포를 전기적으로 자극하여 물체를 보거나 소리를 들을 수 있도록 하는 시도다. 인공망막을 안구 후면에 위치한 시신경 부위에 삽입하고 환자가 보고 있는 물체의 영상을 카메라로 잡아 그 영상을 전기신호로 바꾼 뒤 인공망막을 통해 시신경을 전기적으로 자극하는 것인데 물체를 전혀 볼 수 없는 환자가 'H'라는 글자를 인식하는데 성공하기도 했다. 이런 기법이 로봇에게도 적응될 수 있는지 독자 스스로 판단하기 바란다.[21]

장기기억이 특수한 물질의 형태로 존재하지 않는다는 것은 매우 심각한 문제점을 제기했다. 그동안 로봇 학자들은 인간의 뇌에 기억물질이 존재한다면 그 기억물질을 확실하게 복제할 경우 그 사람이 가졌던 모든 기억을 되살릴 수 있다고 부단히 기대해왔다.

그런데 기억물질이 존재하지 않는다는 주장에 대한 근거로 제시된 것이 바로 음주 효과이다. 일반적으로 술을 마시면 뇌세포가 파괴된다고 알려진다. 즉 술이 두뇌의 쇠퇴에 영향을 준다는 것인데 근래 이 역시 확실한 증거는 아니라는 설명이다. 기억물질이 존재하지 않는다는 증거로 음주 효과가 거론되는 것이 다소 의아하겠지만 음주로 뇌세포가 파괴된다는 오해는 오로지 과도하게 술을 마셨을 때 두뇌에 손상을 준다는 사실에서 근거한 것이다.

두뇌의 퇴화가 있다 하더라도 술의 영향으로 단정할 것이 아니라 사용하지 않기 때문에 일어날 수 있다는 말로 앞에서 장기기억이 특수한 물질의 형태로 존재하는 것이 아니라 두터워진 시냅스 부위에 흔적으로 아로새겨지는데 이것이 장기간 존재할 수 있다는 설명에 주목하기 바란다.[22] 이 말을 음미하면 기억물질은 존재하지 않다는 것을 유추할 수 있다.

물론 사람마다 기억 능력에 차이가 있다.

바둑의 고수들은 바둑을 두던 전 과정을 쉽게 복기하지만 초보자들은 어림도 없다. 초보자에게는 바둑돌 하나가 한 개의 기억단위인데 반해 숙련자에게는 한 번 둔 판 전체가 기억단위이다. 여러 단어를 외울 때 한두 개의 문장으로 만들면 더 쉽게 외우는 것도 기억단위 용량이 단어에서 문장으로 확대됐기 때문이다.

이미 알고 있는 지식의 양도 기억력에 영향을 미친다. 뇌는 새로운 정보가 들어왔을 때 관련 있는 기존 지식과 묶어 좀 더 큰 기억단위를 만드는데 만약에 기존 지식과 연결되지 못하면 고립된 채로 작은 기억단위가 되거나 잊혀지기 쉽다. 결국 많은 지식이 있는 사람이 새로운 지식을 습득하는데 유리하다. 소위 많은 책을 저술한 사람이 남보다 빨리 더 많은 글을 쓸 수 있는 데 어려서부터 책을 많이 읽으라는 것도 이런 이유에서다.[23] [24]

이는 종종 천재와 둔재의 차이로도 설명되지만 학자들은 인간의 기억 능력의 차이가 두뇌에 있는 저장 능력의 차이에 있는 것은 아니라는 데 주목한다. 캘리포니아 대학의 심리학자이자 신경생리학자인 마크 로젠스위그 교수는 1974년 인간의 기억 저장능력은 상상할 수 없을 정도로 크다고 한다.

정상적인 인간의 두뇌에 매초 10개의 새로운 정보를 평생 동안 집어넣는다 하더라도 두뇌는 반도 채워지지 않을 것이다. 기억 문제는 두뇌의 용량과 관계있는 것이 아니라 그 보다는 두뇌의 명백히 무한한 용량을 스스로 정리하는 것과 관계가 있다.[25]

실제로 학자들이 놀라는 것은 인간의 두뇌 속 정보량을 비트로 환산하면 약 100조에 해당하는 10의14제곱비트^{bit}의 정보가 된다는 것이다. 이걸 영어로 쓰면 2000만 권의 책을 가득 채울 수 있으며 유전자 정보량의 1만 배에 해당한다. 기억이 나쁜 사람이라도 두뇌에 기억할 공간이 작기 때문에 기억이 나쁘다는 것은 아니다 라는 설명이다.

인간은 항상 방대한 양의 시각 정보를 순간적으로 처리하고 선별하는 능력이 있다. 사과를 보았을 때 사과라는 것을 인지하는 방법은 다음과 같다. 시각 정보는 처음에 대뇌의 가장 뒤쪽에 있는 '제1차 시각령'이라 불리는 영역으로 들어간다. 여기서 모든 정보가 시각의 상하좌우의 위치에 대응하여 세밀하게 나누어진다. 오른쪽 눈으로 들어온 정보와 왼쪽 눈으로 들어온 정보, 선분의 기울기나 길이, 움직임, 색깔이나 밝기 등이 제각기 독립적으로 처리된다.

여러 갈래로 나누어진 정보는 '어느 각도로 기울어진 아주 짧은 직선'과 '색깔'이라는 식의 단 2가지 요소로 분류되어, 제1차 시각령 앞쪽에 있는 8개의 시각령에서 단계적으로 통합되어 간다. 그리고 대뇌의 측두엽에서 최종적으로 보고 있는 물체가 사과라고 인식한다.[26) 27)] 이들 모두 두뇌에서 일어나는 작업 중의 하나이다.

세 가지 기억

두뇌에서 장기 기억을 저장할 저장물질이 있다 없다에 대한 논쟁은 뒤로 하더라도 기억이 어떤 방법으로든 저장된다. 기억이 저장되지 않는다면 기억을 회상하는 것은 불가능하기 때문이다. 학자들은 새로운 기억의 저장은 뇌에 있는 신경세포의 화학적·물리적 변화를 동반한다고 한다. 이 변화는 대뇌피질의 한 부분인 해마^{측실상에 있는 두 융기 중의 하나}라는 곳에서 일어난다.

근래 알려진 기억 저장의 연구에서 압권은 하나의 기억^{memory}이 처리되는데 뇌의 서로 다른 세 영역이 관여한다는 것이다. 단일한 기억이 해마를 비롯해 앞 띠다발 피질과 가측부 편도 등 세 곳의 뇌 영역에서 처리된다. 우선 해마는 상황에 대한 기억을 처리하는 과정에 일차적으로 관여한다. 그리고 대뇌피질의 일부인 앞 띠다발 피질은 불쾌한 자극에 대한 기억을 유지하는 기능이 있으며, 측두엽에 존재하는 편도 영역은 기억을 통합 정리해서 상황과 불쾌한 자극에 대한 정보가 저장되도록 처리하는 기능이 있다. 하나의 단순한 경험이 이처럼 세분된 영역에서 서로 다른 처리과정을 거쳐 저장, 기억된다는 것은 그야말로 놀라운 일이다.[28]

인공지능 로봇을 개발하기 위한 두뇌의 연구는 결국 인간이 기억을 어떻게 불러와서 그것을 토대로 새로운 질문에 답을 구하게 하느냐에 있다 해도 과언이 아니다. 인간은 태어날 때부터 수많은 정보를 습득하여 두뇌에 저장하면서 자신이 필요할 때마다 불러온다. 이것은 로봇의 두뇌에 수많은 정보를 입력시킨 후 인간이 기억을 불러오는 메커니즘을 제대로 활용할 수 있도록 만들면 로봇에게 제시되는 모든 문제점들을 일거에 풀어낼 수 있다는 것을 의미한다.

이런 소재의 SF물은 매우 많이 제작되었는데 가장 간단한 방법은 머리에 있는 기억을 무식하게 재현토록 하는 것이다.

TV물인 「13 더 컨스피러시 ^{XIII The Conspiracy}」는 대통령 암살범으로

지목된 주인공 로스 태너가 기억상실증에 걸린 채 웨스트버지니아의 한 숲에서 발견된다. 영화는 자신도 모르는 채 무장한 사람들로부터 공격을 받고 누군가에 끌려간 그의 기억을 되살리기 위해 소위 기억회상기를 가동시킨다. 컴퓨터 모니터에 그의 기억이 단편적으로 나타나는데 영화의 재미를 주기 위해서인지 모든 것을 알아내지 못한다고 설정된다. 기억이 뚜렷하지 않고 더구나 계속 기억회상기를 가동시키면 심장이 터져 사망하기 때문이란다. 자신의 기억을 찾아가는 단서는 그의 몸에 있는 'XIII'이란 문신뿐이다.

영화의 결론은 그가 범인이 아니며 대통령을 살해한 음모의 전모가 밝혀지지만 그가 수많은 첨단 기억회상장치를 동원해도 대통령 암살을 기억하지 못하는 것은 당연하다. 그가 대통령 암살범이 아니기 때문에 대통령을 저격했다는 기억이 저장되지 않은 것이다.

나름대로 탄탄한 시나리오로 무장한 「13 더 컨스피러시」이지만 감독에 따라 이런 내용에 만족하지 않는다. 기억을 되살리는 방법으로 극적인 아이디어를 제공한 것은 「너바나 Nirvana」이다.

2005년 12월 세계적 게임 프로그래머인 지미는 이유 없이 자신을 떠나버린 아내 리사를 생각한다. 그런데 자신이 개발한 최첨단 비디오게임 '너바나'를 여는 순간, 가상 속 인물이었던 게임 속 주인공 솔로가 지미에게 말을 걸어 왔다. 솔로는 원인모를 바이러스에 감염되어 각본에 따라 끊임없이 죽어야하는 자신의 처지를 인식하기 시작하면서 지미에게 자신을 컴퓨터 공간 속에서 자유롭게 해달라고 부탁한다.

솔로를 구할 유일한 방법은 다국적 컴퓨터 게임 회사인 오코사마의 데이터 뱅크에서 너바나 프로그램을 지우는 것이다. 프로그램이 지워지는 순간, 솔로는 더 이상 세상에 존재하지 않는다. 지미는 프로그램을 지우기로 결심하고 회사의 데이터 뱅크에 침투, 자신의 두뇌를 연결시키는데 성공하는데 여기에서 매우 극적인 아이디어가 나온다. 아내 리사의 기억을 컴퓨터 칩으로 다른 여자의 두뇌에 이식하면 (영화에서는 간단하게 두뇌의 뚫어진 곳에 작은 연필과 같은 컴퓨터 칩을 꽂기만 하면 된다) 곧바로 기억을 되살릴 수 있다. 즉 사람의 두뇌에 다른 사람의 기억이 접목되는 것으로 컴퓨터의 화면을 통해 기억을 추적할 수도 있다.

영화의 내용이 실제로 가능하려면 기억이 기억물질로 되어 있어야 한다. 그러므로 앞에서 설명한 두뇌의 뇌파를 완벽하게 읽어내는 기계가 개발된다면 두뇌의 기억물질을 로봇의 소프트웨어와 결합하는 경우에도 제대로 작동할 수 있다고 본다. 즉 인간의 두뇌에 있는 기억물질을 추출한다면 지능형 로봇을 만드는 것이 어렵지 않다는 것이다. 좀 더 과장한다면 뇌를 컴퓨터에 다운로드하여 개인의 기억과 개성, 의식을 보존할 수도 있다. 여기에서도 기억물질에 장기기억이 저장되지 않는다는 앞의 설명을 기억에 담아두기 바란다.

여하튼 행동 과학자들은 기억을 세 가지로 구분한다.

첫째 순간 또는 감각기억 sensory memory, 이것은 사진 찍기 같은 것으로 망막을 잠깐 스쳐간 광경을 한순간에 모두 불러내는 것으로 몇 분의 1초밖에 지속되지 않는다. 두 번째는 단기기억 short-term memory. 이것은 수초 동안 지속되는 것으로 전화를 걸기 위해 수첩을 펼쳐 다이얼을 돌림과 동시에 사라지는 기억이 여기에 속한다. 마지막으로 수일 이상 오랫동안 남을 수 있는 장기기억 long-term memory이다. 장기기억은 다시 이름이나 사실과 같은 정보를 담아두는 서술적 기억 declarative memory과 자전거 타기나 수영하기와 같은 행위나 조작을 하는 방법을 담아두는 절차적 기억 procedural memory 으로 나뉜다.[29]

일부 학자들은 뇌는 모든 것을 기억하지만 대부분은 불러올 수 없는 기억의 형태로 저장된다고 한다. 왜냐하면 우리 뇌의 데이터 저장능력은 결코 부족한 편이 아니기 때문이다. 톰프슨에 의하면 우리 뇌를 연결하는 시냅스의 수가 100조 이상이 되는데 이는 우리 은하계가 갖고 있는 행성보다도 많은 숫자이다. 여기에서 저장된다는 말은 장기기억 물질이 존재하지 않는다는 것을 전제로 함을 일단 염두에 두기 바란다.

이런 문제를 정확하게 차용한 영화가 다소 현실과는 거리가 있다고 생각되는 「코드명 J. Johnny Memonic」이다.

주인공 자니는 자신의 뇌에 특급기밀 정보를 저장하여 배달하는 소위 택배인이다. 그는 기밀 정보나 문서를 컴퓨터 메모리칩에 저장하여 운반하는 것이 아니라 컴퓨터에 입력한 정보를 자신의 뇌에 저장한 후 도착지에서 그 정보를 뇌로부터 뽑아내어 전달한다. 뇌와 컴퓨터가 자유자재로 정보를 주고받을 수 있다는 것을 전제로 하는데 기밀 보전도 중요하지만 컴퓨터의 저장능력이 인간의 두뇌에 못 미치기 때문에. 그와 같은 직업이 필요하다.

2020년대 지구에서는 과도한 전자파와 전자기기들로 인해 신경세포가 파괴되는 병으로 수많은 사람들이 목숨을 잃는다. 이때 파마콤이라는 거대 제약회사가 이 질병의 치료법을 개발하자 회사 소속의 한 과학자가 이 치료법을 담은 정보를 빼내어 세계인들에게 공개하기 위해 자니에게 정보배달을 의뢰했다. 그런데 정보의 용량이 워낙 커서 자니^{키아누 리브스}의 머리에 무리하게 압축시켜 저장했으므로 되도록 빠른 시간 내에 정보를 배달하고 뇌에서 뽑아내 주어야 한다.

한편 파마콤 회사는 정보가 다른 사람의 손에 넘어가지 않도록 자니의 배달을 막는데 그 방법이 기상천외하다. 자니의 뇌에 저장된 정보는 어떤 일이 있더라도 보호해야 하므로 자니의 머리를 잘라 액체산소 속에 보관하여 회수하겠다는 것이다.

영화의 결론이야 누구나 알 수 있다. 자니가 바보인가. 그는 액션영화로 잔뼈가 굵은 키아누 리브스이다. 그의 활약으로 머릿속에 들어있던 정보는 컴퓨터로 무사히 이전되어 전 세계로 전송된다. 한마디로 세계 시민들이 마음껏 질병의 치료를 위해 사용하게 되었다.

이 영화에서는 두뇌의 정보저장 외에도 여러 가지 첨단기술들이 소개된다. 전문 보디가드 출신으로 자니를 도와주는 여성 전사는 근육이식을 받은 강한 오른팔로 강철 작살도 장난감처럼 다룬다. 흥미 있는 것은 악당 중의 악당인 사이비 설교자가 선천적 질병으로 감염된 육체를 폐기하고 전신이식을 통해 강력한 육체의 소유자가 되는데 이들 모두 로봇의 혜택을 받았음은 물론이다. 특히 파마콤의 여사장은 이미 수년 전에 사망했음에도 생전에 자신의 뇌 속에 있는 정보를 컴퓨터에 입력시켜 그 정보를 이용해 수시로 사건에 개입한다.

이와 같은 내용은 「파이널 컷 ^{Final Cut}」에도 등장한다. '조이칩'이라고 불리는 기억장치는 한 사람이 살아온 생애를 모두 기록해 놓은 장치다. 이 기록은 당사자가 사망하면 편집작업을 거쳐 장례식에서 상영되어 고인에 대한 추억을 새롭게 한다. 그런데 과거의 기록을 모두 재현하는 것이 사실 그렇게 유쾌하지만은 않다. 인간에게는 망각이라는 최선의 도구도 겸비하는데 위의 기술이 실현되면 유쾌한 것보다 불쾌한 미래를 만드는데 일조할 것이 분명하기 때문이다. 물론 이 정도의 기술이 개발된다면 아마도 필요한 기억들만 선택적으로 저장할 수 있는 기술도 병행하여 개발될 것으로 생각한다.

영화 「메멘토 Menmento」가 그런 상황을 교묘하게 등장시킨다. 이 영화에서는 과거 일은 다 기억하면서도 새로운 일은 10분마다 잊어버리는 주인공이 등장한다. 「페이첵 Paycheck」에서도 특정 기억을 지우기 위해 특정 신경세포를 골라 선택적으로 죽이는 장면이 나온다. 이는 특정 신경세포에 기억이 저장된다는 것을 의미하는데 이 부분도 뒤에서 다시 설명한다.[30]

여하튼 전화번호를 기억할 때 뇌 세포의 변화는 매우 특징적이다. 동사무소나 극장 등 한번 듣고 잊어버리는 전화번호의 경우 기억이 저장될 때 신경세포의 막에 달라붙은 단백질이 살짝 변형되는 등 가벼운 변화가 일어난다. 그러나 자기집 전화번호라면 사정이 다르다. 이 경우는 기억에 대한 신호가 세포의 핵에까지 영향을 줘 아예 새롭게 단백질이 만들어지는 등 근본적인 변화가 생긴다. 잊고 싶지만 잊히지 않는 기억, 악몽 같은 기억이라면 이미 이처럼 뇌 세포 속에 '박혀버린' 기억일 가능성이 높다. 〈사이언스타임스〉에 기고된 신동호의 글에서 많은 내용을 인용한다.

장기기억은 단기기억과 비교해 기억의 지속 시간 외에는 큰 차이가 없는 것 같지만 뇌 세포와 분자 수준으로 내려가면 두 종류의 기억은 완전히 딴판이다. 단기기억 때는 뇌 세포와 뇌 세포 사이에 새로운 회로가 만들어지지 않는다. 단지 뇌 세포 회로의 말단에서 신경전달

어린아이의 생각 읽기

물질 neurotransmitter이 좀 더 많이 나와 일시적인 잔상으로 기억이 남아 있다. 그러나 단기기억이 장기기억으로 바뀔 때에는 뇌 세포에서 회로를 만드는 유전자의 스위치가 켜져 새로운 신경회로망이 생긴다.[31]

한편 기억을 명백한 기억 explicit memory과 암시적 기억 implicit memory으로 분류하기도 한다. 명백한 기억은 우리가 의식적으로 떠오르는 기억을 말하는데 보통 기억이라고 부르는 것의 대부분이 여기에 속한다. 반면에 암시적 기억은 의식적으로 기억해서 회상하는 것이 아니고 반사적으로 되살리는 기억이다.

예를 들어 자동차 운전을 하거나 탁구를 칠 때 우리는 그 동작의 순서를 차례로 기억해서 수행하는 것이 아니라 반사적으로 한다. 자동차 운전이나 탁구는 태어날 때부터 가지고 태어난 것이 아니라 한동안 열심히 배워서 자동적으로 터득한 습관 같은 것이다. 즉 훈련된 운동감각도 기억의 일종이라고 연병길 교수는 설명했다.[32]

근래의 연구에 의하면 기억은 인간의 감정에 크게 영향을 받는다. 일반적으로 사람들은 생애에서 가장 기뻤던 일과 슬펐던 일을 오랫동안 생생하게 기억한다. 이런 기억은 세월이 많이 흘러도 잊어버리지 않고 생생히 떠올릴 수 있는데, 그 이유는 이런 감정 상태일 때 정보가 뇌에 쉽게 입력되고 견고하게 저장되기 때문이다. 그러므로 기억은 우울할 때보다 즐거운 상태에서 좀 더 쉽게 떠올릴 수 있다.

따라서 공부하는 아이들에게 오래 기억시키기 위해서는 즐겁게 공부하도록 유도하는 것이 중요하다. 즐겁게 공부를 하는 것은 주의 집중을 증가시키면서 학습정보를 쉽게 입력, 저장할 수 있게 만들어주므로 어느 때보다 기억을 되살리는데 원활하기 때문이다.

"내가 수학을 못한 이유는 수학 선생님이 싫었기 때문이야"라는 말을 종종 듣는다. 수학이란 과목과 선생님이 비호감이란 것은 서로 별개의 상황임에도 다들 그 말에 공감한다. 우리는 기분이 좋을 때 공부가 잘되고 기분이 나쁠 때는 공부뿐 아니라 다른 어떤 것도 손에 잡히지 않는다는 것을 경험으로 안다. 기분과 학습의 상관관계에 관한 실험 결과는 우리가 경험치로 알고 있는 것과 다르지 않다.

심리학자 게르트뤼에는 실험 대상자들을 기분 상태에 따라 명랑한 그룹과 우울한 그룹으로 나눈 후, 자연과학 분야의 책을 읽게 하는 실험을 했다. 책을 읽은 다음에 그 내용을 그대로 옮기는 실험에서는 두 그룹 사이에 별 차이가 없었다. 그러나 그 내용을 응용해서 문제를 푸는 실험에서는 달랐다. 기분이 명랑한 그룹의 사람들이 그렇지 않은 그룹에 비해 문제를 훨씬 잘 풀었다. 명랑한 기분일 때 뇌의 신경세포를 연결해주는 시냅스에서 신경전달물질의 분비가 원활하게 이뤄지기 때문이다.

뇌과학을 통해 알려진 바에 의하면 뇌가 정보처리를 하는 과정에서 사고를 하는 대뇌피질과 감정을 느끼는 변연계가 서로 영향을 주고받는다고 한다. 따라서 감정과 학습은 서로 밀접하게 연결되어 있다. 특히 변연계에서 대뇌피질로 가는 신경적 연결이 더 많다고 하니 학습에 있어서 정서적인 면이 얼마나 중요한지 알 수 있다.

뇌 과학자 박문호 박사는 "감정과 기억은 대부분 동일한 회로를 사용한다. 그래서 감정과 기억은 서로를 강화해준다. 감정이 풍부한 사람은 기억력이 탁월하다. 어떤 감정은 기억의 인출에 도움을 준다. 그리고 기억력이 탁월한 사람은 좋은 학습자가 된다"고 말한다. 그렇다면 감정을 고려한 두뇌에 맞는 학습 환경은 어떤 것일까?[33]

좋은 기억력을 유지하려면, 망상활성화계의 역할도 중요하다. 정신을 맑고 깨어 있게 유지해 주고, 집중하게 해주는 신경세포의 그물이 뇌의 밑바닥 줄기 한가운데 있는데 이를 망상활성화계라고 부른다. 이 신경세포의 그물은 뇌의 맨 위쪽의 대뇌 신경세포에 계속 자극을 보내 정신을 맑게 유지해주고, 한 곳에 집중할 수 있게 해준다. 감정이 복잡하거나 여러 갈래로 갈라질 때는 이 망상활성화계도 흩어지고 억제된다. 누구나 느끼지만 이럴 때는 주의력이 산만해져 기억이 잘 입력되지 않고 회상도 잘 안 된다. 무언가 기억해 내려할 때 방해하지 말라는 말은 바로 이를 의미한다.

한편 기억력을 높이고 싶다면 감정표현에 솔직한 것이 좋다는 연구결과도 있다. 사람이 감정을 자제하고 애써 무표정할 때, 단기 기억력이 감소한다. 영화에서 웃기거나 슬픈 장면에서 웃거나 우는 감정을 고의적으로 억제하면 영화에 대한 기억력이 떨어진다는 연구 결과도 있다. 감정을 나타내는 중추는 기억 중추인 해마와 붙어 있어 즐거운 감정을 가질수록 기억이 잘 된다는 것이다. 즉 감정을 부자연스럽게 억제하면 소수의 세포만이 기억과정에 참가하기 때문에 기억력이 떨어진다는 설명이다.

예컨대 강압적인 환경에서 일하거나 강압적인 태도로 대하면, 기가 죽고 자신의 감정을 자꾸 숨기게 된다. 아무리 딱딱하고 제한된 작업환경이라 할지라도 좀 더 부드럽게 기쁜 마음으로 일하게 하는 것이야말로 공장 노동자들의 능력을 최대로 발휘시킨다는 것이 결코 허언이 아니다.[34]

기억의 모형

기억이 심도에 따라 다르다고 했지만 원천적으로 기억이 무엇인가라는 다소 철학적 질문이 따른다. 고영희 박사는 다음과 같이 기억에 대해 설명했다.

어느 날 아침 아파트 입구에서 어떤 사람이 자신을 홍길동이라고 소개했는데 그 날 오후 다시 만났을 때 "홍길동 씨. 우리는 오늘 아침에 만났지요."라고 말한다면 그는 분명히 홍길동의 이름을 기억한다고 말할 수 있다.

이와 같이 홍길동을 다시 만나 이름을 말할 수 있는데는 세 단계를 거쳐야 한다.

첫째 소개를 받았을 때 홍길동의 이름을 머릿속에 넣어 두는데 이것을 부호화 단계라고 부른다. 그의 이름을 기억이 수용할 수 있는 물리적 자극 소리으로 부호화시키고 이 부호를 머릿속에 담아 둔 것이다. 둘째 그를 다시 만날 때까지 그 이름을 어디엔가 저장해 두는 저장 단계를 거치고, 마지막으로 다시 만났을 때 저장한 곳에서 그의 이름을 인출하는 인출단계다. 즉 홍길동을 다시 만나 그를 알아보는 것은 이들 세 가지가 순서적으로 연계되었기 때문이다. 그러므로 아침에 서로 만났는데도 불구하고 홍길동이란 이름을 기억하지 못하는 것은 이 세 단계 중 어느 단계에서 실패했을 때를 말한다.

대표적인 치매인 알츠하이머병에 걸린 환자는 기억을 입력하는 데 중요한 구실을 하는 해마가 손상되거나 망가진 것이다. 때문에 치매환자는 기억정보가 잘 입력되지 못하여, 최근 일을 기억하지 못하는 특징을 보인다. 반면에 오래 전에 뇌에 견고하게 저장된 기억은 해마와는 관련이 없으므로 치매환자들도 과거의 일은 잘 기억해낸다.

다른 예로 대뇌피질이 외상이나 치매 등 여러 요인으로 망가지면 그 부분에 저장되어 있던 기억이 없어질 수 있다. 이때는 다른 기억에는 문제가 없지만, 특정한 부위에 저장된 기억은 떠올릴 수 없게 된다.[35] 미국의 전 대통령인 레이건이 치매에 걸려 자신의 부인인 낸시 여사를 알아보지 못했던 일은 유명하다. 그런데 그는 어렸을 때의 낸시 여사에 대해서는 정확하게 기억했다. 두뇌의 기억에 대한 역할을 확실하게 보여주는 예다.

참고적으로 기억상실은 이전의 일을 기억하지 못하는 '역행성 기억상실 retrograde amnesia'과 병에 걸린 이후에는 5분 이상 기억을 지속할 수 없는 '선행성 기억상실 anterograde amnesia'이 있다. 기억상실은 술, 약물이나 심리적 요인, 다른 뇌 영역의 손상도 원인이 될 수 있지만, 주로 뇌의 양쪽 측두엽 부근이 손상되거나 특히 해마에 이상이 있으면 발생한다.[36]

이제 인간은 엄청난 정보의 양으로 회전되는 일상생활 속에서 살고 있다. 텔레비전을 시청하면서도 집 밖에서 들리는 자동차 소음, 개구쟁이들의 다툼 들을 함께 듣는다. 이렇게 동시에 많은 정보가 들어오지만 주의를 기울이지 않은 정보는 곧 소실된다.

기억을 다음 두 가지로 설명하면 매우 이해하기 쉽다. 영어를 공부하면서 단어를 암기하고 전화번호를 외우고 자신이 좋아하는 시를 기억하는 것 등은 언어적인 기억이며 사람들의 얼굴을 기억하고 외국여행을 다녀와서 그곳의 유적지들을 기억하는 것 등은 시각적인 기억이다. 그런데 언어적인 기억은 언어 자체가 가지고 있는 논리적인 단어의 배열에 의해서 의미가 전달되므로 단어의 배열을 정확하게 기억해야 한다. 예를 들어 '철수가 영자를 때린다'와 '영자가 철수를 때린다'는 전혀 다른 의미이다.

반면에 시각적인 기억체계는 그런 제약이 전혀 없다. 단기 기억에서 언어적 기억용량은 5~9개의 정보를 저장하는 것에 지나지 않지만 시각적 기억용량은 무한하다. 일반적으로 여행 갔을 때 찍은 사진을 보면 사진 한 장 한 장을 어디서 어떻게 찍었는지 기억한다. 과거를 회상하면서 누군가가 자신에 말한 것을 기억하는 것보다는 당시의 장면을 잘 기억하는 이유이다.

학자들이 관심을 갖는 위와 직결되는 내용이 뇌 속에서 어떻게 기억이 재생되는가이다. 인간사에 상상할 수 없는 기억력으로 특수한 자질이 있는 사람들이 종종 있다.

필자의 중·고등학교 동창으로 고인이 된 고송무 교수는 언어구사 능력에 관한 한 상상을 초월한다. 그의 초청으로 핀란드 헬싱키

대학을 방문할 때였는데 고 박사의 동료는 고 교수가 20여 개의 언어를 자유자재로 구사한다고 했다. 고 교수는 동료의 말이 정확하지 않다며 12개 언어는 자유자재로 듣고 쓰고 말할 수 있지만 8개 언어는 듣고 쓸 정도라고 한다. 영어 하나를 숙지하는 것도 어려운 판에 20개 언어를 두루 활용할 수 있다는 것이 얼마나 대단한가. 고 교수는 우즈베키스탄의 한국어과 교수로 발령되어 현지에 도착하자마자 교통사고로 사망했는데 그와 같은 천재가 한국에 있었다는 것만으로도 한국인이라는데 자긍심을 느낀다.

영국인 택시기사 톰 모튼은 랭커셔 주의 1만6천개의 전화번호를 기억한다. 그런 그는 1993년 영국의 국영방송 BBC의 '그것이 인생이야 That's Life'라는 프로그램에 출연해 영국 올림피아전화국 컴퓨터와 대결을 벌였다. 누가 빨리 전화번호를 대느냐는 시합인데 놀랍게도 결과는 모튼의 승리였다.

학자들은 그가 어떻게 컴퓨터보다 빨리 전화번호를 기억해낼 수 있는가에 집중했다. 즉 어떻게 순식간에 자신이 가진 정보를 기억해낼 수 있느냐이다. 이 문제에 대한 해답을 위해 수많은 학자들이 현재도 답답하기 짝이 없는 연구에 몰두하고 있다.

최근 새로운 과제를 학습할 때 나타나는 뇌 활동 패턴이 나중에 잠자는 동안에 재생된다는 연구결과가 발표되었다. 서울대학교의 강봉균 교수는 우리의 기억이 생각만큼 신뢰할 정도는 아니라고 한다. 강 교수는 기억이 그렇게 불안정한 이유로 두뇌에서 한번 저장된 기억을 다시 끄집어낼 때 시냅스를 단단하게 해주는 단백질이 분해되면서 시냅스가 풀리고, 그 결과 기억이 재생되기 때문이라고 설명했다.

즉 기억을 재생해낼 때마다 풀리는 시냅스로 인해 기억이 조금씩 변형될지 모른다는 추정이다.

1998년 뇌의 뉴런에 대해 매우 중요한 연구 결과가 발표되었다. 그동안 뉴런은 성장이 끝나면 더 이상 새로 분열하지 않는다는 것이 정설이었는데 연구 결과는 뇌의 해마에서 뉴런이 평생 동안 새롭게 생겨난다는 정반대의 내용이었다. 아쉬운 것은 새로 생겨난 뉴런이 기억과 학습에 어떤 역할을 하는 지도 아직 밝혀지지 않았다는 점이다.[37]

뇌에 대한 다소 다른 연구 결과도 살펴보자. 학교 교육을 비판하는 사람들은 오늘날의 학교 교육이 암기 위주의 교육이므로 잘못이라고 지적한다. 이것은 암기를 잘못된 교육으로 생각하기 때문인데 실상은 암기(기억)도 학습을 의미하며, 암기 즉 기억이 사고의 기초로서 절대 필요하다. 만일 우리가 어떤 경험을 했는데도 아무것도 기억하지 못하면 아무것도 배울 수 없다. 기억은 모든 학습의 기초이며 필요불가결한 것이다. 물론 암기 위주의 교육만 강조하면 창의적 사고, 확산적 사고 등 고등 정신을 신장시키는 교육이 소홀해지므로 불균형이 생긴다. 이것은 학습이란 암기를 거부할 것이 아니라 총체적인 교육을 필요로 한다는 것을 뜻한다.[38]

이와 같은 사실은 로봇을 개발하려는 사람에게 곧바로 심각한 문제점이 무엇인가를 제기했다. 로봇은 컴퓨터의 용량에 따라 무한정의 기억 즉, 지식을 입력시킬 수 있다. 그런데 아무리 많은 정보가 들어 있지만 인간에게 필요한 창의적 사고 등이 제때에 구현되지 않는다면 결국 로봇은 대형 도서관에 축적된 자료에 지나지 않는다.

대형 도서관에 수많은 자료가 있더라도 그것을 활용하는 사람은 전문 정보를 찾아내어 활용할 수 있는 지식이 있어야 한다는 뜻이다. 로봇 학자들에게 또 하나의 골머리 아픈 숙제가 드러난 것이다.

가짜 기억도 기억으로 인식

어릴 적 친구들과 이야기 하다보면 과거에 똑같이 겪은 일인데도 불구하고 서로 기억이 너무나 달라 깜짝 놀라는 사람이 많다. 기억의 다양성이란 측면에서는 그런대로 이해가 되지만 서로 상반된 기억이 충돌할 경우 누가 옳은지는 알 수 없다. 인간의 기억이 각자의 상상력에 의해 변용될 수 있음을 의미한다. 문제는 이런 잘못된 기억이 다른 사람에게 치명상을 입힐 수도 있다는 점이다. 이성규 박사의 글을 주로 인용한다.

1989년 미국에서 가정주부였던 에일린은 우연히 자신의 어린 시절의 일을 기억해내고는 깜짝 놀랐다. 그 기억 속에는 의붓아버지가 자신의 친구를 끔찍하게 살인하는 장면이 고스란히 담겨 있었다. 그녀는 의붓아버지를 고발했고 즉시 기소되어 살인죄를 선고받았다. 무려 20년 전의 일이라 물적 증거는 하나도 없었지만, 에일린의 기억이 당시의 사건기록들과 너무나도 일치했기 때문이었다.

그런데 의붓아버지가 자신이 절대로 범인이 아니라고 항변하여 사회적인 관심사로 떠오르면서 워싱턴대학의 엘리자베스 로프터스 교수에 의해 결국 진실이 가려졌다. 로프터스 교수는 에일린이 최면치료를 받고 있었음을 상기시키고, 그녀의 기억이 당시 매스컴의 기사를 보고 환상에 의해 만들어진 가짜 기억임을 밝혀낸 것이다. 예를 들면 당시 매스컴은 범인이 매트리스를 차 트렁크에서 꺼냈다고 보도했는데 실제로 매트리스는 트렁크에 들어가지 못할 정도로 매우 크다. 이런 점을 볼 때 명백한 언론의 오보였는데도 불구하고 에일린의 기억은 언론의 보도대로였다. 이로써 그녀의 기억이 당시 기사를 토대로 구성된 가짜 기억이라는 것이 인정되어 의붓아버지는 무죄로 풀려날 수 있었다.

그러나 이 사건 이후 어린 시절 의붓아버지나 이웃에게 성폭행을 당했다는 기억을 떠올린 유사 사건들이 줄을 이었다. 어떤 여자는 목사인 아버지가 어릴 적에 자기를 자주 강간했고 엄마는 그런 아빠를 도왔다는 기억을 해냈다. 철사로 된 옷걸이로 임신중절도 여러 차례 했다는 그녀의 진술에 결국 아버지는 목사직에서 쫓겨났으나 나중에 신체검사 결과, 그녀는 임신을 한 적도 없었을 뿐더러 진술 당시 처녀였던 것으로 드러났다.

이런 상식에 반하는 사건이 줄을 잇자 로프터스 교수는 가짜 기억의 생성과정을 과학적으로 증명하기 위해 나섰다. 처음에는 실험자 대상자들에게 성폭력 같은 나쁘고 충격적인 기억을 함부로 심어줄 수 없어 연구의 추진자체가 어려웠는데 그녀는 놀라운 실험 방법을 고안해냈다. 일명 '쇼핑몰에서 길을 잃다'라는 실험이다.

로프터스 교수는 24명의 각 실험 대상자의 가족에게서 들은 어린 시절에 관한 실제 추억 세 가지와 그들이 쇼핑몰에서 길을 잃었다는 가짜기억 한 가지를 적은 소책자를 준비했다. 그리고 피실험자들에게 소책자를 읽힌 후 자신이 직접 기억하는 내용을 상세히 말해보라고 말했다. 아무런 기억이 나지 않으면 기억나지 않는다고 적으라고 주문했다.

실험 결과 놀랍게도 피실험자의 25%가 쇼핑몰에서 길을 잃은 기억을 떠올렸다. 하지만 그 통계 수치보다 더 놀라운 것은 가짜 기억과 관련된 묘사가 너무 상세하다는 점이었다. '길을 잃고 헤매다가 파란색 옷을 입은 할아버지를 만났다', '그날 너무 놀라서 가족을 다시는 못 볼 것 같았다', '어머니께서 다시는 그러지 말라고 하셨다' 등등 길을 잃었던 쇼핑몰의 구체적 상황과 당시 자신의 심리상태를 생생하게 되살렸다. 물론 그들은 쇼핑몰에서 길을 한 번도 잃은 적이 없는 이들이었다.[39]

이런 예는 희미해진 기억이 쉽게 왜곡될 수 있음을 의미한다. 더욱 놀라운 것은 최면 효과이다. 최면 상태에서 그저 간단한 암시만으로도 과거가 순식간에 바뀐다.

사람들은 자신이 왼손잡이로 태어났으며 아장아장 걸어 다닐 때부터 미아가 되었고 결혼식 때 음료수를 엎질렀다고 믿는다. 한 연구조사에서 그들은 어려서부터 병에 담긴 특정 음료수를 마셨다고 하는데 그 음료수는 고작 십년 전부터 생산된 것이었다.

가장 황당한 것은 어떤 사건의 목격자들의 부정확한 기억이다. 영화에서 자주 나오는 상황이기는 하지만 많은 사람들이 수염이 없는 사람을 턱수염이 있었다고 말하거나 생머리를 곱슬머리라고 기억하곤 했다. 목격자들의 부정확한 기억이 얼마나 많은 억울한 사람들을 만들었는지 잘 알 것이다.[40]

필립 K. 딕의 1966년 단편 소설 『도매가로 기억을 팝니다 We Can

영화 「토탈리콜」

『Remember It for You Wholesale』를 원작으로 한 폴 버호벤 감독의 「토탈 리콜 Total recall」은 인간의 가짜 기억을 적나라하게 폭로한다.

2084년, 공사 인부로 근무하는 더글라스 퀘이드는 화성과 관련된 의문스러운 꿈에 자주 시달린다. 낯모르는 여자와 식민지 화성의 야산에서 공기부족으로 죽을 뻔하기도 한다. 왜 그런 꿈을 꾸는 지 궁금해 하던 퀘이드는 어느 날 인위적으로 기억을 주입하여 마치 실제 경험과 같은 효과를 낸다는 서비스 제공 회사의 광고를 본다. 퀘이드는 그곳에서 화성에 관한 기억을 주입 받는 상품을 구입하였는데 기억 주입 서비스가 퀘이드에게 부작용을 일으키는 예상치 못한 일이 발생한다. 이미 기억이 조작되어 있는 사람이 이 서비스를 받으면 뇌에 치명적인 손상을 받는다고 한다.

집으로 돌아온 퀘이드는 아내를 포함한 주변 사람들이 자신을 공격해 오는 것에 당황해 하며 도망치는데 자신이 사실 화성의 독재자 코하겐의 특수 요원이었음을 알게 된다. 더불어 그가 화성의 미래를 바꿀 만한 비밀을 알게 되자 입을 막기 위해 그의 기억을 지우고 가짜 기억을 입력시킨 후 지구로 보내 그동안 감시를 해 왔던 것이다.

퀘이드는 이 모든 문제의 근원지인 화성으로 향한다. 화성에 도착한 퀘이드는 그

곳에서 꿈속의 여인을 실제로 만난다. 알고 보니 그녀는 실제 퀘이드의 아내였다. 퀘이드는 아내와 함께 화성의 독재 체제의 비리를 밝히고 잘못된 권력을 바로잡고자 적진으로 뛰어 들어 결국 화성의 비밀 즉 고대 화성인류가 발명한 공기생성 장치를 가동시켜 코하겐의 압제에 신음하던 화성에 정착한 인간들을 해방시킨다.

버호벤은 난해하기 그지없는 「토탈 리콜」을 제작한 의도로 기억과 현실이라는 두 개의 리얼리티가 있지만 이외에도 심리적 리얼리티가 또 다른 형태로 존재한다고 설명했다. 심리적인 리얼리티가 정확하게 무엇인지 제시되지 않았지만 그의 이야기는 한마디로 우리가 현실이라고 믿는 어느 것도 현실이 아닐 수 있다는 말이다. 영화에서 아내와 함께 보냈던 지난 8년의 기억도 가짜고 아내도 자신을 감시하기 위해 그 역할을 맡은 요원임을 알게 되는데 이 영화가 주는 메시지는 이 세상에는 우리가 모르는 또 다른 현실이 있다는 것이다.[41]

이런 사실은 곧바로 다음 질문이 제시된다. 누구를 믿을 수 있느냐이다. 자신마저 믿을 수 없는 상황이 된다면 무엇이 진실인지를 밝히는 것은 쉽지 않을 것이다. 물론 버호벤 감독도 인간의 기억을 계속 의문 상태로만 두지는 않는다. 즉 「토탈 리콜」의 주제는 인간이 자신의 기억으로 혼돈스럽더라도 자기를 찾기 위한 총체적 기억 회복을 시도하며 결국은 성공할 수 있다는 것이다.[42]

오래 전 함께 겪은 어떤 사건에 대해 서로 판이하게 다른 기억들을 갖고 있다면 그것은 아마 기억에서조차 개인의 주관적인 기준이 작용하기 때문으로 인식한다. 인간을 닮은 로봇을 만들 때 가짜 기억 능력까지 심어주어야 진짜 인간을 닮을 수 있다니 로봇학자들의 머리

가 빠개질 것 같다는 말이 이해될 것이다. [43]

기억의 메커니즘

축적된 정보를 어떻게 활용하느냐가 문제가 되자 인간의 기억의 메커니즘이 무엇인가라는 원초적인 질문부터 규명하기 시작했다.

스웨덴의 히덴은 쥐의 뇌를 실험하여 RNA가 기억에 관계한다고 발표했다. 미국의 앵거는 인공적으로 합성된 '스코트포빈어둠을 두려워하는 것'이라는 물질을 보통의 흰쥐에게 주사한 결과 당장에 어둠을 두려워하도록 훈련시킬 수 있었다. 이것은 기억에 관련된 화학물질이 존재한다는 뜻으로 다시 말하면 훈련된 쥐의 뇌 속에 훈련 전에는 없었던 물질이 존재한다는 것이다.

잘 알려진 내용이지만 RNA리보핵산는 DNA디옥시리보핵산라는 물질에 의해서 생성되고 DNA는 우리의 유전형질을 결정한다. 말하자면 우리의 눈 색깔을 결정하는 것도 DNA이다. 동물을 상대로 한 실험에서 동물들이 어떤 형태의 훈련을 받으면 특수세포에서 발견되는 RNA가 변화를 일으켰다. 더 나아가서 동물의 체내에서 RNA의 생산이 중단되거나 수정되면 이 동물은 학습 불능이나 기억불능 상태에 빠졌다.

학자들을 크게 고무시킨 것은 한 쥐에서 추출한 RNA를 다른 쥐에게 주입시켰더니 다른 쥐가 결코 배운 적이 없었는데도 첫 번째 쥐가 배운 사실들을 기억해 냈다.

이 연구 결과는 인간을 연구하면 할수록 실망하던 로봇 학자들에게 큰 희망을 주었다. 인간의 기억물질과 기억 메커니즘을 완벽하게 분석한다면 인간의 장점을 모사하는 것이 결코 어렵지 않다는 생각이 들게 만들기 때문이다.

이 분야의 선두 주자는 2000년도 노벨 생리의학상을 수상한 미국 컬럼비아 대학의 에릭 캔들 Eric Richard Kandel 교수이다. 그는 바다에 사는 민달팽이 Aplysia 를 학습시키면서 생물학적으로 기억은 단기기억과 장기기억 두 종류가 있고, 장기기억이 생성될 때에는 신경세포 사이에 새로운 신경 회로망이 생긴다는 것을 알아냈다.

캔들의 실험은 이랬다. 껍질이 없는 민달팽이는 호흡관으로 물을 빨아들여 산소를 뽑아 쓴다. 호흡관을 툭 건드리면 달팽이는 아가미를 잠시 동안 몸속에 숨긴다. 캔들 교수가 달팽이의 꼬리에 약간의 전기 자극을 가한 뒤 호흡관을 건드리자 달팽이는 위험을 느끼고 아가미를 몸속에 숨기는 시간이 길어졌다. 전기 자극을 감지하는 신경세포와 아가미를 움직이는 운동 신경세포 사이에 새로운 신경 회로망이 만들어져 아가미를 내보내지 않게 된 것이다. 이것이 바로 장기기억이다.

캔들은 민달팽이의 꼬리에 전기 자극을 줄 때 신경세포에서 과연 어떤 일이 일어나기에 장기기억이 생기는지 관찰했다. 전기 자극을 아주 조금만 가하자 신경세포의 끝 부분에서 세로토닌이란 신경전달물질이 방출됐다. 세로토닌은 회로 표면의 수용체에 붙어 신경세포를 흥분시켰다. 그 결과 세포 안에서 cAMP라는 물질의 농도가 증가됐고 연쇄적으로 프로틴 키나아제 A라는 물질이 활성화돼 신경전달물질의 분비량이 늘어났다. 이것이 단기기억이다. 신경전달물질이 늘어나면 전기 신호가 신경세포 사이의 접속 지점을 훨씬 더 쉽게 통과할 수 있다. 그래서 잠시 기억을 하게 되는 것이다.

캔들 교수는 민달팽이의 꼬리에 전기 자극을 반복적으로 가하면 장기기억이 형성된다는 것을 발견했다. 전기 자극을 줄수록 신경세포 내부의 cAMP 농도는 계속 높아진다. 그러면 활성화된 프로틴 키나아제 A가 신경세포의 핵으로 들어가고 핵 속에 핵의 크렙[CREB] 단백질을 인산화시킨다. 인산화된 크렙 단백질은 뇌 세포 사이에 회로를 만드는 10여 가지 유전자의 조절 부위에 결합해 스위치를 켠다. 그래서 뇌 세포 사이에 새로운 회로가 만들어지면 그 회로가 몇 시간에서 몇 주까지도 지속돼 기억이 장기간 저장된다. 그러나 뇌는 쓰지 않는 회로를 자꾸 없애므로 잊어버리지 않기 위해서는 반복 학습을 통해 이 회로를 더 강하고 두껍게 만들어야 한다.

캔들 교수가 밝혀낸 중요한 사실은 크렙 단백질이 '기억 유전자의 스위치'이며 이 스위치가 뇌의 해마라는 부위에서 작동한다는 것이다. 크렙 단백질은 두 종류로 하나는 기억을 촉진하지만 다른 하나는 기억에 제동장치 역할을 한다. 기억을 촉진하는 크렙 단백질과 기억을 삭제하는 크렙 단백질은 보통 때에는 균형을 이룬다.

열심히 공부를 하거나 계속 창조적인 작업을 하면 기억촉진 단백질이 더 강해져 단기기억을 장기기억으로 바꾼다. 반대인 경우에는 해마는 곧바로 일시 저장된 단기기억을 지워 버린다. 크렙 단백질의 존재는 머리를 쓰면 쓸수록 영리해진다는 것을 분자 수준에서 증명한 것이라고 신동호는 적었다.[44]

이것은 사람마다 기억력 자체에 약간씩 차이는 있지만 계속된 학습을 통해 향상시킬 수 있다는 것을 의미한다. 그러므로 캔들 교수는 '기억의 본질은 추상이 아니라 물질이다'라고 주장한다.

신경전달물질

강봉균 교수는 사람에게 바다 달팽이와 유사한 단백질들이 있는 것으로 판단하고 이런 단백질의 양을 조절하면 기억형성 및 저장의 메커니즘을 밝힐 수 있다고 전망한다. 강 교수는 장기기억에 해당하는 이 '기억 유전자의 스위치'가 'C/EBP' 단백질이라는 사실을 밝혔다. 즉 장기기억의 형성에 관련하는 단백질은 'CREB'과 'C/EBP'인데 그 중에서도 'C/EBP'가 단기기억을 장기기억으로 바꾸는 분자 스위치로 작용한다는 것이다.

특히 바다달팽이인 '군소'의 꼬리에 전기자극을 가하면 가할수록 새로운 단백질 'ApLLP'의 농도가 학습 전 특정 경험에 따라 계속 높은 상태가 되고, 이 같은 증가가 'C/EBP' 단백질의 양을 증가시킨다는 새로운 사실을 발견했다. 'ApLLP'에 의한 'C/EBP'의 증가는 시냅스(신경세포들 사이의 신호 전달이 일어나는 부위)에서 신호 전달 기능을 강화시켜 장기기억이 쉽게 형성되게 한다는 것이 강박사의 설명이다.

'C/EBP' 단백질에는 두 종류가 있다. 하나는 기억을 촉진하고 다른 하나는 기억에 제동 장치 역할을 한다. 기억을 촉진하는 'C/EBP' 단백질과 기억을 삭제하는 'C/EBP' 단백질은 보통 때에는 균형을 이루지만 열심히 공부를 하면 기억 촉진 단백질이 더 강해져 단기기억을 장기기억으로 바꾼다. 반대의 경우엔 일시 저장된 단기기억을 지워 버린다는 것이 김형자 교수의 설명이다.

'C/EBP' 단백질은 머리를 쓰면 쓸수록 영리해지고 반대로 머리가 좋은 사람이라 하더라도 신경세포에 자극을 주지 않으면 능력이 떨어진다는 것이다. 어린이를 아무런 자극을 주지 않고 키우면 뇌가 수축되는 것이 바로 그런 현상이다. 새로운 회로가 생기면 그 회로가 몇 시간에서 몇 주까지도 지속돼 기억이 장기간 저장된다고 추정한다.[45]

기억에 대해 많은 학자들이 연구하고 있지만 어째서 기억물질이 생성되는지 그 원인은 아직 알려져 있지 않다. 기억이 물질에 의해 좌우되는 것은 다른 생물체에서도 확인된다. 예방주사로 만들어지는 항체도 나름대로 기억이 있다. 병원균이 침입하면 이를 기억해 두었다가 달라붙어 싸우는 것도 그 한 예이다.

동물에게도 판단과 유사한 행동이 있는데 이 경우 기억력 차이가 판단력 차이를 낳는 것으로 추정한다. 강가에 새끼를 낳은 꼬마물떼새의 경우 여우나 오소리 등 해를 끼칠 만한 동물이 오면 용케도 이를 기억하고 부상당한 흉내를 내며 멀리 날아간다. 반면에 소나 양이 걸어오면 이들이 새끼를 밟아 죽일 것으로 판단하고 두 날개를 퍼덕이며 가까이 다가오지 못하게 한다.

인간에게 기억물질이 존재할지 모른다는 것은 기억물질을 완전히 파악할 경우 인간의 두뇌에 저장된 기억을 되살릴 수 있을지 모른다는 추측을 자아내게 하기 때문이다.

더구나 최근의 뇌 연구 성과 중 가장 주목할 만한 것은 글리아 glia 세포의 중요성을 밝혀냈다는 점이다. 뉴런과 뉴런을 연결하는 시냅스 synapse 등을 구성하는 글리아 세포는 신경세포들이 얽힌 회로망을 구성하는 데 반드시 필요한 존재이지만 뉴런과 같은 전기적 흥분을 일으키지 않기 때문에 정보 전달을 담당할 능력이 없는 것으로 간주됐다. 그런데 최근 연구에 따르면 글리아 세포는 전기적이 아닌 화학적 흥분을 일으키는 세포임이 밝혀졌다. 더욱이 최근에는 뇌 속에 퍼져 있는 글리아 세포의 일종인 '성상교세포星狀膠細胞'의 네트워크가 뉴런의 네트워크와 서로 대화를 나누고 있음이 알려졌다. 뉴런과는 또 다른 정보전달 체계가 뇌 속에 존재하고 있는 것이다.

시냅스를 매개로 뉴런끼리 연결된 신경회로망에서 전기신호는 시냅스에서 화학신호로 전환됐다가 다시 전기신호로 바뀌는데 각종 호르몬은 이 과정에 관여하는 신경전달물질neurotransmitter이면서 동시에 뇌의 작용에 관여한다. 이런 신경전달물질은 지금까지 확인된 것만도 100가지가 넘는다.

사람이 평화로움을 느낄 때와 반대로 화를 내거나 스트레스를 받을 때 각기 다른 호르몬이 뇌 속에서 나온다. 아세틸콜린은 가장 먼저 발견된 신경전달물질인데 알츠하이머병에 걸리면 이것이 감소된다. 한편 기상, 학습 그리고 수면에도 깊은 관련이 있다. 세로토닌은 각성이나 수면, 의욕을 가질 때에도 관여하며 놀람이나 분노는 노르아드레날린이란 호르몬과 관계가 있다. 또 사랑을 하거나 쾌락을 느낄 때는 '도파민'이라는 중독성이 강한 물질이 나오는 것이 밝혀졌다. 운동기능과 밀접한 관련이 있는 도파민이 감소하면 움직임이 둔해지고 운동기능이 바로 저하된다. 또한 엔케팔린은 엔돌핀과 더불어 '뇌 속의 마약물질'이라 불리는데 이들은 모르핀과 같은 역할을 한다. 호르몬이라는 단어는 '흥분시키다'라는 뜻이 있는 그리스어 'homan'에

서 유래되었다.[46]

전달물질은 전환에만 관여하는 것은 아니다. 전환 때의 전달물질의 움직임이 뇌의 흥분 정도 즉 뇌 작용을 결정하는데 뇌 속에 다량 존재하는 가바는 억제하는 성질이 있다. 즉 흥분하기 쉬운 뇌를 진정시키는 역할을 한다. 즉 신경물질에는 신경을 흥분시키는 물질과 그것을 억제하는 물질로 나뉜다는 것이다.[47]

신경전달물질이 100개가 넘는 것은 그만큼 인간의 뇌가 복잡한 과정을 거쳐 작동한다는 것을 의미하지만 인간 두뇌의 작용이 신경전달물질 즉 화학적인 작용에 의한다는 것이 과학학들에게 중요하다. 두뇌의 모호함은 아직 인간들이 모르는 물질에 의한 작용일 것이라는 설명이다. 이런 모호함은 궁극적으로는 인간의 지식 축적으로 풀릴 것이라고 추정하지만 역으로 인간을 그대로 모사하는 로봇을 당장에는 만들 수 없다는 말과 같다.

기억 물질로 전수 가능

인간 두뇌의 기본 사항 중 하나가 기억이므로 각 분야의 학자들이 세포나 분자 수준에서 기억의 메커니즘을 밝히기 위해 도전했다. 그러나 인간의 두뇌를 실험하는 것 자체가 제한적이므로 두뇌에 대한 연구가 활성화되지 못해 생각처럼 빠른 진전을 보지 못한 것은 사실이다. 인간의 두뇌를 모사하려는 로봇 학자들에게는 치명적이지만 여하튼 현재까지 알려진 내용을 기본으로 설명한다.

앞에서 RNA에 대해 약간 설명했지만 현재까지 알려진 연구의 초점은 신경세포 내 핵산의 일종인 RNA와 시냅스에 집중된다. 그것은 우리가 기억한 어떤 사실이 RNA 형태로 저장되며 한 신경세포에서 방출된 신경전달물질이 시냅스에서 다른 신경세포에 작용함으로써 기억 과정에 관여한다고 생각하기 때문이다. 기억이 RNA에 저장된다는 생각은 신경세포의 활동이 많을수록 세포 안에 RNA양이 증가된다는 사실로부터 추론됐다. 이 생각은 여러 가지 동물 실험을 통해 증명되었다. 이 단원은 이민수 교수의 글을 많이 인용했다.

　이제 앞에서 장기기억은 기억물질이 존재하지 않는다고 했던 것을 상기하기 바란다. 기억의 회상은 기억 물질이 존재하는 것이 아닌 물리·화학적인 기작에 의한 것으로 어떤 특정한 물질 형태로 존재하는 것은 아니라는 뜻이다. 그런데 뇌에 대한 연구가 계속적으로 진척되자 이와는 달리 기억이 기억물질에 의해 작동될 가능성이 많다는 연구결과도 속속 발표되기 시작했다.
　1950년대 톰슨과 맥코넬은 핵산의 일종으로 유전 작용을 하는 RNA가 동물이 학습할수록 신경세포 속에서 늘어난다는 것을 발견했다.
　또한 맥코넬은 플라나리아라는 거머리를 닮은 하등 수생식물에게 빛을 쬐었을 때 특별한 행동을 하도록 훈련시켰다. 그런 다음에 플라나리아를 잘게 썰어 훈련시키지 않은 다른 플라나리아에게 먹였다. 그리고 이 플라나리아에게 전과 같은 훈련을 시켰더니 이전의 경우보다 훨씬 빨리 이 특별한 행동을 익혔다. 척추동물의 경우에도 기억의 전달이 가능하다는 것, 즉 전달되는 기억은 개별적이라는 것이 밝혀졌다.

1963년 쥐를 미로에 넣고 스스로 출구를 찾게 하자 쥐는 여러 번의 시행착오를 거치면서 출구를 찾았다. 이 훈련된 쥐의 뇌로부터 RNA를 추출해서 보통 쥐에게 주입시켰더니 보통 쥐도 훈련받은 쥐처럼 출구를 잘 찾아냈다. 이에 비해 훈련받지 않은 쥐로부터 추출한 RNA를 주입한 경우 이런 효과를 볼 수 없었다. 즉 한 동물에서 다른 동물로 RNA를 통해 기억의 '흔적'이 전달된 것이다.

1984년에는 쥐를 자극 상황예를 들어 미로에 잘못 들어가면 자극을 가함에 놓았을 때 뇌 속의 RNA가 증가하며 반대로 감각 박탈 상황미로에서 잘못 들어가도 아무 자극을 주지 않음에 놓으면 자극 상황인 경우에 비해 RNA가 감소한다는 사실이 알려졌다.

이를 토대로 사람에게 적응시킨다면 나이가 들어도 자극 상황이 많은 사회에서 활발히 활동하면 정신 기능이 감소되지 않는다는 주장이 제기됐다. 노인들의 활발한 사회활동 등이 치매를 예방한다고 설명되는 이유이기도 하다.

RNA에 기억의 실체가 담겨있다는 주장은 RNA를 분해하는 효소를 체내에 투입하는 실험을 통해 더욱 힘을 받았다. 고양이에게 전선을 연결하고 계속 걷게 한 후 빨간 불이 켜질 때 고양이가 계속 걸어가면 전기충격을 준다. 반대로 파란 불이 켜질 때는 전기 충력을 주지 않았다. 몇 차례 실험이 진행되자 고양이는 빨간 불이 들어 올 때 걸음을 멈춰야 한다는 것을 알았다.

과학자들은 이 고양이 뇌의 시각 담당 부위에 'RNA 분해효소'를 주입시켰다. 그러자 고양이는 이전에 학습한 내용을 잊은 것처럼 행동했다. RNA 분해효소가 기억이 활성화되지 못하게 만드는 화학적 지우게 역할을 한 것이다. 이런 분해효소가 몸속에 많이 존재할수록 그만큼 기억이 나빠진다는 것은 자연스런 추론이다. 사람도 예외가 아니다. 나이가 많이 든 사람은 청년보다 혈액에 RNA 분해효소가 더 많다. 노인들이 자주 뭔가를 잊어버리는 이유 중 한 가지가 밝혀진 것이다.

학자들은 이 결과를 역으로 생각했다. 만일 RNA 분해효소를 제거하면 사라진 기억력이 회복되지 않는가이다. 이러한 추론에 따라 기억장애 환자에게 분해효소를 제거하는 화학 치료가 시도됐다. 먼저 환자에게 많은 양의 효모^{yeast} RNA를 주입시켰다. 환자의 뇌에 평소보다 많은 RNA가 포함되자 학자들의 추론은 틀리지 않았다. 기억 능력이 어느 정도 회복된 것이다. 그러나 효모 RNA는 기술적으로 완전히 정제되지 못하고 자주 불순물과 혼합되었기 때문에 환자들은 자주 고열 증상에 시달리는 부작용을 초래했다고 이민수 박사는 적었다.

그래서 과학자들은 효모 RNA 투입을 중단하고 뇌에서 RNA가 많이 생성되는 약물을 환자에게 투여했다. 그 결과 어느 정도 효과가 나타났다. 하지만 약물을 중단하면 환자의 기억은 다시 악화됐다.[48]

앞에서 설명한 기억의 전달이 가능하다, 즉 전달되는 기억은 개별적이라는 것은 매우 중요한 추론을 가능하게 한다. '학생은 선생님한테서 배우는 것보다 선생님을 먹어 버리는 것이 더 교육적인 효과가 있다'는 농담도 그 후에 나왔다. 선생님들이 남아날지 의심스럽다.

이 내용은 앞에 설명한 장기기억의 경우 기억물질이 없다는 설명과 배리됨은 물론이다. 그러나 앞의 설명도 엄밀한 의미에서 기억물질이 있다는 범주에 들어간다는 견해도 있다.

장기기억은 특수한 물질의 형태로 존재하는 것이 아니라 두터워진 시냅스 부위에 흔적으로 아로 새겨져 오랫동안 존재한다는 말 자체가 기억 물질의 존재를 뜻하는 것 아니냐는 주장이다. 즉 이들 흔적이 사라지지 않는다면 이 역시 기억이 있는 것이 아니냐는 설명이다. 두뇌의 연구는 이래저래 어렵다는 것을 알 수 있을 것이다.[49]

여하튼 과학적인 측면에서 볼 때 엄밀하게 기억물질이 존재하느냐는 정의에 대해서는 아직도 논란의 대상이지만 인간의 두뇌에 기억을 담는 그 무엇이 어떤 형태로든 존재한다는 것이야말로 로봇 학자들을 흥분하게 만들었다. 로봇에게 인간의 기억을 접목시킬 수 있다는 기대를 한껏 부여해주었기 때문이다. 이것을 확대 해석하면 먼 장래에 뛰어난 사람의 뇌 세포를 배양하여 거기서 골라낸 상처 없는 기억에 관한 그 무엇을 희망자의 뇌에 주사하는 기억이식법으로 천재가 될 수 있을지 모른다.

이런 내용은 기억물질로 파생될 수 있는 수많은 가능성을 제시했는데 영국의 『옵저버』는 2050년이면 인간의 의식을 슈퍼컴퓨터로 다운받아 저장할 수 있다고 전망했다. 브리티시텔레콤의 미래학 팀장이언 피어슨 박사도 2075~2080년까지는 이 기술이 널리 보급돼 누구나 이용할 수 있을 것이라고 전망했는데 이 내용은 그야말로 큰 파장을 초래했다. 기억을 저장한다는 것은 인간이라는 실체를 저장할 수 있을지도 모른다는 원대한 생각을 꿈꾸게 만드는 요인이 되었기 때문이다.

앞에 설명한 「너바나」가 바로 기억물질에 대한 내용을 극적으로 해석했다고 본다. 사망한 여자의 뇌에 있는 기억을 칩으로 빼내어 다른 사람의 머리에 주입함으로써 기억을 그대로 복구하는 것은 뇌의 신호를 읽어낼 수 있다는 점에 기초를 둔 것으로 기억이 기억물질로 되어 있음을 의미한다.

이 내용을 음미해보면 미래에는 인간의 뇌를 다운로드 할 수 있다는 것을 암시한다. 이렇게만 된다면 육체의 죽음은 사실상 큰 문제가 되지 않는다. 자신의 마음에 드는 육체를 선택한 다음, 의식을 옮겨 가면서 영원히 살 수 있기 때문이다. 수많은 SF물에서 차용하는 내용이다.

실제로 1999년 미국의 하버드대학, 프린스턴대학, MIT대, 워싱턴대학 유전공학 공동연구팀은 기억력과 학습능력을 향상시키는 유전자를 쥐의 수정란에 주입, 보통 쥐보다 훨씬 지능이 뛰어난 쥐 '두기'를 탄생시키는 데 성공했다. 이 쥐는 두뇌의 연상능력을 제어하는 유전자로 지능발달에 핵심적인 역할을 하는 NR2B라는 유전자를 갖고 태어났다. 이 똑똑한 쥐는 전에 한 번 보았던 레고 장난감의 한 조각을 알아봤고, 물속에 감추어진 받침대의 위치를 찾아냈으며, 가벼운 충격을 받는 경우가 어떤 때인지를 미리 알아차리는 등 다른 쥐들보다 뛰어난 지능을 나타냈다.

요컨대 포유류에서 최초로 유전자 조작으로 학습과 기억능력을 향상시킬 수 있음이 입증된 셈이다. 이 연구결과가 큰 반향을 불러일으킨 것은 사람의 NMDA 수용기가 생쥐의 그것과 거의 유사하기 때문이다.

그러므로 일부 학자들은 기억력과 학습능력 또는 IQ의 향상을 유전조작이라는 수단을 통해 전수가 가능하다고 기염을 토했다. 그렇게 되면 암기력 위주의 시험은 앞으로 사라질 것이며 대신 학습된 지식을 어떻게 활용할 수 있는가를 주로 시험한다고 추측했다. 이 말은 인간의 기억물질만 분석한다면 어떤 방법으로든 기억을 전수시킬 수 있다는 뜻과 다름없다.

로봇 학자들이 언젠가 인간의 기억을 전수시킬 수 있다고 기세를 올렸지만 곧바로 문제점들이 제기된 것도 설명하지 않을 수 없다. 사람의 뇌는 생쥐의 뇌와 기능이 크게 다른 것은 물론 사람의 기억력이 한 개의 유전자에 의해 좌우되지 않기 때문이다.[50]

최명언 박사는 기억 같은 뇌의 복잡한 기능을 몇 개의 분자로 단순화시킬 수 없다고 말했다. 특히 그는 신경계의 조직이 유전과 경험이 함께 작용하여 구조가 만들어지고 유지된다고 설명한다. 즉 어떤 생물체의 주어진 신경 구조_{신경 회로망 포함}가 그 생명체의 환경에 따른 경험에 의해 시냅스를 강화하거나 새로 형상함으로써 새로운 배움이나 기억이 이루어진다는 것이다. 설사 인간의 뇌 속에 있는 기억물질을 확보한다고 하더라도 인간의 기억을 모사한다는 것은 불가능하다는 뜻이다. 학자들이 인간의 뇌를 연구하면 할수록 더욱 미궁에 빠진다고 불평하는 이유이다.[51]

수면과 기억

기억에 단기기억과 장기기억이 있다고 앞에서 설명했지만 어떤 메커니즘에 의해 이런 현상이 일어나는지에 대해서는 학자들이 정확하게 단정 짓지 않는다. 그만큼 뇌에 대한 연구가 복잡하며 간단하지 않다는 것을 의미한다. 그동안의 연구를 고려대학교 김용준 박사의 글을 토대로 설명한다.

학자들은 교통사고로 정신을 잃은 환자가 몇 달 만에 의식을 회복하면서 이상한 증상을 보이는 것에 주목했다. 즉 환자가 단기기억을 완전히 상실했다. 그런데 이들 환자는 약 3년 전의 일들은 정확하게 기억하고 있었다. 다소 황당하지만 다음과 같은 결론을 내리지 않을 수 없었다. 즉 3년이라는 시간을 경계로 사람의 경우 단기기억과 장기기억이 구분되며 이 두 종류의 기억장치는 서로 다른 기구를 가진다는 것이다.

계속된 연구로 단기기억은 측두부에 위치한 해마체가 손상을 입으면 완전히 상실된다는 사실도 밝혔으며 장기기억은 렘[REM, rapid eye movement]수면과도 관련이 있다는 사실도 발견했다. 여기서 렘이란 '빠른 눈동자의 움직임'이라는 뜻으로 거의 모든 동물에서 렘수면이 관찰된다.

학자들이 렘수면에 주목하는 것은 기억을 영구화시키는 유전자가 이 렘수면 상태에서 작용한다고 믿기 때문이다. 즉 꿈을 꾸는 단계인 렘수면이 기억력과 관련 있다는 것이다. 즉 렘수면을 방해하면 학습이나 기억에 장애가 생긴다는 설명도 된다. 이는 렘수면이 단순히 잠을 자고 휴식을 취하는 시기가 아니라 깨어 있을 때 일하고 식사하는 등 낮에 있었던 기억이나 과거의 기억들이 새로운 사실이나 경험들과 충돌하면서 그것들이 서로 형상화돼 저장되는 과정이라고 볼 수 있다. 미국 매사추세츠 공대MIT의 매튜 윌슨 박사는 렘수면의 중요성에 대해 다음과 같이 말했다.

렘수면은 무언가를 배우는 경험과 연관 있습니다. 우리는 해결해야 할 문제를 만났을 때 더 많은 꿈을 꿉니다. 렘수면은 바로 우리가 문제를 풀려는 의지와 관련이 있다고 생각합니다.

특히 렘수면은 단기기억을 장기기억으로 넘기는 데 매우 중요한 역할을 하며 렘수면의 기능은 어릴수록 더 중요하게 작용한다고 믿는다. 또한 단기기억이 장기기억으로 넘어가는데 3년이라는 시간이 필요하며 렘수면 동안에 동물의 경우는 세타 리듬이 관여하는 반면에 사람은 세타 리듬에서 완전히 해방된다는 것이다. 1985년 미국 록펠러 대학의 조나단 윈슨 교수는 이를 다음과 같이 설명했다.

해마체에는 신경전달물질을 통과시키는 세 군데의 관문이 있다. 이 신경관문은 깨어 있는 동안에는 닫혀 있다가 자고 있는 동안에 열려서 낮에 깨어 있을 때의 활동 및 경험으로 해마체에 저장되었던 단기기억이 신경관문을 통과하는 처리 과정을 통해서 장기기억으로 넘어간다.

윈슨 교수는 일단 앞에서 설명한 신경전달물질이 있다는 것에 동조한 후 세타 리듬이란 오랜 진화적 과정을 거치면서 얻어진 유전적 소산이며 렘수면이라는 처리과정에서 세타 리듬으로 표현되는 유전적 자질과 공명이 되는 단기기억은 장기기억으로 넘어가고 이 공명이 이루어지지 않는 것은 버려진다고 해석했다.

그런데 사람의 경우 일반 동물과는 달리 렘수면 시간에 세타 리듬이 작동되지 않는다는 것은 매우 중요하다. 낮의 활동기간을 통해서 단기기억에 저장되는 정보는 세타 리듬의 간섭을 받아서 선별되지만 장기기억으로 골인하는 마지막 관문에서는 세타 리듬의 간섭을 전혀 받지 않음으로써 유전적인 강제성에서 다른 동물에 비해 상당히 벗어난다는 점이다. 이는 유전적 강제성보다는 그때그때의 환경적인 영향을 많이 받는다는 뜻으로 해석된다고 윈슨 교수는 설명한다. 즉 우리의 일상생활을 지배하는 환경이 인간의 인격형성에 크게 이바지하고 있다는 것이다.

특히 갓난아이의 렘수면이 전체 수면의 50퍼센트나 차지한다는 것은 어릴 때 즉 엄마의 젖을 빨며 자랄 때의 생활환경이 아이의 인격형성에 매우 중요하다는 것을 알려준다. 또한 어린아이가 서너 살이 되면서 말문이 터진다는 사실도 단기기억과 장기기억과의 시간적 경계선이 약 3년이라는 사실과 연계된다고 설명했다.

한 가지 의문은 잠만 많이 자면 기억력이 좋아지는가이다. 즉 잠을 많이 자면 똑똑해지느냐 인데 결론은 그렇지 않다. 낮잠을 잤든 밤잠을 잤든 일정한 수면 시간이 지나면 기억력은 더 이상 향상되지 않는다. 수면이 기억을 향상시키는 데는 한계가 있다는 뜻이다. 물론 낮잠 후에도 기억이 어느 정도 향상되는 것은 사실이다. 하지만 낮잠을 자고 저녁에 또 잤다고 해서 기억력이 두 배로 상승하는 것은 아니다. 이는 아무리 열심히 배우고 연습하고 공부한들 잠을 안자면 효과가 없다는 뜻과도 같다.[52]

참고적으로 사람들이 잠자는 동안 왜 듣지 못하는가라는 의문을 많이 제기한다. 이는 신호가 일정한 처리 단계까지만 도달하고 그 이후로는 뇌가 무시하기 때문이다. 수면상태에서는 내부 맥락脈絡이 우세해서 뇌가 감각 입력을 내부 맥락 안으로 통합시키지 않는다. 잠자는 동안 뇌의 내부 맥락이 아주 큰 소리를 제외한 어떤 청각 정보에도 중요성을 부여하지 않는다.

그러나 깨어 있는 동안 내부 맥락은 청각 자아를 중요시 여긴다. 청각 자극이 행동 반응을 유발하지 못하는 경우에도 순간적으로 사람들이 주의를 기울이는 이유다. [53]

 서로 다른 좌뇌와 우뇌의 기능

학자들의 두뇌에 대한 연구는 계속되고 있으나 오묘한 인간의 뇌는 연구하면 연구할수록 점점 미궁으로 빠지는 것이 로봇학자들을 곤혹스럽게 한다. 인간의 두뇌에서 좌뇌와 우뇌가 수행하는 기능이 서로 다르다는 사실도 한 몫 한다.

기본적으로 두뇌의 각 반구는 몸의 대각선 방향, 반대쪽 부위를 통제하는 책임을 진다. 가령 우반구가 몸의 왼쪽왼손·왼발 등등을 통제하는 식이다. 인간 뇌의 우반구와 좌반구가 구조적으로나 기능적으로 비대칭이다. 구조적 비대칭성은 뇌의 왼쪽이 비대칭적으로 더 크다는 것을 뜻하며 기능적 비대칭성은 두 반구가 서로 다른 유형의 기능을 수행할 목적으로 전문화되어 있음을 의미한다.

대뇌반구의 기능적 차이에 관해 획기적 발견을 한 인물은 1981

년 노벨상을 수상한 미국 생리학자 로저 스페리Roger Wolcott Sperry, 1913~1994 박사이다. 그는 좌반구가 언어를 포함해 개념적이고 분석적인 기능에 우세한 반면 우반구는 지각을 포함해 공간적이고 종합적인 처리를 전적으로 맡고 있음을 밝혀냈다. 좌반구에 있는 정보은행 같은 것이 없으므로 추상과 추상에 의거한 지식 범주를 만들 수는 없지만, 우반구는 타인과의 소통, 관계를 위한 장소이자 사회적 동물인 인간의 공감기술이 개발되는 장소라는 것이다.

이런 능력의 차이를 측성화側性化라고 하는데 왼쪽 뇌에서 뇌졸중을 일으킨 환자의 경우로도 이를 증명할 수 있다. 이런 환자는 언어기능을 잃고 말을 하고 싶어도 자신의 의사대로 말을 하지 못한다. 그런데 그가 말을 하지 못한다고 해서 노래를 못하는 것은 아니다. 이는 왼쪽 뇌가 손상되어도 음악을 담당하는 오른쪽 뇌에는 이상이 없기 때문이다.[54]

이언 맥릴크리스트 박사는 뇌의 이런 역할 분담을 보다 구체화하여 우반구를 주인, 좌반구를 심부름꾼에 비유했다. 하지만 반구 사이의 치열한 권력투쟁의 결과 심부름꾼인 좌반구가 주인인 우반구보다 지배력이 커지기도 한다고 주장한다. 한마디로 상황에 따라 좌뇌가 우뇌보다 더 중요한 역할을 한다는 것을 뜻하는데 좌반구와 우반구의 특성을 보다 설명하면 다음과 같다.

좌반구는 세계를 효율적으로 활용하도록 설계되어 있지만 초점이 좁고, 경험보다 이론을 높이 평가하며, 생명체보다 기계를 선호하고, 명시적이지 않은 것은 모조리 무시하며, 공감하지 못하고, 부당할 정도로 자기 확신이 강하다. 반면에 우반구는 세계를 훨씬 더 넓고 관대히 이해하지만, 좌반구의 맹공격을 뒤집을 만한 확신이 없다. 그러나 우반구는 '좌반구가 갖는 지식의 기반'이 되고 양쪽 다 알고 있는 것을 활용 가능한 전체로 종합할 수 있으므로 우반구가 종국적으로 주인이 되어 좌반구를 심부름꾼으로 부릴 수 있다.

이를 풀어서 설명하면 좌뇌에서는 주로 논리, 어휘, 목록, 숫자, 연속된 면, 직선, 분석 등을 주관하고 우뇌에서는 리듬, 상상력, 공상, 색상, 입체, 공간지각, 경험의 통일적 전체 등을 주관한다. 즉 좌뇌는 읽고 쓰고 계산하는 논리적인 기능을 담당하는 반면 우뇌는 그림이나 음악 등의 감성적 세계를 담당한다.

여하튼 좌반구가 '무엇'범주의 반구라면, 우반구는 '어떻게'육화의 반구로 볼 수 있다. 우반구는 경험과 감정, 어감의 상대적 측면에 몰두하는 반구다. 두뇌의 '비교적 독립적인' 두 덩어리인 좌·우 반구는 그 말 자체의 이분법처럼 범주 대 고유성, 일반 대 개별자, 부분 대 전체 등으로 대표되는데 인류 문명도 두 측면에 의해 반영돼 왔다는 것이다. 물론, 좌·우 반구가 창조적 긴장을 유지하며 뇌의 거의 모든 기능에 함께 참여하고 서로 돕는다는 점을 전제로 한다.

같은 과목이라도 어떤 내용을 배우느냐에 따라 관여하는 뇌 영역이 다르다는 것도 알려졌다. 어학을 예로 들면 대화할 때 상대방이 호의적인지 아닌지, 내 의견에 찬성하는지 반대하는지를 명백하게 말하지 않더라도 짐작할 수 있다. 이것은 말의 뉘앙스나 문맥을 파악해서 알 수 있는데 이때는 주로 우뇌가 작용한다. 반면 문법, 시제, 철자를 배울 때는 좌뇌가 주로 관여한다. 고려대학교의 남기춘 교수는 사람마다 언어를 습득하는 시기에 차이가 나는 이유를 다음과 같이 설명한다.

아이들이 언어를 배우기 시작할 때는 주로 우뇌가 활발히 활동하다가 자라면서 좌뇌가 점점 많이 관여한다. 처음에는 전체적인 의미만 짐작한 채 무작정 따라하다가 차츰 문법이나 어휘를 알게 되는데 바로 이때가 우뇌에서 좌뇌로 넘어간다.

즉 우뇌에서 좌뇌로 넘어가는 시기가 사람마다 다르기 때문에 언어 학습능력에 차이가 있다.

우뇌와 좌뇌가 다르다는 것이 세계문명사를 좌우하게 만든 원인이라는 매우 흥미로운 주장도 이끌어 내었다. 스페리 교수는 비대칭적인 두 반구가 완전히 다른 세계관을 갖고 있다고 전제하고, 두 반구는 서로 도와야 함에도 불구하고 둘 사이에 일종의 권력투쟁 같은 것이 진행되어 왔기 때문에 서구 문화의 많은 부분이 이런 메커니즘으로 설명된다고 다소 색다른 주장을 했다.
유럽의 각국의 특성을 분석하면 좌반구와 우반구의 국가로 분리된다. 조직적이고 딱딱하기로 유명한 독일, 영국, 네덜란드 등은 좌반구, 이탈리아, 프랑스, 스페인 등 남쪽 나라들은 우반구 국가이다. 이들 국가의 성격을 보면 서구에서 일어난 중요한 사건의 실마리를 풀 수 있는 단서가 된다. 가령 고대 그리스의 화폐 사용은 '우반구의 가치로부터 좌반구의 가치로 넘어가는 과정을 명료하게 반영'하며, 르네상스는 '우반구가 벌인 반란'으로 설명된다.

르네상스의 경우를 보자. 르네상스는 경험의 중요성에 눈을 뜨면서 시작됐다. 그것은 우반구의 영역이다. 르네상스는 기본적으로 우뇌의 이탈리아인들에 의한 우반구적 방식의 거대한 확장으로서, 그 속으로 좌반구적 작업이 통합되어 들어오기 시작했다. 그런데 르네상스가 진행되면서 우반구적인 존재방식에 대한 강조에서 점차 좌반구적 성향 쪽으로 이동해 갔다. 즉 공존하는 '개체'는 배제되고 원자론적 '개체성'이 강조되면서 독창성은 더 이상 지혜의 원천이 아니라 비합리적인 과거를 내몰아치는 방법으로 인식되기 시작했다. 이것이 계몽주의라고 알려진 운동의 토대가 되었다는 시각이다.

반면에 산업혁명은 극좌계로 표현되는 영국인이 우반구 세계에 가장 뻔뻔한 공격을 가하면서 시작되었다는 설명이다. 즉 좌반구의 영국과 독일이 주도하는 근대 서양세계는 기계장치에 사로잡힌 엄격하고 관료적이며 비인간적인 사회가 형성되었고 그 대가를 다른 민족이 치렀다는 것이다.

이와 같은 결과는 좌뇌와 우뇌의 신경회로가 다를 수도 있다는 뜻이다. 참고적으로 한국은 남북한을 포함하여 70~80퍼센트가 우뇌인 북방계이고 20~30퍼센트가 남방계인 좌뇌 특성이 있다. 남방계는 주로 전라도와 황해도, 함경도 일부 지역에 분포하며 나머지는 대체로 북방계가 우세하다.

2005년 일본 이화학연구소의 오카모토 히토시 박사와 런던 대학의 스티브 윌슨 박사 등의 공동 연구팀은 물고기 뇌에 대한 연구를 통해 뇌신경 회로망이 좌뇌와 우뇌가 다르다는 것을 세계 최초로 확인하였다. 연구팀이 관찰한 제브라 피시라는 열대어는 좌뇌와 우뇌에 한 쌍씩 있는 '하베눌라'라는 부분의 신경회로가 좌우대칭이 아니라는 것이다. 특히 지금까지는 좌·우 뇌의 차이가 인간 특유의 현상이라고 알려져 있었지만 최근 연구에 따르면 좌·우 뇌의 차이는 인간뿐만이 아니라 전체 척추동물에서 폭넓게 보인다고 한다.

스페리 교수의 연구는 에란 자이델 교수에 의해 계속되었는데 자이델 교수는 이전에 생각했던 것보다 뇌피질의 분포가 훨씬 넓다는 것을 발견하고 좌우 양 뇌가 뇌피질의 모든 기능을 수행하는 잠재능력이 있음을 입증했다. 즉 양쪽 뇌를 함께 쓰면 쓸수록 한 쪽이 다른 한 쪽의 개발을 촉진한다는 것이다.

예를 들면 음악공부는 수학공부에 도움이 되고 수학은 또 음악공부에 도움이 된다. 리듬을 공부하면 언어공부에 도움이 되고 언어를 공부하면 신체적인 리듬을 배우는 데 도움이 되는 식이다. 입체공부는 수학을, 수학공부는 두뇌가 입체를 개념화하도록 도와주므로 양 뇌를 함께 사용하면 전체적인 기억력도 향상된다는 것이다.[55]

좌뇌와 우뇌의 차이는 남성과 여성의 뇌의 차이와도 밀접한 연관이 있다. 대체로 남성 뇌의 표면적은 여성보다 10% 정도가 넓고 기능과 작용에서도 차이가 있다. 예컨대 여성의 좌·우뇌는 남성보다 더 긴밀히 상호작용을 하고, 언어능력을 좌우하는 영역의 작용이 더 활발하다. 반면 남성의 뇌는 이성과 감정의 영역이 확실히 구분돼 있고 기계적 추론과 공간지각 능력 등이 여성보다 뛰어나다.

'남성과 여성의 뇌에서 지능을 담당하는 구조가 다르다'는 연구

결과도 주목을 받았다. 미국 어바인 캘리포니아 대학의 리처드 하이어 박사는 '지능과 관계된 부위는 남성은 뇌의 회색질grey matter에 많고 여성은 백색질white matter에 많다'고 주장했다.

사람의 뇌는 회색질과 백색질로 조직되어 있다. 회색질grey matter은 척추동물의 중추신경뇌와 척수에서 신경세포가 모여 있는 곳으로 중추신경의 조직을 육안으로 관찰했을 때 회백색을 띠는 부분이다. 회색질은 주로 신경세포와 수상돌기·무수신경돌기 등이 차지하는데 회색질의 두께는 모든 포유동물에서 거의 일정하다.

백색질white matter은 회색질과 회색질 사이를 연결하는 신경섬유로서 정보를 전달하는 통로 역할을 한다. 백색백질이 보이는 이유는 유수섬유가 가진 수초髓鞘가 빛을 굴절하는 힘이 강한 미엘린이란 물질로 되어 있기 때문이다. 백색질의 용적은 대략 회색질 용적의 75퍼센트에 이른다.

그런데 하이어 박사는 회색질 가운데 지능과 관련된 부분은 남성이 여성보다 6.5배 많고 백색질에서 지능과 관련된 부분은 여성이 남성보다 10배 많다고 발표했다. 또 남녀 간에는 지능을 담당하는 부위의 크기만 다른 것이 아니라 그 분포도 달라 남성은 회색질의 지능담당 부위가 뇌 전체에 고르게 분산되어 있는 반면 여성은 대뇌의 앞쪽인 전두엽에 국한되어 있다고 밝혔다. 이는 인간진화 과정에서 지능과 관련해 두 가지 형태의 뇌가 만들어졌음을 시사한다.

일반적으로 여자는 언어기능에 있어 왼쪽 뇌만 사용하지 않고 우측뇌도 사용하지만 남자는 우측과 좌측 뇌를 분리해서 사용한다고 알려진다. 남자와 여자의 성장 과정을 보면 여자는 남자보다 말을 빨리 시작한다. 좌우뇌를 잇는 다리가 뇌량인데 여기서 서로 상호정보교환을 한다. 뇌량의 뒤쪽에 부풀어 오른 부분을 팽대부라고 하는데 남자의 팽대부는 막대 모양, 여자 뇌는 공처럼 둥글다. 이른바 단면적은 여자의 것이 남자의 뇌를 압도한다. 이는 여자의 뇌가 남자의 뇌보다 좌우의 협조가 좋음을 의미한다.

그래서 여자는 말을 더듬는 경우가 남자보다 현저하게 적은데 이는 여자 뇌의 언어기능이 우수하기 때문으로 추정한다. 또한 여자가 혼자 말을 많이 하고 상대적으로 남자가 적게 하는 것도 같은 이유이다. 이는 남자의 뇌와 여자의 뇌가 확실히 다르기 때문에 남녀의 삶에 큰 영향을 미칠 수 있다고 설명한다.

문제는 인공지능 로봇을 만들면서 어떻게 좌뇌와 우뇌를 분리하여 설계할 수 있는가이다. 남녀의 차이를 제대로 이해하지 못하면 진정한 남녀 로봇도 만들 수 없음을 의미한다. 로봇 학자들이 인간의 뇌를 연구하면 할수록 인간을 닮은 로봇을 만드는 것이 만만치 않을 뿐 아니라 정말로 만들 수 있는가라는 회의에 빠진다고 곤혹스러워하는 이유이다.[56]

주석

1) 『교양으로 읽는 과학의 모든 것』, 한국과학문화재단, 미래M&B, 2006
2) 『맞춤인간이 오고 있다』, 사이언티픽 아메리칸, 궁리, 2002
3) 『3일 만에 읽는 뇌의 신비』, (주)서울문화사, 2004
4) 『미래』, 수전 그린필드, 지호, 2005
5) 『3일 만에 읽는 뇌의 신비』, (주)서울문화사, 2004
6) 「뉴런은 어떻게 정보를 암호화할까? 우주보다 미스터리한 뇌의 신비(1)」, 박미용, 사이언스타임스, 2008.07.10.
7) 『20세기 대사건들』, 리더스다이제스트, 동아출판사, 1985.
8) 『3일 만에 읽는 뇌의 신비』, (주)서울문화사, 2004
9) 『위험한 생각들』, 존 브록만, 갤리온, 2009
10) 「1천억 신경세포 중 1개만 있어도 뇌기능 수행」, 이희정, 『뉴시스』, 2007.
11) 「뉴런은 어떻게 정보를 암호화할까? 우주보다 미스터리한 뇌의 신비(1)」, 박미용, 사이언스타임스, 2008.07.10.
12) 「1천억 신경세포 중 1개만 있어도 뇌기능 수행」, 이희정, 『뉴시스』, 2007.
13) 「기억이란?」, 서유헌, 네이버캐스트, 2010.03.08
14) 『마인드 맵 기억법』, 토니 부잔, 평범사, 2000
15) 「기억은 어떻게 저장되고 재생될까? 우주보다 미스터리한 뇌의 신비(2)」, 박미용, 사이언스타임스, 2008.07.21.
16) 「망각하는 뇌」, 강윤정, 브레인미디어, 2009.10.09
17), 18) 『3일 만에 읽는 뇌의 신비』, (주)서울문화사, 2004
19) 『마인드 맵 기억법』, 토니 부잔, 평범사, 2000
20) 「기억이란?」, 서유헌, 네이버캐스트, 2010.03.08
21) 『영화속의 바이오테크놀로지』, 박태현, 생각의나무, 2009
22) 「기억이란?」, 서유헌, 네이버캐스트, 2010.03.08
23) 「내가 나일 수 있는 이유」, 강봉균, 과학동아, 2005년 5월
24) 「배움에도 때가 있다」, 김은준, 과학동아, 2005년 5월
25) 『마인드 맵 기억법』, 토니 부잔, 평범사, 2000
26) 「인간 두뇌는 책 2000만권 저장할 수 있는 컴퓨터」, 김형자, 『주간조선』
27) 『잠들어 있는 당신의 뇌를 깨워라』, 장래혁, 『오마이뉴스』, 2006. 3. 1.
28) 「하나 기억하려면 세 곳이 움직인다?」, 『Kisti의 과학향기』, 2006. 2. 20.
29) 「기억은 어떻게 저장되고 재생될까? 우주보다 미스터리한 뇌의 신비(2)」, 박미용, 사이언스타임스, 2008.07.21.

30) 『영화속의 바이오테크놀로지』, 박태현, 생각의나무, 2009
31) 『잠들어있는 당신의 뇌를 깨워라』, 장래혁, 『오마이뉴스』, 2006. 3. 1.
32) 『기억도 여러 가지』, 연병길, 『과학동아』, 1996. 11.
33) 『공부 잘하는 뇌는 어떻게 만들어지나』, 김보희, 브레인미디어, 2009.
34), 35) 『기억이란?』, 서유헌, 네이버캐스트, 2010.03.08
36) 『기억의 장인, 해마와의 인터뷰』, 김성진, 브레인미디어, 2007.01.01
37) 『기억은 어떻게 저장되고 재생될까? 우주보다 미스터리한 뇌의 신비(2)』, 박미용, 사이언스타임스, 2008.07.21.
38) 『기억의 메카니즘』, 고영희, 『과학동아』, 1990. 6.
39) 『기억은 각자의 상상력』, 이성규, 사이언스타임스, 2007.8.16
40) 『해리포터의 과학』, 로저 하이필드, 해냄, 2003
41) 『하이테크 시대의 SF 영화』, 김진우, 한나래, 1995
42) 『영화 이렇게 보면 두배로 재미있다』, 김익상, 들녘, 1994
43) 『기억은 각자의 상상력』, 이성규, 사이언스타임즈, 2007.8.16
44) 신동호, 『장기기억과 단기기억은 전혀 딴판』, 『사이언스타임즈』, 2006.
45) 김형자, 『바다달팽이에서 찾은 기억력 좋아지는 법?』, 『Kisti의 과학향기』, http://scent.kisti.re.kr, 2006. 3. 27
46) 『신경전달물질인가 신경조절물질인가』, 김보희, 브레인미디어
47) 『3일 만에 읽는 뇌의 신비』, (주)서울문화사, 2004
48) 『무엇이 기억력을 향상시키나』, 이민수, 『과학동아』, 1996. 11.
49) 『기억이란?』, 서유헌, 네이버캐스트, 2010.03.08
50) 『이인식의 과학생각』, 이인식, 생각의나무, 2002.
51) 『21세기와 자연과학』, 서울대학교자연과학대학교수31인, 사계절, 1994
52) 『과학 카페(인체와 건강)』, KBS〈과학카페〉제작팀, 예담, 2008
53) 『꿈꾸는 기계의 진화』, 로돌포 R. 이나스, 북센스, 2008
54) 『3일 만에 읽는 뇌의 신비』, (주)서울문화사, 2004
55) 『마인드 맵 기억법』, 토니 부잔, 평범사, 2000
56) 『뇌 지도(Brain Map) 탐구, 게놈 프로젝트에 이은 최후의 미개척지』, 김형자, 주간조선, 2005.7.19

12 괴롭히는 인간의 특성

골머리 아픈 지능
인간 지능의 탄생
여성과 남성은 다르다
예측이 만드는 행동
마음도 있다

영국 BBC 의 〈마스터마인드 Mastermind〉라는 한 방송 프로그램에서는 많은 답을 정확하게 기억해낸 사람을 우승자로 정하며 국내에서도 기억력이 특수하게 좋은 사람이 TV에 자주 출연한다. 이들을 특별하게 취급하는 것은 다른 사람들이 가지지 못한 능력이 있기 때문이며 대부분 이런 사람들의 지능이 남보다 높다고 말한다.

지능의 사전적 정의는 흔히 기억력과 수학적인 능력을 포함한다. 『민중국어대사전』에도 지능은 '경험을 이용하여 새로운 경우에 대처할 적당한 처리방법을 알아내는 지적활동의 능력'이라고 적혀있다. 일반적으로 문제해결 능력 또는 정보표현 능력 및 정보처리 능력을 말한다.

케임브리지 대학의 호러스 발로 박사는 지능을 보다 구체적으로 정의하여, 일종의 추측, 그것도 현상의 밑바탕에 깔려 있는 질서를 새롭게 발견해내는 추측 능력이라고 설명한다. 그가 말한 추측 능력이란 다음과 같은 내용을 포괄한다.

① 어떤 문제에 대한 해답이나 논변의 논리를 찾는 것
② 적절한 유사 관계를 떠올리는 것
③ 일련의 사물이나 사태들 사이에 적절한 조화나 균형을 부여하는 것
④ 다음에 어떤 일이 일어날 것인지 또는 사태가 어떤 식으로 전개될 것인지 예측하는 것

그러나 영화나 드라마, 코미디가 확연하게 결말을 예측할 수 있

을 내용으로 전개되면 흥미가 반감되고 흥행에 참패하기 십상이다. 특히 이미 알고 있는 상황 또는 사건에 바탕을 두어 어느 정도 그 전개 양상을 예측하게 만들면서 종국에는 그런 예측이 빗나가는 반전이 있을 때 많은 사람들이 미소를 짓는다.[1] 결국 반전이라는 아이디어를 착안할 수 있는 지능이란 어떤 가능성을 예측하게 하거나 그 예측을 과감하게 부시는 재주라고도 볼 수 있다.

이러한 정의는 로봇이라는 개념이 태어나자 곧바로 모호해지기 시작했다. 로봇도 인간과 같이 배울 수 있으며, 어떤 경우에는 인간보다 훨씬 좋은 결과를 보이므로 인간만을 대상으로 정의한 '지능'이란 단어가 설득력을 잃어버렸다. 계산적이라는 특성에서 기계가 훨씬 더 뛰어난 결과를 보이는 점을 감안하면 계산적인 것이 지능적이 아니라는 것도 분명하다. 의사 결정도 한때 지능적인 행동으로 분류되었지만 로봇도 훨씬 잘 할 수 있다는 것이 알려져 이것 또한 지능적인 행동이라고 볼 수 없다.

그러므로 새로운 개념의 지능은 창조와 감정 같은 인간의 특성을 포함하는 것으로 변경되었다. 인간이 창조적이라고 하는 것은 과거 선조로부터 유전적으로 전승된 것과 그가 태어난 후 습득된 새로운 지식을 기반으로 무언가를 창조하고, 새로운 것을 선보이거나 누구도 미처 생각하지 못한 것을 성취한다는 것을 뜻한다. 새로운 정의도 문제가 있다고 곧바로 알려졌다. 로봇도 인간과 같이 창조적 작업을 할 수 있다는 예가 발견되기 때문이다.

로봇은 단순 창조작업에서 인간보다 훨씬 빠르고, 정확하게 일할 수 있다. 음악의 조율은 물론 산업시설에 전원 공급이 끊겼을 때,

이를 스스로 복구하기도 한다. 단순 지능 여부만을 따지면 인간과 로봇을 구별할 수 없는 상황이 된 것이다. 물론 이러한 로봇의 능력은 우수한 프로그래머의 능력이라고 볼 수도 있지만 사전적인 정의로, 로봇도 창의적인 일을 할 수 있다.

골머리 아픈 지능

지능이란 개념이 모호해지자 학자들은 다른 개념의 지능이란 정의를 찾기 시작했다. 근래에 학자들이 찾아낸 새로운 개념은 로봇이 인간과 같은 감정을 느낄 수 없다는 것이다. 인간은 뇌 속에서 만들어져 나오는 어떤 것을 고통이나 기쁨의 감정으로 생각하며, 그 감정의 결과로 흔히 물리적인 행동, 예를 들어 친척의 죽음과 같은 자극에 대한 반응으로 울음을 터뜨린다. 인간의 감정 중에서 가장 오묘한 것으로 공포심을 든다. 케빈 워윅 박사의 설명을 보자.

어두운 겨울 밤, 집에 홀로 있는 당신을 마음속에 그려 보라. 늦은 밤, 밖에는 비바람이 울부짖고 정전이 되어 텔레비전은 볼 수 없으며, 단지 촛불만 켜놓은 상태다. 문을 두드리는 날카로운 노크 소리가 들린다. 문으로 다가가니 당신보다 더 큰 어두운 그림자가 바깥쪽에 드리워져 있다. 당신은 이러한 무서운 상황에서 문을 열지 않을지도 모른다. 혹 문을 연다 하더라도 그가 당신에게 뛰어든다면 당신은 미친 듯이 도망칠 것이다.

왜 그럴까? 우리는 어떤 상황에서 공포를 느끼고, 놀라고, 행복하거나 슬퍼한다. 이런 감정들은 유전자 프로그램을 통해 형성되거나 경험의 결과로서 느낀다.

예를 들어 특정한 환경에서 공포를 느끼는 이러한 원시적 본능은 이해하기가 좀 더 쉽다. 호랑이가 많은 정글에 사람이 10명 살고 있다고 하자. 5명은 호랑이를 무서워하고 가까이 오면 도망친다. 다른 5명은 무서워하지도 도망치지도 않는다. 호랑이를 무서워하지 않는 사람보다 무서워하는 사람이 좀더 살아남아 자손을 남길 것이라고 예상할 수 있다. 그래서 이들의 다음 세대에서는 호랑이를 무서워하는 확률이 더 높아질 것이다. 이 특성은 유전적으로 계승될 수 있으므로 유전 진화의 한 단면이라고 부를 수도 있다. [2]

케빈 워윅 박사는 인간이 개인의 감정이 무엇인지는 정확히 알지는 못하더라도 대체로 다른 사람의 감정은 이해할 수 있다고 한다. 가장 잘 알려진 것이 다른 사람이 보이는 공포감이다. 많은 SF물이 공포와 긴장감을 주제로 제작되는데 이는 사람들이 타인의 공포와 같은 감정들을 이해할 수 있다고 생각하기 때문이다. 공포영화 장면을 보고 영화관에서 비명을 지르는 것도 같은 맥락으로 이해할 수 있다. 그러므로 심한 공포심을 경험한 사람들을 동정하고 위로하는 것도 공포를 공유한다는 뜻과 같다.

1980년대에 위스콘신 대학 매디슨 캠퍼스의 연구진은 매우 흥미 있는 실험 결과를 발표했다. 즉 공포 반응이 무엇인가이다. 자연에서 뱀과 한 번도 접촉한 적이 없는 실험실의 원숭이들은 자신보다 커다란 뱀을 보고도 전혀 무서워하지 않았다. 그래서 뱀에 대한 인간의 공포심은 타고난 것인지 학습하는 것인지를 파악하기 위해 실험실에서 사육한 원숭이와 야생 원숭이를 서로 비교했다.

뱀에 대한 공포감이 전혀 없는 실험실 원숭이들에게 실제로 뱀

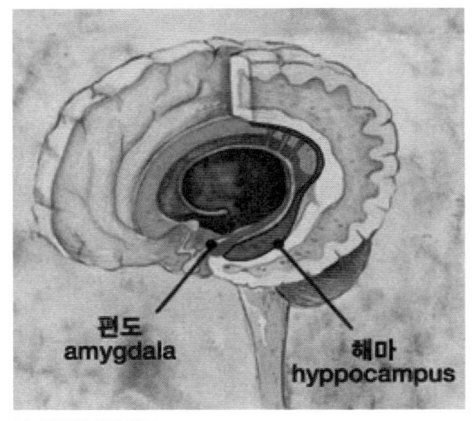

뇌 속의 해마와 편도

을 무서워하는 야생 원숭이를 보여주자 그제야 비로소 실험실의 원숭이들도 뱀을 두려워하기 시작했다. 그런데 야생 원숭이가 꽃을 무서워하는 듯 하는 모습으로 화면을 편집해서 실험실의 원숭이에게 보여주자 꽃에 대해서는 어떤 공포심도 나타내지 않았다.

이것은 영장류에게는 자기에게 해가 될지 모르는 자연현상을 두려워하는 경향이 뇌에 이미 각인되어 있을지도 모른다는 것이다. 즉 해가 되지 않을 어떤 것에 대해서는 공포감이 없다는 것이다.

이와 같은 현상에 대해서 제임스 슈리브는 뱀에 대해 전혀 공포심을 느끼지 않았던 갓난아이가 뱀에 대한 두려움을 느끼는 것은 다른 사람들을 관찰하면서 학습했기 때문으로 실험실 원숭이가 야생 원숭이로부터 뱀에 대한 공포심을 배운 것과 같은 현상이라고 적었다. 즉 꽃과 뱀에 대해 상반된 느낌을 갖게 하기 위해서는 각인된 경향이 활성화되도록 사회적 경험이 필요하다는 것이다.

한편 포식자와 피식자 간 공포유발 관계는 생태학적으로 매우 중요하다. 자연계에서 만일 고양이가 생쥐를 무서워한다면 굶어죽을 것이고 생쥐가 고양이를 무서워하지 않는다면 멸종의 길을 가게 될 것이라고 한국과학기술원의 김대수 박사는 적었다. 태어나기도 전에 이미 자연계의 먹이 사슬관계가 유전적으로 뇌 속에 기록돼 있다는 것을 뜻한다.[3]

공포는 사실 인간의 뇌에 본능적으로 있는 감정이다. 공포는 원시시대부터 인간이 거대한 맹수들이나 알 수 없는 공격자들로부터 종족을 보전할 수 있도록 해 준 동인이기 때문이다. 만약 인간에게 공포라는 감정이 없었다면, 자신을 위협하는 맹수에게 겁 없이 덤벼 심하게 부상을 입거나 심지어는 죽었을지도 모른다. 공포는 이렇듯, 인간이 생존할 수 있는 적당한 안전장치인 것이다. 이런 모든 행동이 뇌로부터 시작된다.

만약 인간의 감각이 위험인자를 인지하면, 이 정보는 빠르게 뇌로 전달된다. 뉴욕주립대의 조제프 르두 박사는 뇌의 공포작용은 편도체扁桃體, amygdala에서 담당하며 감각을 통해 수용된 정보는 시상을 거쳐 편도로, 편도에서 정보를 분석하는 겉질로, 겉질에서 기억을 저장하는 해마로 전해지는데, 이 해마가 부신과 뇌하수체에게 스트레스 호르몬인 코르티솔을 내보낼 것을 지시한다. 즉, 공포를 느꼈을 때 방출되는 호르몬은 우리 몸이 스트레스를 받았을 때 분비되는 호르몬과 동일하며 만약 공포감이 가라앉지 않고 지속된다면 이는 우리 몸이 스트레스를 끊임없이 받았을 때와 동일한 반응을 보인다는 것이다. 편도체는 해마 앞쪽에 있는 아몬드 모양의 작은 구조물로 정서기억 저장, 공포, 불안, 성행위 등을 결정짓는다.

특히 어떤 대상을 보며 좋고 싫다고 느끼는 것에 관여하므로 '제 눈에 안경'이라는 말처럼 어떤 사람이 한없이 좋거나 무조건 싫은 것, 좋아하는 사람을 적극적으로 소유하고자 하고 지키려고 하는 감정도 편도체가 결정한다. 이것 역시 자신의 생존을 위해서 중요한 것을 선택할 수 있도록 진화된 것이다. 성취감, 패배감과 같은 뇌의 보상작용

역시 마찬가지다.

그 외에도 사실을 해석하고 저마다의 색깔로 분류하는 것도 편도체의 역할이다. 해마가 기억생성을 맡고 있다면, 편도체는 기억에 색을 칠해서 어떤 기억들은 금방 없어지고 어떤 기억들은 오래 기억되도록 중추역할을 한다는 설명도 있다. 시험을 앞두고 벼락치기로 급히 외운 정보들이 시험이 끝나면 허무하게 사라지는 것도 이 때문이다. 좋아하는 것과 중요한 것이 명확할 때 그 기억을 더욱더 강렬하게 만들고 오래 기억되게 하는 것도 이 때문이다.[4]

자라보고 놀란 가슴 솥뚜껑 보고도 놀라는 이유도 충분한 근거가 있다. 공포에 대한 기억은 감정을 저장하는 편도체에 저장된다. 그런데 이 편도체에 저장된 공포에 대한 기억은 평소 우리가 저장하는 전형적인 기억들보다 정보량이 적다. 마치 전형적인 기억이 해상도가 높고 끊김 없는 동영상이라면, 편도체에 저장된 공포의 기억은 해상도가 낮고 중간 중간 끊기는 동영상과 같다. 이것을 빠른 '스케치 기억'이라고 부르는데 이 빠른 스케치 기억은 정보량이 적기 때문에 우리의 몸이 신속하게 반응하지만 흐릿한 기억이므로 공포를 불러일으킨 대상과 비슷한 모양을 띠는 것을 보면 동일하게 생각하고 반응을 한다. 즉, 자라보고 놀란 가슴이 솥뚜껑을 보고도 놀라는 것은 인간의 본성이나 마찬가지다.

이러한 기억은 외상 후 스트레스 장애와도 관련이 있다. 극심한 공포나 극단의 심리적 충격을 받았을 때 나타나는 외상 후 스트레스 장애는 빠른 스케치 기억의 영향을 받아 공포를 느끼는 것과 비슷한 소리를 듣거나 보면 심리적인 불안감을 나타낸다. 예를 들면 생사를 넘나드는 전쟁을 겪은 군인이 총소리와 비슷한 소리를 총소리로 인지하거나 지진을 겪은 사람이 이후 지하철 공사장의 폭파 때문에 건물이 흔들려도 패닉상태에 빠진다.

그런데 이런 공포가 평생 가는 것은 아니다. 그것은 지속적인 공포감을 해방시켜 줄 수 있는 '사이세포'라고 불리는 뉴런 때문이다. 사이세포는 편도체와 편도체 사이에 존재하는데 과학자들이 사이세포를 제거한 쥐와 사이세포가 있는 쥐를 두고 전기충격 실험을 한 결과 건강한 사이세포가 과거의 공포스런 기억을 제거한다는 것을 발견했다.[5]

공포에 대해 근래 과학자들은 매우 재미있는 사실을 알아냈다. 공포영화를 보고 나서 사람들은 '머리털이 쭈뼛 설 정도로 무섭다'라고 말한다. 정말 털이 서는지 건국대 고기석 교수팀이 연구했다.

고 박사는 현미경으로 성인의 두피조직 사진을 찍어 컴퓨터에 확인했더니 그 결과 털세움근이 3~4개의 털을 동시에 잡고 있다는 사실을 발견했다. 자율신경계가 털세움근을 수축시키면 누워있던 털이 거의 수직으로 일어선다. 즉 피부에 오돌오돌 '소름'이 돋는다는 말이 상상만은 아닌 것이다.

공포를 느끼면 얼굴이 하얗게 질리는 것도 과학적으로 설명이 가능하다. 공포를 느끼면 심장 박동이 빨라진다. 자율신경계가 심장에서 나오는 피를 장기나 근육 쪽으로 몰아주기 때문이다. 생존하기 위해 장기에 피가 원활히 흐르게 하고 여차하면 도망가거나 싸워야 하니 근육에 피를 많이 공급해 두자는 전략이므로 피부에 핏기가 없어진다고 〈과학동아〉의 임소형 기자는 적었다.

땀샘이 수축하면서 땀이 나는 것도 자율신경계의 작용이다. 땀이 식으면서 체온을 빼앗기 때문에 몸이 오싹해진다. 땀샘뿐 아니라 근육도 수축한다. 놀랐을 때 '억' 소리도 못 지르는 것은 자율신경이 성대 근육을 경직시키기 때문이다.

방광도 수축된다. 영화에서 머리에 총을 겨누면 소변을 지리는 장면이 종종 나온다. 학자들은 공포에 질렸을 때 소변이 마려운 이유에 대해 두 가지 가설을 제시한다. 첫째는 소변을 배출하면 몸이 가벼워져 도망가기 쉽다는 것이고 둘째는 잡아먹히려는 동물의 경우 지저분한 냄새를 풍겨 적이 '입맛' 떨어지도록 진화했다는 것이다.[6]

한편 공포 장면을 보는 동안에는 누가 불러도 잘 듣지 못한다. 공포를 느낄 때 뇌가 마치 수면상태처럼 의식을 차단하는 쪽으로 작동하기 때문이다. 다른 데 신경을 쓸 겨를이 없어지는 것이다. 이때 의식이 너무 심하게 차단되면 기절한다. 김대수 교수는 이를 다음과 같이 설명했다.

공포를 느끼고 기절하는 메커니즘은 아직 정확히 밝혀지지 않았지만 아마도 뇌에서 시상핵과 편도체가 상호작용에 의식이 차단되도록 유도하는 것으로 보인다.[7]

이런 면에서 공포는 생물체들이 느끼는 영역이라고 보는데 잘 설계된 로봇에 호랑이가 다가가자 프로그램에 의해 로봇이 도망간다고 해서 로봇이 인간처럼 공포를 느꼈다고 볼 수 있는가는 의문이다. 외형적인 면에서 로봇은 인간과 유사한 모습으로 행동하므로 로봇도 감정을 표현한다고 할 수도 있다. 그러나 인간의 감정은 유전적인 속성이 있으므로 원칙적으로 부모에 의해서 생물학적으로 프로그램 되었다고 간주하기도 한다. 이 역시 기계인 로봇을 인간처럼 만드는 것이 간단하지 않음을 알려준다.

 **인간 지능의 탄생**

인간 지능에 대한 연구는 자연스럽게 다음 질문으로 이어진다.
인간이 어떻게 지능을 갖추게 진화되었는가. 인간의 지능은 다른 동물들에 없는 그 무엇으로부터 비롯되었다고 말하는데 일반적으로 생물학적 두뇌도 차이가 있다.

2밀리미터 정도의 매우 조밀한 대뇌 피질은 사물이나 사태를 새로운 방식으로 연관 짓는 심적 작용과 가장 밀접하게 관련 있는 부분이다. 인간의 대뇌 피질은 주름이 많이 잡혀 있는데 평평하게 펼쳐놓으면 보통 복사용지 넉 장 정도의 면적이 된다. 이것을 매우 작은 것으로 생각하면 오산이다. 침팬지의 대뇌 피질은 복사용지 한 장, 원숭이의 대뇌 피질은 엽서 한 장, 쥐의 대뇌 피질은 우표 한 장 정도이다.

그러나 인간의 지능이 동물과 다르다는 것을 이것만으로 설명할 수는 없다. 일반적으로 인간의 지능은 주로 뇌의 분화가 복잡하게 진행됨으로써 가능했다고 설명한다. 이는 인간의 뇌가 다른 동물과 달리 크다는 것으로도 알 수 있다.

근래 학자들은 인간의 지능이 급격하게 발달된 것 즉 인간의 뇌가 갑자기 네 배 이상 커지기 시작한 것은 250만 년 전 급작스럽게 변한 기후 때문이라고 추정한다. 빙하기가 시작될 무렵인 250만 년

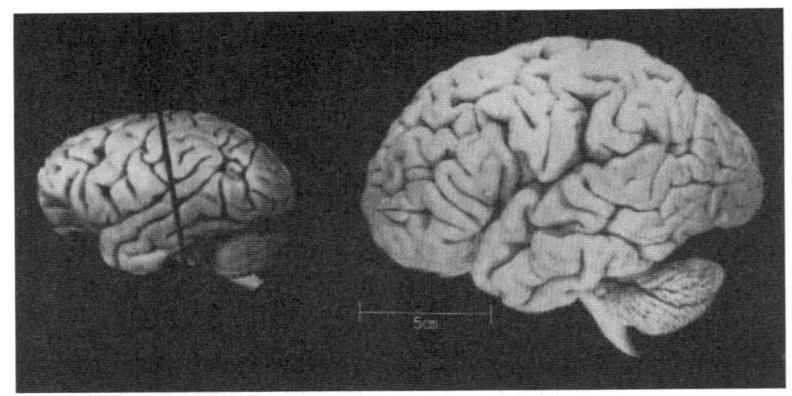

인간과 침팬지의 뇌크기 비교도

전에 기후가 급작스럽게 추워져 원시인류가 살던 생태계를 황폐화시켰다. 낮은 기온과 적은 강수량 탓에 아프리카 삼림은 황폐화되었고 동물의 개체수도 줄어들어 먹이가 심각하게 부족했다.

　이 당시 상당히 많은 현생인류의 친척뻘 되는 종의 대부분이 멸종했으나 인간의 조상은 열악한 환경이지만 생존하는 비법을 터득해 이를 극복해야 했다. 그중 특히 나무에서 내려와 이족보행을 시작하는데 아직 이족보행이 서툴러서 호랑이를 비롯한 포식자의 먹이가 되기 십상이다. 이들이 생존하는 방법은 산림으로 되돌아가 초식동물로 살든가, 환경이 열악함에도 불구하고 포식자를 피하면서 다른 동물을 잡아먹는 것이다.

　그러나 원시 인류는 토끼든 영양이든 작은 동물들이 무척 빠르고 조심성이 많아 쉽게 잡아먹을 수가 없었다. 그래서 몸집이 작은 동물이든, 큰 동물이든 잡으려면 여러 사람이 힘을 합치는 것이 최선임을 알아차렸으나 토끼 한 마리를 여러 사람이 나누어보았자 배고픈 것은 마찬가지이므로 결국 무리를 지어 다니면서 큰 동물들을 사냥

하는 것이 더욱 유리하다는 것을 알았다.

협동으로 큰 동물을 잡아 공동분배하는 것이 생존에 커다란 이점이라는 것을 알아차린 고대 인류는 점점 다른 유인원들과는 차별화된 길을 걷기 시작했다. 바로 협동 능력을 키우면 자연적으로 이타주의가 생기고, 여러 사람이 커다란 동물을 잡다보면 누가 더 공헌을 많이 했는지를 알게 된다. 자신보다 더 공헌한 사람의 능력을 알아차리고 그들에 대해 생각하는 것이야말로 인간의 뇌가 급격하게 커진 요인이라는 것이다.

윌리엄 캘빈 박사는 특히 이 과정에서 동물과 인간이 결정적으로 달라지는 언어가 생겨났다고 말한다. 캘빈 박사는 동물과 인간이 결정적으로 달라지도록 촉진시킨 것은 일정한 동선 혹은 궤적을 지닌 동작을 좌우하는 두뇌 능력이라고 주장했다. 즉 팔다리를 일정한 궤적을 따라 빠르게 움직이는 동작이 언어, 음악 능력, 지능의 발달을 촉진시켰다는 것이다. 윌리엄 캘빈은 매우 명쾌하게 설명한다.

돌이나 막대기를 던지는 동작 즉 궤적을 그려야하는 동작이 인간 지능의 형성에 있어서 매우 중요한 요소라고 생각합니다. 목표물을 맞추기 위해서는 앞일을 예측하고, 계획을 세울 필요가 있기 때문입니다.

그는 이어서 말한다. 야구에서 포수의 사인을 주의 깊게 바라본 뒤, 힘차고 부드럽게 공을 내던지는 투수의 동작에 지능의 비밀이 담겨져 있다는 것이다. 인간의 지능이 태어난 요인으로 가장 주목받는 이론 중의 하나가 거짓말 능력이다.

땅에 둥지를 트는 쌍띠물떼새와 물떼새는 포식자를 알에서 멀리 떼어놓는 다양한 따돌리기 책략을 사용한다. 새는 둥지에서 벗어나 알에서 상당히 멀리 떨어진 위치로 눈에 띄지 않게 이동한 다음 눈에 띄는 행동을 한다. 행동은 단순히 눈에 잘 보이는 높은 곳에서 소리를 지르는 것부터 날개가 부러진 척하는 복잡한 위장 행동까지 다양하다. 심지어 도발하듯 덤불 속을 내달리며 쥐와 비슷한 소리를 내면서 설치류를 흉내 낸 책략을 쓰기도 하는 등 이런 행동으로 상당한 효과를 본다. 바로 이런 결과들이 축적되어 보다 더 효율적인 지능으로 개발되었다는 설명이다.

네덜란드의 프란스 드 발Frans de Waal 교수가 댄디라고 부르는 침팬지의 행동은 그야말로 놀랍다. 댄디는 지위가 낮은 수컷이다. 일반적으로 대장 수컷은 다른 수컷들이 암컷과 짝짓는 것을 방해하는데 댄디는 위장의 천재이다. 댄디는 암컷 친구와 먹이를 찾는 척하며 우연인 듯 바위나 덤불 뒤에서 만나서 짝짓기를 했다. 더욱 놀라운 것은 침팬지가 교미할 때 내는 높고 날카로운 소리를 암컷이 억누른다는 점이다.

댄디는 무리 중에서 소동이 일어나는 틈을 타 교미를 하는데 심지어 스스로 소란을 일으키기도 한다. 댄디가 창살 앞으로 달려와 지나가는 사람들을 향해 소리를 지르자 대장 수컷들이 무슨 일인가 알아보기 위해 앞 다투어 달려나갔다. 그러자 댄디는 슬그머니 빠져나왔다. 이는 거짓말을 함으로써 상당이 많은 것을 얻을 수 있다는 과거의 경험이 축적되었기 때문이다.

한 번은 댄디가 낮은 지위에 있는 어떤 수컷이 댄디의 암컷 친구를 유혹하는 모습을 목격했다. 대개는 이런 모욕을 받으면 화를 내는데 댄디는 그러지 않고 가장 가까이 있는 대장 수컷을 데려와 그 위반자 수컷을 고발했다. 댄디가 이렇게 사회 논리를 능숙하게 이용한다는 것은 그가 상당한 수준에까지 생각하고 계획하며 심지어 책략을 고안하는 능력이 있다는 뜻이다.

거짓말은 고대 인류들이 협동하여 대형 동물을 잡으려 할 때 큰 힘을 발휘한다. 학자들은 대형매머드 화석이 대량으로 발견되는 곳에서 매머드를 절벽으로 몰아 떨어뜨렸다는 것을 발견했다. 매머드로 하여금 절벽을 눈치 채지 못하게 하면서 유인하여 밀어뜨려 결국 매머드를 잡아 이득을 취했는데 이런 거짓말이 점점 더 높은 수준의 지능을 얻게 했다는 설명이다. 즉 거짓말이 자기 기만뿐 아니라 훨씬 더 정교한 계획을 세울 수 있게 만들어주었다는 것이다.[8] 댄디의 특별한 행동은 뒤에서 다시 설명한다.

물론 이들의 거짓말은 현재 인간이 자유롭게 구사하는 거짓말과는 차원을 달리한다. 그러나 인간의 탁월한 거짓말 능력도 원래부터 있었던 게 아니라 수많은 시행착오와 시간이 축적된 노하우임을 이해한다면 거짓말을 할 수 있다는 것은 대단한 진화의 산물이라고 이해할 것이다.

불균형한 지능

전 세계 사람들이 각종 시험에 대비하여 준비하는 이유는 무엇일까. 일반적으로 고등학생은 최소한 5,000시간을 학교에서 생활하며 이보다 더 많은 시간을 가정이나 도서관, 학원 등에서 보낸다. 입

사시험은 물론 공무원이나 취업을 준비하는 과정에서도 수많은 시간을 소비한다. 각종 시험시간은 불과 몇 시간 안 걸리지만 이처럼 많은 시간을 소비하는 것은 그 결과가 너무나 큰 갈림길을 만들어주기 때문이다. 이를 도박에 비유하는 것은 다소 옳지 않지만 큰 판돈이 걸린 도박판에 견주어 볼 수 있다는 설명도 있다.

리처드 헌스타인은 시험 점수와 직업적 성취를 비롯한 다양한 성공 기준 사이에 분명한 상관관계가 있다고 주장했다. 그는 뛰어난 지적 능력을 지니고 평판이 높은 고소득 직종에 종사하는 사람들로 이루어진 '인지적 엘리트층'과 낮은 지적 능력을 지니고 낮은 수입의 직종에 종사하는 대다수 사람들로 점점 더 극명하게 분화되고 있다고 설명했다.

로버트 스턴버그 박사는 이런 현상을 자연의 보이지 않는 손이 작용하고 있다는 것으로 설명하기도 하지만 실상은 그렇지 않다고 지적한다. 여러 가지 중요한 시험이나 검사에서 우수한 성적을 올리는 사람이 좋은 학교에 입학하고 더 나아가 성공 가도를 달리는 것을 당연하다고 생각하기 때문이다. 물론 태어난 가정과 주위환경, 종교적 성향 등 여러 다른 기준들도 어느 정도 영향력을 발휘하기는 하지만 기본적으로 시험 성적이 큰 관건임은 틀림없다.

그렇다면 왜 시험 점수를 성공으로 들어가는 관문의 기준으로 삼고 있을까. 시험이 어떤 목적에 합당한 수단일까 하는 지적은 많이 있지만 현재의 여건으로 보아 공개적인 시험 외에 다른 방법이 있는지에 대해 명쾌하게 대답할 수 있는 사람은 많지 않을 것이다. 이는 시험을 잘 치기 위해서는 지능이 큰 관건이라는 설명과도 같다.

진화론으로 세계를 놀라게 한 찰스 다윈의 사촌인 프랜시스 골튼은 1884년부터 1890년 사이에 런던 소재 사우스켄싱턴 박물관에서 당시로서는 매우 특별한 서비스를 시작했다. 사람들은 박물관에서 돈을 내고 자신의 지능을 검사할 수 있었다.

그러나 착상은 그럴듯했지만 그가 선택한 검사 내용에 문제가 있었다. 여러 개의 탄약통을 준비한 후 사람들로 하여금 탄약통을 들어보게 한 뒤 무거운 것과 가벼운 것을 구별하도록 했다. 장미 냄새를 얼마나 잘 맡는지 알아보는 검사도 있었다.

여하튼 지능을 검사하자는 아이디어 자체는 큰 호응을 받아 1890년에 미국의 심리학자 제임스 매킨 카텔에 의해 보완되었는데 그의 제자 클라크 위슬러는 검사 점수와 대학 성적과의 상관 관계를 검토했지만 부정적이었다. 그는 학교에서의 학업 성취도 예측하지 못하고 심지어 일련의 검사들간의 상관 관계가 없다면 지능을 검사하는 자체가 틀렸다고 단정했다.

이런 부정적인 결과에 결정적인 획을 그은 사람이 프랑스의 알프레도 비네였다. 그는 프랑스 정부로부터 학교에서 학업 성취를 예측할 수 있는 수단을 찾아달라는 요청을 받고 검사항목을 강구하여 1905년에 발표했다. 그의 방법이 성공적이라고 알려지자 이의 개정판이 스팬퍼드-비네의 지능검사 즉 IQ이다. 1926년에는 프린스턴 대학의 칼 브링엄이 고안한 오늘날의 SAT 전신인 검사 방법이 태어나는데 이들 검사가 아직까지 통용되는 것은 모든 검사의 점수들이 서로 높은 상관관계를 보여주기 때문이다.

지능검사에서 놀라운 점은 창조적 지능이 어느 한 분야에 특화되어 있는 경우가 많다는 점이다. 즉 어느 한 영역에서 창조적인 사람이 다른 영역에서는 창조성을 발휘하지 않는다는 것이다. 중요한 것은 일반적인 IQ 검사 점수와 창조적 과업 수행 능력이 정비례하지 않고 느슨한 상관관계를 보여준다는 점이다.

영재들에게서 볼 수 있는 이러한 불균형적인 재능은 일반적인 현상이다. 영재로 판명된 95퍼센트 이상의 청소년들이 수학적 관심과 언어적 관심에서 큰 불균형을 보여준다. 고도의 공간 문제 처리 능력 및 수학적 능력을 갖춘 학생들은 언어 능력에서는 평균적이거나 심지어 결함을 지니고 있다.

심리학자 벤저민 블룸은 세계적으로 저명한 수학자들에 대한 분석을 통해 연구 대상이 된 20명 가운데 취학 전에 글을 읽을 줄 알았던 수학자가 한 명도 없었다는 사실을 발견했다. 학문적인 분야에서 재능을 나타내는 영재들의 대부분이 취학 전에 글을 읽을 줄 아는데도 불구하고 이러한 것은 매우 놀라운 일이다. 기계 분야와 관련되는 문제 해결 능력에서 비범함을 지닌 뛰어난 발명가들의 대부분 어린 시절에 읽기와 쓰기에서 어려움을 겪었다는 보고도 있다.

특정한 어느 영역에서는 비범한 재능을 지녔지만 다른 영역에서 약하거나 심지어 심각한 곤란을 겪는 많은 아이들에 대한 문제는 간단한 일이 아니다. 학교에서 그런 아이들을 일종의 만능 재주꾼으로 교육시키려 한다면 그들은 자신이 약한 분야 즉 곤란을 겪는 분야에서 계속 실패에 직면하지 않을 수 없다.

이런 결과는 아이들로 하여금 특출한 재능을 보였던 분야에서조차 흥미를 잃게 만들기 십상이다. 더욱 우려할 만한 점은 불균등한 재능을 지닌 영재들이 아예 구제불능의 부적응자나 말썽꾸러기로 취급받아 결국은 낙오자가 될 수 있다는 점이다.

영재들 대부분 어느 정도까지는 뇌의 구조가 불균형적이다. 뇌의 어떤 부분이 언어 기능을 통제하는지에 대한 실험은 일반적으로 좌반구만 작용하는 것을 볼 수 있다. 그러나 수학적 재능이 뛰어난 영재는 좌반구와 우반구가 모두 작용한다. 보통의 경우라면 좌반구의 통제 영역에 해당하는 언어 과업의 수행에 우반구도 참여하고 있다. 이런 아이들은 좌반구가 확실하게 지배적인 역할을 하지 않기 때문에 오른손잡이라 할지라도 그렇게 확실한 오른손잡이가 아닌 경우가 많다.

신경생리학자인 노먼 게슈윈드 박사는 음악, 미술 등 우반구에 해당하는 재능이 뛰어난 사람들이 왼손잡이거나 양손잡이인 경우가 상대적으로 많다는 것을 발견했다. 또한 그런 사람들의 대부분은 말을 시작하는 시기가 매우 늦는다든가 말을 더듬는다든가 난독증이라는 등의 좌반구 결함의 비율이 상대적으로 높았다.

여기에서 한 가지 아이러니가 있다. 매사에 명석하게 대처하고 공부도 잘하고 리더십도 어느 정도 갖추고 있는 학생을 보통 모범생이라고 하는데 이들은 영재와는 다르다. IQ검사로 영재교육프로그램에 참여할 학생을 선발할 경우 대부분 똑똑하고 공부 잘하는 학생들이 차지할 가능성이 많다. 그러나 이는 특정 분야에서 비범한 재능을 갖춘 진정한 의미의 영재들, 불균등한 재능을 보이는 영재들을 오히려 프로그램에서 제외시킬 가능성이 있다. 그런 아이들 상당수는 IQ검사에서 그야말로 낮은 숫자를 받을 가능성이 많기 때문이다. 더구

나 음악, 예술 또는 체육 분야에서 비범한 재능을 갖고 있는 아이들도 제외될 가능성이 높다.[9]

영재, 천재, 둔재 등 모두 지구상에 태어난 인간임에는 틀림없다. 그런데 이들의 특성조차 잘 이해할 수 없다면 로봇을 어느 부류로 맞추어 개발해야 하는 지 로봇학자들이 헷갈리지 않을 수 없다. 로봇을 개발하기 위해 보다 인간의 지능에 대해 먼저 연구해야 한다고 부단히 지적하는 이유이다.

지능은 후천적인가 선천적인가

로봇 학자들을 가장 머리 아프게 하는 것은 인간이 지능이 선천적인가 또는 후천적인가 라는 질문이다. 인간이 인간답게 사회생활을 영위하는데 있어 지능이야말로 기본인데 전자와 후자로 설명되는 지능은 전혀 다른 이야기가 된다.

학자들에 따라 다소 비판은 있지만 일반적으로 인간의 지적 성장은 선천적으로 유전된 능력을 발판으로 한다고 인식한다. 즉 지능도 '생물학적 결정론' 즉, 유전적 능력에 의한다는 것이다. 이것은 이미 주어진 능력을 얼마나 개발하느냐가 인생이라는 싸움터에서 성공하는 열쇠라는 뜻으로도 이해된다.

입시철마다 학생들이나 학부모들은 자신들의 자식들의 머리가 남보다 좋다 나쁘다로 일희일비-喜-悲한다. 그러면서 자식들이 공부 못하는 이유를 자신들이 머리가 나쁘기 때문이라고 자책하기도 한다. 그렇다면 머리가 좋다는 것은 과학적으로 어떻게 설명할 수 있는가. 엄밀하게 말해서 이 의문은 인간이 오랫동안 해결하지 못한 과제로 아직도 확실한 대답을 얻지 못했다는 것이 사실이다.

　세계적인 물리학자 아인슈타인이 1955년 사망했을 때 그의 뇌에서 어떤 특정한 것이 있기 때문에 천재성을 발휘하지 않았는가 의문을 가졌다. 그래서 그의 뇌를 잘라내 조직 표본을 만들어 현미경으로 자세히 조사했다. 결과는 뇌과학자들을 깜짝 놀라게 했다. 그의 뇌와 정상인의 뇌와 어떠한 구조적인 차이점도 발견되지 않았다. 보통 노인의 뇌와 비교한다면 다소 크고 노인 특유의 위축의 정도가 덜했을 뿐 그 이외는 보통 노인의 뇌였다. 그러므로 단지 시냅스 회로의 기능적인 차이가 있었을 것으로 예측했다.[10]

　학자들은 천재와 둔재의 두뇌의 신경세포 수도 차이가 없다고 생각한다. 그러므로 흔히 '머리가 좋다'고 이야기하는 것은 보통 사람보다 학습을 통해 지식을 효율적으로 터득하고 오랫동안 학습 내용을 기억하는 경우라고 말한다.

　앞에서 설명했지만 공부를 하면 즉, 머리를 쓰면 뇌 신경세포 간의 시냅스 회로가 활성화된다. 그러므로 공부를 계속해서 반복하면 학습의 효과는 더욱 높아지게 되지만 사용하지 않으면 회로는 막히고 녹슬어 버린다고 말한다. 이를 뇌의 시냅스 회로가 반복에 의해 활성화된다는 것으로도 설명된다. 즉 끊임없이 머리를 쓰면 치밀한 전기회로가 간단한 회로보다 더 많은 일을 할 수 있다는 것이다. 좋은 머리를 어느 정도까지 만들 수 있다는 뜻이다.

　여기에서 주목되는 것은 시냅스 네트워크의 복잡성을 좌우하는 것이 유전인가 아닌가하는 점이다. 일반적으로 우수한 두뇌를 가졌다고 알려진 집안에서 우수한 두뇌를 가진 사람들이 많이 발견된다. 머리 좋은 사람이 꼭 높은 사회적 지위를 누리는 것은 아니며 지능지수가 낮은 사람이 낮은 지위를 갖는 것도 아니다.

더욱이 같은 문화권 내에서 개인의 지능은 유전자에 의해 상당 부분 결정되지만 문화 환경적 요인에 의해 변형될 수 있다고 말해진다. 즉 최종적으로 나타나는 지능은 유전과 환경의 상호작용에 의해 발현되며 어느 쪽이 큰지는 개인에 따라 다르다는 것이다.

보통 침팬지나 포유류는 뇌가 성체 뇌 용적의 약 45퍼센트 됐을 때 세상에 나온다. 하지만 인간은 어른 뇌 용적의 약 25퍼센트일 때 태어난다. 걷지 못하는 것은 물론 기어 다니지도 못할 정도로 미숙한 상태에서 세상에 태어나는 것이다. 그런데 1993년 침팬지와 인간의 뇌를 비교한 미국 노틀데임 대학의 제임스 맥케나 박사는 만일 다른 동물처럼 태아가 충분히 성숙한 상태에서 세상에 나온다면 임신 기간이 21개월은 되어야 한다는 사실을 발견했다. 뱃속에서 9달, 태어나서 12달을 합쳐 21개월이 되어야 아기는 겨우 혼자서 걷기 시작하고 뇌도 어느 정도 성숙하기 때문이다.

태어난 아기의 뇌는 만 한 살이 될 때까지 뱃속 태아와 똑같은 빠른 속도로 성장하다가 비로소 성장이 둔화된다. 세상에 어떤 영장류도 이처럼 특이한 뇌 성장 패턴을 가진 동물은 없다. 그래서 앨런 워커와 팻 쉽맨 박사는 1996년 『뼈의 지혜』에서 인간이 고등한 지적 존재로 진화할 수 있었던 결정적인 요인은 뇌의 75퍼센트가 출산 뒤에 크는 특이한 성장 패턴을 갖게 됐기 때문이라고 주장하기도 했다. 이것은 인간의 두뇌는 태어난 후에 비로소 완성되는 즉 미완성의 두뇌없다. 자라면서 완성되는 과정을 겪는다는 것을 뜻한다. 즉 인간은

후천적인 교육에 의해 완성된다는 것을 뜻한다. 로봇 학자들이 주목하지 않을 수 없는 내용이다.[11]

여하튼 지능은 선천적인 것보다는 후천적인 영향에 의해 좌우된다는 예로 유명한 우리나라의 천재소년 김웅용을 들기도 한다. 그는 1970년대 초에 아이큐 210으로 기네스북에 오른 천재 중에 천재이다. 그런데 그가 20대에 들어서자 여느 사람과 다름없는 평범한 청년이 되었다. 이는 지적 능력 곧 지능이 변할 수 있다는 사실을 명백히 보여준다. 특히 아인슈타인의 부모나 자녀가 남보다 유별난 천재였다는 기록을 찾아볼 수 없다.

고릴라는 잘못을 저지르는 새끼를 힘으로 다스려 집단생활에서 이탈하지 못하도록 단속한다. 일본원숭이들은 학습을 통해 고구마를 씻어 먹는다. 학습은 두뇌 활동에 결정적인 영향을 미친다. 홍욱희 박사는 따라서 학습 기간의 연장은 두뇌 발달, 즉 지능 발달을 자극하는 것이며 이런 관점에서 본다면 양질의 학습 기회가 많은 사회가 그렇지 못한 사회보다 구성원들의 지능이 높아질 가능성이 크다고 지적했다. 인류 문명은 바로 이런 방향으로 두뇌의 진화를 촉진하고 있으므로 지능이 유전한다는 것은 의미가 없다는 것이다.

물론 홍 박사도 지능의 상당 부분이 유전적인 속성을 지니고 있다는 데는 동조했다. 단지 선천적인 것보다 후천적이 인간의 지능 발달에 있어 더욱 중요하다는 것으로 다음과 같이 말했다.

'인간은 단순히 유전자에 의해 모든 것이 결정되는 기성품이 아니라 스스로를 개선해 가는 자기 촉매적 존재라 할 수 있다.'

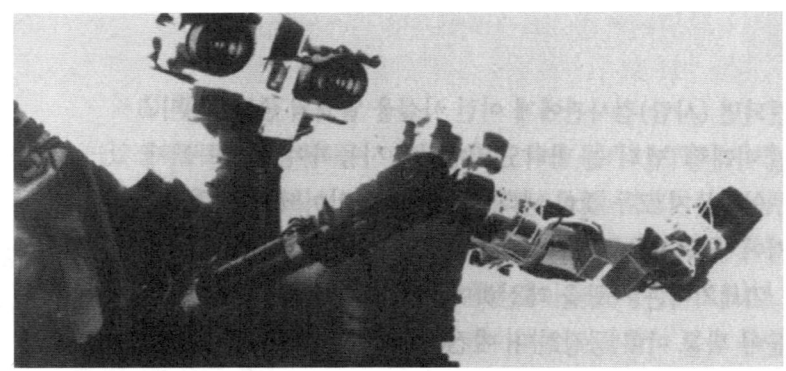
생각하는 로봇 ARI

　위의 설명은 인간의 지능이 유전적인가 그렇지 않으면 환경에 보다 큰 영향을 받느냐를 놓고 똑 부러지게 정답을 내놓은 것은 아니다.[12] 앞의 내용을 또 다른 각도로 풀어서 다시 한 번 설명한다.

　지능은 크게 유동성 지능과 결정성 지능으로 구분한다. 유동성 지능은 환경에 영향을 받지 않는 유전적 지능으로 계산 능력, 기억력, 직감력 등이 이에 해당한다. 결정성 지능은 학습이나 경험에 의해 획득되는 후천적 지능으로 언어 능력, 이해력, 통찰력 등이 여기에 속한다. 그런데 놀라운 것은 유동성 지능은 나이가 들면서 떨어지지만 결정성 지능은 80세 이후에도 향상될 수 있다는 점이다.

　계산 능력이나 기억력은 유동성 지능에 속하지만 결정성 지능과도 관련이 있다. 계산 능력의 경우, 계산하는 속도는 유동성 지능이어서 나이가 들면 계산 속도가 떨어지지만, 계산하는 능력 자체는 학습을 통해 후천적으로 길러진 결정성 지능이기 때문에 나이가 들어도 유지된다. 결정성 지능에만 국한한다면 뇌는 나이 들어도 늙지 않는다고 말할 수 있다.

흥미있는 것은 결정성 지능 외에 나이가 들어감에 따라 향상되는 능력이 또 한 가지 있는데, 그것은 감정 조절 능력이다. 모든 사람이 다 그런 것은 아니지만, 대체로 부정적 감정의 빈도는 나이와 함께 감소하고 긍정적 감정은 비슷한 수준을 유지한다. 그렇기 때문에 60세 무렵에는 감정적으로 이전 어느 때보다 안정적인 상태에 이른다. 나이가 들면 과거의 부정적인 사건들을 덜 지각하고 기억하지 않는 경향이 생기기도 한다. 『논어』에서는 예순 살을 '이순耳順'이라 하여 이 나이가 되면 생각하는 것이 원만해져 어떤 일이든 들으면 이해가 된다 하였고, 일흔 살이면 '종심從心'이라 하여 뜻대로 해도 도리에 어긋나지 않는다고 하였다. 몇 천 년 전에 도출된 이미 인간의 두뇌에 대한 통찰력이 놀랄 따름이다.[13]

　　이런 사실은 로봇 학자들을 더욱 더 혼동시켰다. 중요한 하드웨어는 유전자에 의해 만들어지지만 미세한 구조와 기능은 교육과 환경에 의해 좌우된다고도 볼 수 있다. 다시 말해 성능이 좋은 컴퓨터가 있다면 적절하고 풍부한 프로그램으로 그 컴퓨터를 잘 이용해야만 컴퓨터가 진가를 발휘할 수 있다는 것이다.

　　소위 똑똑한 로봇을 만들기 위해서는 학자들이 우선 우수한 정보를 제공한 다음 그것이 우수한 능력을 발휘할 수 있는 프로그램을 부여해야 한다는 것이다. 결국 인간을 모사한 로봇은 선천적, 후천적인 두 가지 면을 모두 고려해야 한다는 것을 의미한다. 지능 있는 로봇 만드는 것이 간단한 일이 아니라는 것을 다시금 확인시켜주는 것이다.

사춘기도 핵심이다

십대들은 변덕스럽고 충동적이고 제멋대로다. 도대체 왜 그 모양일까. 진화적인 관점에서 보면 그야말로 말도 안 되는 행동으로 어른들을 분통 터트리게 만든다. 십대들이 어른의 말을 잘 듣는 자체가 이상하다고 여길 정도인데 이 문제의 해답도 로봇 학자들에게 관심이 아닐 수 없다.

어른과는 달리 십대들이 이런 행동을 하는 이유를 찾기 위해 과거부터 수많은 사람들이 이 질문에 대한 해답을 얻으려고 노력했다. 가장 잘 알려진 것은 십대들에게만 유독 '어둠의 힘'이 작용하기 때문이라는 것이다. 2300년 전 아리스토텔레스는 '청년은 술 취한 사람처럼 천성적으로 달궈져 있기 마련'이라고 했다. 셰익스피어도 「겨울이야기」에서 다음과 같이 말했다.

10~23세의 젊은이들은 젊은 여자를 임신시키고 어른을 화나게 하고 훔치고 싸우는 것 말고는 하는 일이 없다.

미국의 그린빌 스틴리 홀은 질풍노도의 시기인 사춘기를 일컬어 인류의 진화 과정 중 초기의 미개 문명 단계를 그대로 반영한 시기라고 말했고 정신분석학자 지그문트 프로이트는 사춘기를 고통스러운 심리적 갈등이 표출되는 시기라고 했다.

근래의 연구에 의하면 어른들을 화나게 만드는 이런 특성들이 성인으로 자라는데 꼭 필요할지 모른다는 것이다. 한마디로 십대 때 그런 행동을 하지 않았다면 오히려 정상적인 성장기를 거쳤다고 볼 수 없다는 지적도 있다.

　　미국에서 미식축구는 국기나 마찬가지이다. 특히 고등학교에서 두각을 나타내는 학생은 차후 그들이 성공하는 지름길도 될 수 있다. 미국의 부시 대통령을 비롯한 많은 정치인들이 미식축구 선수였다는 것으로도 알 수 있다. 그런데 지구 상에 있는 여러 운동과는 달리 미식축구는 가장 위험한 경기로 뽑힌다. 그만큼 부상의 위험이 많기 때문이다. 영화에서 자주 나오는 주제이지만 전도유망한 선수가 결승전을 남기고 부상을 당한다. 그가 출전하면 승리할 가능성이 높지만 또 다시 부상당한다면 영원히 미식축구를 포기해야할지 모른다고 의사가 진심어린 충고를 한다. 그에게 남은 것은 또 한 차례의 부상을 각오하고 경기에 출전하거나 벤치를 지킬지 선택하는 것이다. 영화의 주제에 따라 그의 결정에 따른 미래가 제시되는데 많은 경우 부상을 무릅쓰고 출전하고 그 여파로 우승은 하지만 다시는 미식축구에 대한 꿈을 접어야 한다. 그런데 이런 상황이 되면 어른들은 거의 대부분 그 반대로 간다. 즉 벤치를 지키는 것이다.

　　현대 과학자들이 그 이유에 도전했다. 20세기 말에 개발된 뇌 영상장치 MRI 덕분이다. 이들 장비 때문에 사춘기 아이들에게 무엇이 잘못된 것인가를 새로운 방식으로 접근했는데 결론이 다소 놀랍다. 인간의 뇌가 생각보다 훨씬 오랜 기간에 걸쳐 발달한다는 것으로 인간의 뇌는 12세에서 25세 사이에 대대적으로 재구조화된다는 것이다. 뇌 자체만으로만 보면 이 기간에 뇌의 용적이 그다지 크는 것은 아니지만 사춘기를 거치면서 뇌 조직과 신경망이 대대적으로 변화한다는 것이다.

우선 뇌의 신경세포가 다른 뇌 신경세포에 신호를 전달할 때 사용하는 기다란 신경섬유인 축삭을 수초뇌의 백질라고 부르는 유지질이 점점 보다 두껍게 둘러싸면서 축삭의 신호 전달 속도가 최고 100배까지 빨라진다. 한편 신경세포가 인근의 축삭으로부터 신호를 받을 때 사용하는 나뭇가지처럼 길게 뻗은 수상돌기는 보다 여러 갈래로 갈라진다. 또 축삭과 수상돌기가 만나는 접점 부위로 화학적 작용이 일어나는 시냅스의 경우 사용 빈도가 가장 많은 시냅스는 수가 더 많아지고 튼튼해지며 별로 사용하지 않는 시냅스는 시들기 시작한다. 이를 '시냅스 가지치기'라고 하는데 이 때문에 대뇌피질은 차츰 얇아지지만 효율성은 더 높아진다. 뇌의 표면을 둘러싸고 있는 회색질인 대뇌피질에서 의식적이고 복합적인 사고활동의 대부분을 수행한다. 결국 이러한 변화들이 종합되어 뇌는 전체적으로 더 빠르고 정교한 기관이 되는데 뇌의 이러한 성숙 과정은 사춘기 내내 지속된다. 이를 다시 설명한다면 어른들의 속을 북북 긁는 십대들의 행동은 단순명료하면서도 동시에 더 복잡한 동인을 갖고 있다는 것이다.

이러한 발달 과정이 정상적으로 진행될 때 충동, 욕망, 목적, 이기심, 규칙, 윤리 심지어 이타심까지 더 능숙하게 조절할 수 있게 된다. 즉 좀 더 복잡하게 적어도 가끔은 더 현명하게 행동할 수 있다는 것이다. 그러나 때로는 처음에 뇌가 이런 일을 능숙하게 처리하지 못한다. 새롭게 바뀐 이 모든 뇌의 체계를 톱니바퀴처럼 착착 아귀가 맞게 조율하기가 힘들기 때문이다.

이는 왜 십대들의 기분과 행동이 수시로 바뀌는 지를 설명해준다. 십대는 전반적으로 인생 경험이 부족한 데다 새로이 변화된 뇌의 신경망을 이용하는 방법을 배워가는 중이기 때문이다. 실제로 스트레스를 받거나 두려움을 느끼면 편도체가 활성화되고 뇌에서 부정적인 정서에 관여하는 호르몬이 분비돼 해마의 기억 기능을 방해한다는 연구 결과도 있다. 결국 정서는 인성뿐만 아니라 학습과 기억능력 발달에도 중요한 영향을 미치는데 좋아하는 선생님의 수업은 귀에 쏙쏙 들어와 오래 기억되고 싫어하는 선생님의 수업은 곧바로 잊어버리는 것도 이 때문이다.

이 설명은 스트레스나 피로, 도전적인 상황 때문에 뇌의 기능에 문제가 생길 수 있다. 이를 애비게일 베어드는 '뇌 신경 기능의 미숙함'이라고 부른다. 십대들이 커지는 체구에 익숙해지는 과정에서 이따금 몸의 움직임이 둔해지는 것과 마찬가지인 셈이다.

진화론에 의하면 제 기능을 못하는 특성들은 도태된다. 만약 사춘기가 본질적으로 이런 특성 즉 불안, 어리석음, 성급함, 충동, 이기심, 무모한 실수의 집합체라고 한다면 이들 특성이 어떻게 자연선택에서 살아남을 수 있을까. 답은 당연히 살아남지 못했을 것이다. 그러므로 이런 특성들이 사춘기의 가장 근본적이고 중요한 특성은 아니라는 뜻이다. 즉 어른들이 보아 거슬리는 이런 행동은 사춘기의 특성이 아니라 아이들이 그 시기에 해야 할 일들을 준비하기 위해 꼭 필요한 시기라는 것이다.

인간은 기본적으로 새롭고 신나는 일을 좋아하지만 사춘기 때만큼은 아니다. 사춘기 시절에는 이른바 감각 추구 성향이 최고조에 이르므로 가능하면 색다르거나 예상을 벗어나는 것을 통해 흥분을 만끽하고 싶어 하는 것이다. 그런데 충동 성향은 대체로 10세 무렵부터 생겨나 15세 무렵 절정에 이르며 나이가 들면서 차츰 줄어든다. 이런 행동이 모두 부작용을 일으키는 것은 아니다. 예를 들어 더 많은 사람을 만나고 싶은 욕구가 더 폭넓은 교우 관계로 이어지고 이를 통해 사람들은 대체로 더 건강하고 행복하며 안전하고 성공적인 삶을 살게 된다는 것이다. 새로운 것에 대한 열망은 위험할 수도 있지만 이런 이점으로 상쇄되기 때문에 사춘기의 특징으로 남아 있다는 것을 의미한다.

어른들을 가장 화나게 만드는 위험천만한 행동들이 사춘기에 많이 일어나는 것도 이해할 만하다. 인간은 그 어느 때보다 십대 때 더 열렬히 위험한 상황 속으로 뛰어드는데 특히 비극적인 결과는 15~25세 사이에 집중적으로 일어난다. 그런데 사춘기의 아이들이 멍청해서 그렇게 행동하는 것은 아니라고 현대 과학자들은 설명한다. 간단하게 위험 속으로 뛰어드는 청년들도 자신이 불사신이 아니라는 것을 잘 알고 있으며 성인처럼 사고할 수 있고 위험을 제대로 인식한다. 그럼에도 불구하고 어른보다 더 자주 위험한 행동을 하는 것은 어른과 십대들의 가치관이 다르기 때문이다.

미국 템플대학교의 스타인버그박사는 매우 명쾌하게 이 차이를 설명한다. 십대들이 위험을 몰라서 더 많은 모험을 감행하는 것이 아니라 모험과 그에 따르는 보상의 비율을 평가하는 방식이 성인과 다르다는 것이다. 즉 모험을 통해 원하는 보상을 얻을 수 있다면 보상에 더 많은 가치를 부여한다는 설명이다. 십대들이 이와 같은 행동을 하는 것은 자연선택에서 사춘기에 기꺼이 모험을 하는 것이 환경 적응에 도움이 됐기 때문이다. 새로움과 모험을 추구할수록 성공할 가능성이 더 높은 것은 사실이다. 생리학적으로 볼 때 사춘기는 뇌의 보상중추를 촉진하고 학습 형태와 의사 결정을 돕는 신경전달물질인 도파민에 반응하는 뇌의 민감성이 절정에 이른다. 이 때문에 십대들은 학습 속도가 빠르고 보상에 유달리 민감하며 패배뿐 아니라 성공에 대해서도 때로는 지나칠 정도로 민감한 반응을 보인다.

이 같은 사실은 사춘기의 또 다른 특성 즉 십대들이 자기보다 나이가 많거나 어린 사람보다는 또래들과 어울리기를 더 좋아하는 특성을 잘 설명해준다. 이는 자신들과 익숙한 가족들에 비해 또래들이 서로에게 새로운 것을 훨씬 더 많이 제공하기 때문이다. 여기에 또 다른 이유도 개입한다. 과거보다는 미래에 투자하겠다는 심리 때문이다. 부모가 만들어놓은 세계에서 태어나지만 인생의 대부분이 그들의 또래가 이끌고 재창조하는 세계에 살게 되므로 자연히 이들과의 관계를 맺는 것이 무엇보다도 중요하다는 것이다. 이것이 인간의 뇌가 건강이나 식량 공급에 대한 위협 못지않게 또래들의 배척에 대해서 민감하게 반응하는 이유다. 왕따라는 것이 왜 큰 사회문제가 될 수 있느냐 하면 이는 사회적 배척을 생존에 대한 위협으로 감지하기 때문이다. 이러한 과정을 로봇에게 정보를 제공해야 진실한 사고를 할 수 있는 로봇이 될 수 있는데 로봇에게 사춘기의 천방지축하는 특성까지 제공한다는 것이 가능한 지 생각해보기 바란다.[14]

여성과 남성은 다르다

앞에서 인간의 지능이 개인마다 차별이 있다는 것을 이해했을 것이다. 사람마다 키가 다르며 용모도 다르고 쌍둥이라 할지라도 용모는 서로 비슷하지만 결코 동일인이 아니라는 것은 모두 알고 있다. 그렇다면 지능도 다를까?

영재나 천재 차원이 아니더라도 개개인의 지능은 모두 다르다. 2011년 10월 31일자로 지구촌은 인구 70억 명 시대를 맞았는데 이들 모두 다르다는 것은 70억의 지능이 존재하는 것이다.

이 내용이 중요한 것은 모든 인간이 균등한 능력을 지니고 태어난다면 인간 사회의 불공정한 현상들은 사회적 불평등으로 인해 생긴다고 과감하게 말할 수 있다. 즉 로봇을 만들 때 어느 특정 지능을 선택하여 주입해도 된다는 것을 의미한다.

학자들의 수많은 연구로 얻은 결론에 의하면 인간은 태어나면서부터 이미 균등한 존재가 아니라는 사실이 명백하다. 즉 사람들의 지적 능력은 태어나면서부터 이미 다르다. 후천적 경험이 선천적 자질의 발현에 적지 않은 영향을 미치기는 하지만 원론적으로 볼 때 인간의 지적 능력은 대부분 태어난 것이다. 더욱이 인간의 게놈 지도가 완성되자 모든 인간의 DNA는 99%가 같은 것으로 나타났다. 고작 1%가 달라 '인종이란 피부색깔의 차이에 불과하다'라는 말이 설득력을 얻었다.

그러나 서로 다른 나머지 1%를 대상으로 한 DNA 연구가 진행되면서 거꾸로 인종 간 차이점이 점점 부각되었다. 하얀 피부의 백인, 땀을 적게 흘리는 황인종, 풍토병에 잘 걸리지 않는 서아프리카인 등은 결국 인종별 특성이 있다는 것을 의미했다.

인종간의 특성은 급기야 인종 간에 지능의 차이가 있다고 비약된다. 〈하프 시그마〉라는 지식 사이트는 '지능이 높은 인간에게 발견되는 유전자가 백인, 황인종에게는 존재하지만 흑인들에게는 없는 것으로 나타났다'고 주장하기도 했다.[15]

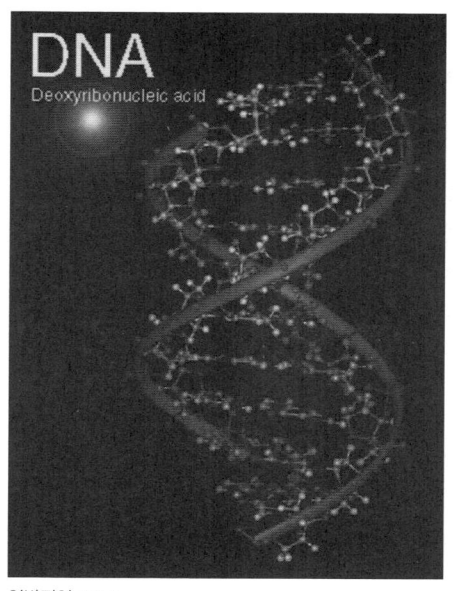

일반적인 DNA

DNA의 이중나사 구조를 발견해 노벨상을 받았던 영국의 제임스 왓슨 박사가 '흑인은 유전적으로 지능이 낮다'고 발언하기도 했다. 많은 학자들이 왓슨 박사를 인종차별주의자라고 매도하자 그는 자신이 말하고자하는 것은 인종간의 차이를 지적한 것이 아니라고 수위를 낮추었다. 왓슨을 공격한 반대자들이 무조건 인종차별이라고 반박한 것은 아니다. 그들은 인종의 재능이 다르다는 주장에 대한 반론의 근거로 대부분 유전자가 모든 인간 집단에서 발견되기 때문에 집단들은 서로 전혀 다르지 않다는 것을 제시했다.

그러나 왓슨박사는 자신의 견해를 수정했지만 일부 과학자들은 인간 집단들이 유전적으로 평균적인 재능과 기질이 다르다는 것을 양보하지 않았다. 하버드대학의 래리 서머스 총장은 통계적으로 볼 때 남성과 여성은 인식능력과 삶의 성취도에서 차이를 보인다는 연구결과를 발표하여 여성들을 분개케 만들었다. 이 문제에 관한 한 다윈도 인종 간에 차이를 넘어 남성과 여성은 정신적인 면에서 원천적으로 차이가 있다고 말했다. 여성은 선천적으로 남성보다 지능이 낮다는 설명과 다르지 않다.

여자의 정신 능력이 남자보다 뒤떨어졌다는 다윈의 말에 많은 사람들이 놀란 것은 충분히 이해할 수 있다. 대체 다윈이 어떤 연유로 여자의 정신 능력이 남자보다 뒤떨어진다고 생각했는지 의문이 들지 않을 수 없다. 다윈의 글을 인용하면 다음과 같다.

남자와 여자의 지적 능력의 주된 차이는 무슨 일을 시작하든 남자가 여자보다 높은 수준에 이른다는 사실을 보아도 잘 알 수 있다. 그 일이 깊은 사고력과 이성, 또는 상상력을 요구하는 일인지 단지 감각과 솜씨만을 요구하는 일인지는 상관이 없다. (중략) 여러 항목에서 만약 남자가 여자보다 탁월하다면 남자의 평균적인 정신 능력이 여자보다 더 높은 것이 틀림없다. (중략)

나이든 수컷이 암컷을 잃지 않으려면 새로운 전략을 세워야만 한다. 남자는 모든 종류의 적에게서 자식뿐만 아니라 여자를 지켜내야 하며 가족의 생계를 위해 사냥을 해야만 한다. 그러나 성공적으로 적을 피하거나 공격하고 야생동물을 잡고 무기를 만들려면 높은 정신 능력이 필요하다. 즉 관찰력, 이성, 발명의 재능, 상상력이 필요하다. (중략)

성의 어느 쪽에서건 생의 늦은 시기에 획득된 형질은 동일한 연령의 동일한 성에만 전달되며, 이른 나이에 획득한 형질은 양쪽 성 모두에게 전달되는 경향이 있다. 물론 이 경향이 보편적이지만 항상 적용되는 것이 아님을 이해해야 한다. (중략)

오늘날 남자가 아내를 얻으려고 전투를 벌이지 않아 힘에 따른 선택은 사라졌지만 성인 시절에 자신과 가족을 부양하기 위해 치열한 경쟁을 치르는 것은 여전히 남자의 보편적인 몫으로 남아 있다. 따라서 이런 과정은 그들의 정신 능력을 유지하거나 심지어 더 발달시키려는 경향이 있을 것이다. 결과적으로 현재 남자와 여자 사이에는 불균형이 존재하지 않을 수 없다.

여성들의 대화에는 느낌에 대한 이야기가 많은 반면 남성의 대화에는 어떤 대상이나 활동에 초점이 맞추어져 있고 여성이 남성보다 언어능력이 뛰어난 것으로 드러났다. 이에 대해 코헨 박사는 감정이입 능력이 언어발달에 도움을 준다고 추측했다.

한편 시스템화에 있어서는 남성의 뇌가 우월하다는 것은 잘 알려진 내용이다. 코헨 박사에 따르면 남아들은 자동차나 무기, 벽돌쌓기 등 기계적인 장난감을 좋아했고 평균적으로 3차원 기구를 조립하는 능력이 여아들보다 뛰어났다. 또한 남아들은 평면을 보고 완성된 3차원의 모습을 상상하는 능력과 평면그림을 보고 3차원 조형물을 만드는 능력이 더 뛰어난 것으로 나타났다.

또 지도를 읽거나 일상적인 시스템화 과정에서도 남성은 더 뛰어난 능력을 보였다. 날아가거나 움직이는 물체를 잡는 것에도 남성이 더 능하며 움직이는 두개의 물체 중 어떤 것이 더 빠른지에 대한 판단도 더 정확한 것으로 나타났다.

나이가 들면서 남성과 여성이 많은 부분에서 변화를 겪는 이유도 알려졌다. 남성호르몬과 여성호르몬 등의 분비량이 청·장년기와 달라져서 남성은 좀 더 자상해지고 여성은 좀 더 대범해지는 등 성별에 따라 다양한 변화가 나타난다. 최근에는 뇌 속 편도체도 남성과 여성이 노화에 따라 다른 변화를 겪는다는 사실이 드러났다.

한국기초과학지원연구원의 조경구 박사는 뇌 속 '편도체 중심핵 central nucleus of amygdala, CeA'이 나이가 들면 어떻게 변하는지 관찰했다.

뇌를 자기공명영상장치MRI로 측정한 결과 '편도체amygdala'의 노화로 인한 변화가 남성과 여성에게 다르게 나타난다는 사실이 밝혀졌다. 내분비계와 밀접한 관련이 있는 편도체 중심핵은 불안 등 감정을 조절하는 역할을 하는데 여성은 나이 들어감에 따라 이 부분이 급격하게 줄어드는 반면, 남성은 변화가 작았다.

여성에게 더 많이 나타나는 우울증이 폐경기 이후에 발병률이 줄어드는 이유도 편도체 중심핵 변화와 밀접한 관련이 있을 것으로 추정하고 있다. 기존 연구결과는 50세 폐경기를 전후한 여성은 여성호르몬이 급격히 줄어드는 반면 남성 호르몬 변화가 작기 때문에 호르몬 변화로 발병률이 감소한 것으로 추정했었다.[16]

물론 모든 남성이 남성의 뇌 타입을, 모든 여성이 여성의 뇌 타입을 가진 것은 아니다. 어떤 여성은 남성의 뇌를 가지고, 어떤 남성은 여성의 뇌를 가질 수도 있다.

코헨 박사는 시스템화는 생명이 없는 법칙으로 운용되는 우주를 이해하고 예측하는 가장 효과적인 방식이며 감정이입 능력은 사회를 이해하고 예측하는 가장 힘 있는 방식이므로 이 두 가지 특성의 조화를 이루는 것이 중요하다고 강조했다.[17]

남자들에게 여성의 나체 사진을 보여주고 동공의 크기 변화를 측정하면 거의 모든 남자들이 예외 없이 변화를 보인다. 반면에 여자들에게 남자 나체 사진을 보여주면 동공이 커지는 여성도 있고 그렇지 않은 여성도 있는 등 반응이 다양했다. 그런데 여성들에게 사랑의 장면을 묘사한 달콤한 애정소설을 읽어주면 더욱 많은 여성들의 동공이 커진다고 한다. 남녀가 감각기관에서도 이처럼 차이를 보이는

데는 앞에 설명한 것처럼 충분한 이유가 있다.[18]

다원은 가능한 한 다른 사람의 연구를 풍부하게 이용했다. 다원의 편지 모음집에 실린 편지는 무려 14,000통이나 되는데 이들 대부분이 과학적 문제들에 대한 논의이다. 다원은 누구와도 쉬지 않고 물음을 던지고 답을

로봇도 여성과 남성을 다르게 표현

통해 자신의 미비한 점을 보완하려고 노력했다. 또한 자신의 이론에 점점 확신이 들자 동시에 자신의 오류 가능성을 인정할 만큼 겸손하게 자제심을 갖고 진전되는 상황에 대처했는데 그의 솔직한 발표가 수없는 반대자를 양성했다. 다원의 진화론이 그동안 많은 반대자들을 양산한 것은 진화론이 성립되느냐 아니냐는 것보다 이런 장외의 논쟁이 큰 역할을 했기 때문이다.[19]

물론 다원은 추후에 여자에게도 여건만 조성된다면 남자처럼 지능이 우수해질 수 있다고 변명했지만 이 문제의 근본에 관한 한 끝까지 양보하지 않았다. 남녀 간에 지능의 차이가 있다는 것은 남녀 간에 본질적으로 차이가 있다는 것이 아니라 사람마다 큰 차이가 있다는 것이다.[20]

일반 사람들에게 인생을 살아가는데 가장 중요하게 생각하는 자질의 순위를 매겨보라면 많은 사람들이 무엇보다도 먼저 건강을 들고 그 다음으로 지능을 든다. 즉 사람들의 지능의 차이에 대한 보다 현실적인 인식과 접근이 오히려 이런 차이에서 비롯되는 불평등을 최소화시킬 수 있다는 것이다.

사람의 나이가 들어감에 따라 IQ의 유전성이 높아진다는 가설도 있다. 바꾸어 말하면 나이가 들어갈수록 개인들 간의 IQ차이에 유전자가 미치는 영향이 커진다는 뜻이다. 이곳에서 IQ의 유용성 및 판별에 대한 문제는 본론과는 관련이 없으므로 거론하지 않는다.

미네소타 대학의 토머스 보샤드 박사는 일란성 쌍둥이와 이란성 쌍둥이를 비교한 결과, 취학 전 아동들의 IQ 차이의 약 40퍼센트가 유전적 차이에서 비롯한다고 발표했다. 그리고 청소년기에는 유전성이 60퍼센트에 이르며 성인이 되면 80퍼센트까지 높아진다. 이는 세월이 흐르면서 환경이 지능에 미치는 영향이 커지기보다는 줄어든다는 것을 의미한다.

이런 현상에 대해 린더 고트프리드슨 박사는 당연하다고 설명한다. 어린아이와 청소년들은 부모와 학교 그 밖의 다양한 사회 조직이 부여하는 생활환경으로부터 크게 영향을 받는다. 그러나 나이가 들어감에 따라 독립성을 갖추고 각자의 유전적 성향에 부합되는 생활환경과 태도를 추구한다는 것이다.

더욱 놀라운 것은 형제자매들이 공유하는 환경은 IQ와 별 상관이 없다는 사실이다. 많은 사람들이 가정 차원의 사회적, 심리적, 경제적 차이가 IQ 차이를 초래한다고 믿고 있지만 현실은 다르다는 것이다.

학자들은 함께 나누고 있는 환경이 어린 시절에는 IQ에 다소 영향을 미치지만 청소년기가 되면 그 영향력이 거의 줄어든다고 말한다. 예컨대 다른 가정으로 입양된 어린아이의 경우 청소년기에 도달하면 입양 가정의 배다른 형제들과의 모든 유사성을 잃어버리고 자신이 한 번도 만나보지 못한 생물학적 부모의 IQ에 매우 근접한다고 한다. 물론 이 문제는 워낙 많은 변수들이 있어 학자들은 단정적으로 이야기하는 것을 주저한다. 이러한 결과는 형제자매들이 양육 환경의 중요한 측면들을 공유하지 않았거나 동일한 양육 환경을 각기 다른 방식으로 경험했을지도 모르기 때문이다. 앨버타 대학의 더글러스 월스톤은 이렇게 지적한다.

개인의 IQ가 유전적으로 결정되어 있는 측면이 많다고 해도 개인을 둘러싼 환경 변화의 영향에서 결코 자유로울 수는 없다.

그는 그다지 크지 않은 환경 요인의 개선만으로도 IQ에 매우 큰 영향을 주며 어린 시절 내내 유지되는 환경 요인들이야말로 지대한 영향을 미친다고 주장했다. 그럼에도 불구하고 학자들은 사람들 사이의 정신 능력의 차이는 분명하다고 말한다. 균등한 기회와 균등한 성과의 불일치도 여전하다. 지능을 분석하는 것이 얼마나 골머리 아픈 것임을 알 수 있는데 학자들은 어떤 의미에서는 받아들이기 어려울지 모르지만 이를 사실로 인정하면 보편적 정신 능력의 차이에서 비롯되는 여러 문제들을 보다 인간적으로 해결할 수 있다는 설명이다. 하지만 이 역시 인간 간에 지능의 차이가 있음을 우회적으로 설

명한 것에 지나지 않는다.[21]

 예측이 만드는 행동

생물에게 생존을 위해 먹이와 보금자리를 찾는 것만큼 중요한 것은 없다. 그러나 실제로는 다른 누군가의 먹이가 되지 않기 위해 지능적으로 움직이는 것이 더욱 중요할지도 모른다. 여기서 지능적이라는 단어의 의미는 생물은 생존을 위해 기초적인 전략이 있어야 한다는 뜻이다. 생물이 살아가기 위해서는 수없이 감지되는 각각의 자극을 기반으로 일어나는 행동의 결과를 예측해야 한다는 것이다.

지구상에 일단 태어나 확실하게 살아남기 위해서는 환경의 변화에 적절히 반응해서 자신에게 유익한 행동으로 전환할 수 있어야 한다. 즉 앞으로 일어날 사건의 결과를 예측하는 능력을 가져야 하는데 이는 뇌 기능의 기본사항이다.

예측은 어떤 일이 생길지를 내다보는 것이다. 예를 들어 맨발로 뜨거운 보도 위를 걸으면 화상을 입게 된다든가, 소똥을 보고도 그대로 밟을 경우 껄끄러운 일이 생길 것이라고 사전에 알 수 있다. 야구 선수가 공을 치려고 야구방망이를 휘두를 때는 시간과 공간의 어느 점에서 공과 방망이가 성공적으로 만날 거라고 예측했기 때문이다. 반면에 투수는 타자가 자신의 공을 때리고자 하는 예측이 어긋나도록 총력을 다한다. 투수의 예측이 맞으면 타자는 삼진이나 범타로 물러나고 예측이 틀리면 안타나 홈런을 맞기 십상이다.

투수와 타자의 대결을 동물 세계와 비교할 수는 없지만 두 마리의 산양이 서로 싸우기 직전의 상황을 생각해 보자. 두 산양은 서로를 살피면서 서서히 뒷다리로 버티며 일어서서 상대방이 자신의 체중을 앞으로 실으려는 찰나임을 암시하는 단서가 있는지를 살핀다. 순간적으로 반 발짝이라도 앞서는 놈이 유리하기 때문에 충돌에 맞서기 위해 공격을 예상해야 한다. 즉 일격이 가해지기 전에 이후에 일어날 것임을 예측해야 하는데 이와 같은 예측력은 동물 세계에서 매우 중요하다. 예측력의 성패가 곧바로 목숨을 좌우하기 때문이다.

어린이가 냉장고 문을 열고 우유팩을 꺼내는 단순한 행위를 보자. 우유를 마시려면 우선 우유팩의 무게, 미끄러운 정도, 채워진 정도를 예측해야 하고 마지막으로 보상적 균형compensatory balance을 적용해야 한다. 즉 일단 운동이 시작되면 지각되는 감각 정보에 직접 반응하면서 우유팩에 손을 뻗기 전에 어떤 일이 일어날지 예상한다. 우유팩을 잡기 전에 즉 전운동 예측을 끝내야 비로소 우유팩을 꺼내는 단계로 들어설 수 있는데 이때 판단을 잘못하면 낭패를 본다. 우유팩이 자신이 들 수 있는 것보다 무겁거나 생각보다 미끄럽다면 우유팩을 떨어뜨리기 쉽다.

학자들은 뇌로부터 나오는 이와 같은 예측 능력은 태어나자마자 습득한 예측 능력의 축적된 정보 때문이 아니라 과거부터 내려온 진화적 기능이라고 인식한다. 날벌레가 눈에 들어오려는 순간 눈을 깜박거려 들어오지 못하게 하는 것은 눈에 날벌레가 들어오면 아프다는 걸 예측하기 때문이다. 그런데 사람들은 날벌레가 많이 날아다닌다고 해서 계속 눈을 깜박거리지는 않는다. 눈으로 들어올 것 같은 예측이 섰을 때 비로소 눈을 깜박거리는데 이런 예측이야말로 기본적인 방어

메커니즘의 핵심이다. 이런 예측은 전적으로 두뇌에 의존한다.

문제는 이런 예측이 뇌 안에서 지시하지만 이런 지시를 위한 조합은 뇌 속의 어느 한 장소에서 일어나는 건 아니다. 즉 예측 기능은 뇌 안에서 단일한 이해나 구조로 통합되어 구현된다. 이 기능들을 끌어 모으는 것 또는 예측 기능을 담는 용기를 학자들은 '자아'라고 부른다. 자아야말로 예측의 중심이며 자아는 의식의 영역에서 생겨나는 것이 아닌데다 자신의 존재를 자각하지 않고도 존재한다는 것이 중요하다. 자기를 자각하는 개체인 우리 안에서조차 자각은 연속적으로 존재하지 않는다는 뜻이다.

상어가 쫓아온다면 능력껏 헤엄쳐 상어가 넘어올 수 없는 한계선 즉 육지로 올라가는 것이 최선이다. 로돌포 R. 이나스 박사는 이렇게 절박할 때 무슨 일이 벌어졌는지는 알지만 '지금 상어에게 쫓기고 있다'라고 생각하면서 헤엄치지는 않는다고 단언했다. 그런 생각은 오직 해안에 닿아 안전해질 때에야 할 수 있다는 설명이다.

이러한 예측 능력이 왜 생겼는지는 분명하다. 생존의 기본이기 때문이다.

예측 능력을 위해 신경계는 외부 세계의 감각관련 성질과 내부 감각운동의 결과를 빠르게 비교한다. 신경계가 이 비교로 얻은 전운동을 운동으로 변환해서 정확한 시간에 실행할 때 예측은 비로소 쓸모가 있다. 즉 뇌는 무엇을 할 것인가 전략을 만드는 기획자이자 조정자로서 다음에 사람이 무슨 행동을 할 것인지 전략을 만들어 낸다.

이와 같은 뇌의 운동은 어떤 행동을 할 때 시간과 노력을 절약시킬 수 있다. 어떤 행동을 처리하는 것만 본다면 뇌는 불연속으로 작동한다. 그러므로 외부 세계로부터 감각이 접할 수 있는 모든 정보를 취한 다음 연속적으로 재빨리 옳은 결정에 도달하는 것은 쉽지 않다. 즉 외부 세계에 성공적으로 상호작용하기 위해서는 뇌의 주어진 결정에 때맞추어 실행에 옮기는 것이 필수적이다. 즉 예측 능력은 점점 더 복잡해지는 운동 전략과 함께 진화했음을 의미한다.

우유팩을 꺼내기 위한 행동을 실제로 담당하는 것은 팔의 근육이다. 각 근육은 당겨지는 방향을 제공한다. 각 근육 벡터는 날개의 근육섬유로 구성되어 있으며 근육섬유들은 무리를 지어 작동하는 한 무리의 운동뉴런에 의해 공통적으로 자극된다. 근육섬유의 무리를 운동 단위motor unit라 하며 주어진 근육은 그러한 낱개 운동 단위의 수백 개로 구성된다.

냉장고에서 우유팩을 꺼내는 운동 자체는 야구방망이를 휘두르는 것에 비하면 간단하지만 인간 팔의 기능적인 관점에서 보면 단순한 팔운동과 같은 간단한 작동조차 대부분의 신체근육을 모두 사용한다. 즉 우유팩을 꺼내는 단순한 행동도 신체의 모든 근육을 동원한다는 뜻이다.

작은 운동에 인체의 모든 근육이 크건 작건 동원되지만 뇌는 순간적인 의사결정 능력에 과도한 부담을 주지 않는 방향으로 진화되었다. 즉 정보라는 연료를 공급하기 위해서 입력된 정보를 단편으로 나눈 다음 필요한 정보를 실행시키는 데만 주의를 기울인다. 그래야만 어떤 동작을 실행시킨 후 이어서 다음 행동을 처리하기 위한 단계로 건너 뛸 수 있다. 이러한 작동 방식은 미리보기look ahead 기능에서 나오며 이런 방식은 뇌 속의 신경회로가 그렇게 움직이도록 진화되었기 때문이다.

두뇌가 어떤 운동을 하기 위해 뇌 전체를 사용하지 않고 핵심 부위만 동원한다는 것은 매우 중요하다. 뇌의 분할된 기능이 적절하게 움직이도록 진화되지 않고 조그마한 행동을 위해서 뇌의 모든 부분을 동원했다면 인체에서 가장 많은 에너지를 소비하고 있는 뇌가 생리적으로 지탱할 수 없었을 것이다.

그러므로 인간은 확실치 않을 때 일정량 이상의 운동을 투입하지 않는다. 이것을 '조심스럽게 움직이기'라고 한다. 권투 시합 때 가장 많이 사용되는 단어가 상대방의 움직임을 잘 보라고 한다. 주먹이 오는 것을 본다면 피할 수 있다. 눈썰미가 좋은 권투선수는 상대의 어깨가 앞쪽으로 움직이면 곧바로 주먹이 따라온다는 것을 알 수 있다. 즉 정보 입력을 근거로 한 예측과 시간적으로 긴밀하게 공조해서 상대방보다 재빠르게 대처할 때 권투에서 승리할 수 있다. 이 말은 예측이 정확하지 않다면 실수가 이어져 패배한다는 것을 뜻한다.[22]

이들 두뇌에 관한 연구는 로봇학자들에게는 그야말로 큰 숙제를 안겼다. 인간의 두뇌를 모사한 로봇으로 하여금 어떤 행동을 취할 때마다 두뇌의 어떤 일부분을 사용하라는 매뉴얼이 정확하게 제시되어야 하기 때문이다. 인간이 두뇌를 효율적으로 사용하기 위해 두뇌의 일부분을 사용하도록 지시해야 한다면 로봇도 이런 구조를 따라야 함은 당연하다. 이런 작업이 간단하지 않다는 것을 알 수 있다.

 **마음도 있다**

태어난 지 얼마 안 된 아기는 부모는 물론 주변 인물의 얼굴 표정을 종종 따라한다. 입을 벌리거나 혀를 내미는 등 바라보는 사람의 특정한 얼굴 표정을 금방 흉내 낸다. 이를 행동학에서 '모방'이라고 한다. 모방 행동은 어머니와 아기의 관계를 발전시키는 데 매우 중요한 과정이다.

이탈리아 파르마 대학의 피에르 페라리 교수는 2006년 원숭이도 모방 행동을 한다고 발표했다. 그는 아프리카산 짧은꼬리원숭이 새끼 21마리로 실험을 했다. 실험자가 새끼를 바로 본 상태로 들고 다양한 표정을 짓고서 새끼 원숭이가 따라하는지 알아보는 것이다.

생후 하루가 지난 짧은꼬리원숭이 새끼는 한 마리도 실험자의 얼굴 표정을 따라하지 않았지만 3일째가 되자 이 원숭이들이 실험자의 얼굴 표정을 흉내 내기 시작했다. 혀를 내밀기도 하고, 입을 벌리거나 입맛을 다셨다.

이같은 모방 행동은 뇌 세포 가운데 '미러 뉴런Mirror Neuron'이라고 불리는 특정한 신경세포들이 관여한다고 추정한다. 아이가 어른의 표정을 바라볼 때 이 신경세포들이 흥분 상태에 들어가며 활동을 시작해 흉내로 이어진다. 유사한 종류의 신경세포가 짧은꼬리원숭이에게도 존재해 다른 종의 행동을 보고 얼굴 표정을 따라한다는 것이 페라리 교수의 설명이다.

이러한 유사점은 인간과 원숭이 사이에 흉내를 내는 데 필요한 뇌 조직에 공통된 세포와 과정이 존재한다고 해석된다. 예를 들면 침팬지는 다른 침팬지가 무엇을 볼 수 있는지 그리고 무엇을 볼 수 없는지를 안다. 특히 침팬지는 어떤 형태로의 장애물이 앞에 있으면 뒤에 있는 것을 볼 수 없다는 것도 안다.[23]

인간의 특성에는 일반 동물들에게는 없는 유별난 것이 있다. 바로 '마음'이다. 우리들은 종종 어떤 일을 결정할 때 '내 마음이야', '내 마음대로 할 거야'라고 말한다. 사실 인간처럼 변덕스러운 동물은 없다고 말하는 것도 인간의 마음이 시시각각으로 변하기 때문이다.

팀 버튼 감독의 「가위손 Edward Scissorhands」은 인간의 죽 끓듯 하는 변덕을 잘 묘사하여 극찬을 받은 작품이다. 「가위손」이 이와 같은 호평을 받은 것은 그가 제작한 「배트맨」이 공전의 흥행에 성공하여 흥행에 치우치지 않고 작품성이 있는 영화 제작에만 전념할 수 있었기 때문이다.

마을 어귀의 산 위에 오래되고 커다란 성에는 온갖 물건을 만들 수 있는 발명가가 살았다. 그는 필생의 역작으로 인간과 다름없는 인조인간을 만드는데 성공한다. 그의 이름은 에드워드로 사람과 다름없이 붉은 피, 심장, 두뇌를 갖추었다. 그런데 발명가가 너무 나이가 많아 임시로 달아 둔 가위를 진짜 손으로 만들기 전에 숨을 거둔다.

한편 아랫마을에 살던 화장품 외판원 애이본 레이디가 성에 들렀다가 바깥세상과 단절되어 혼자 살고 있는 에드워드를 보고 그를 마을로 데리고 간다. 인간 세상에 대해 아무런 경험도 없는 백지 같은 마음씨를 가진 에드워드가 처음 우려와는 달리 가위손으로 마을 사람들의 머리를 깎아주고 정원수도 다듬어주자 그야말로 주민들의 사랑을 받고, 애이본의 딸 킴은 그를 사랑한다.

그러나 킴의 남자 친구 짐은 구두쇠인 아버지의 물건을 훔치려고 가위손을 이용하려다 경보장치에 걸려 에드워드만 경찰에 잡힌다. 결국 에드워드에게 죄가 없다는 것이 밝혀져 다음 날 풀려나지만 마을 사람들은 싸늘한 반응을 보인다.

영화는 속성상 멜로가 합쳐져 킴과 에드워드가 서로 사랑을 확인하지만 에드워드가 짐과 격투를 벌이다가 짐이 죽는다. 킴은 몰려온 마을 사람들에게 짐 뿐만 아니라 에드워드도 죽었다고 말하며 마을로 내려가는 것으로 영화가 끝난다. 에드워드는 진짜 인간과 다름없지만 이와 같은 마을 사람들의 변덕은 바로 인간의 특성이라고 볼 수 있다. 인간의 변덕을 굳이 마음으로 설명하는 것이 의아할 수도 있지만 여하튼 마음이란 과연 어떤 것인가 궁금하지 않을 수 없다.[24]

고대로부터 많은 사람들이 이런 의문을 품었지만 적어도 침팬지나 원숭이에게 눈으로 보이는 영상을 처리하는 '마음'이 있다고는 여기지 않는다. 이런 예를 볼 때 인간과 침팬지의 공통 조상은 아마 다른 개체들처럼 마음 이론 Theory of mind 이 없었을 것으로 추정한다. 학자들은 대체로 인간의 조상인 호미니드 직립보행 영장류가 약 500만 년 전 700만 년 전으로 추정하는 학자들도 있음에 침팬지로부터 갈라진 뒤부터 언어 이론과 함께 마음 이론을 발달시킬 수 있었다고 믿는다.

앤드루 위튼과 로빈 던바는 호미니드가 원숭이와는 달리 나무에서 내려와 아프리카 초원에서 살게 된 이후부터 마음 이론을 진화시켰다고 한다. 초원으로 나오면서 호미니드는 사자나 표범처럼 덩치가 크고 무서운 포식자들과 마주치지만 초원에서는 위험을 피해 뛰어 올라갈 나무가 별로 없었다.

그래서 호미니드들은 조상보다 더 많은 개체가 모여 집단을 이루었다. 무리가 커지면 사회적 지능이 더 잘 발달할 수 있고 이 과정에서 남의 마음을 읽는 능력이 진화되었다는 것이다. 이들은 상대방의 눈을 들여다보고 그들이 무슨 생각을 하는지도 알아냈다. 이어서 신체 언어도 이해하고 과거에 다른 호미니드들이 자신에게 한 행동도 기억할 수 있었다. 당연히 이런 과정을 거치면서 호미니드는 서로 속이거나 동맹을 맺거나 남의 행동을 추적하기도 잘했다.

일단 마음 이론이 호미니드에게 자리 잡자 진화는 걷잡을 수 없이 진행된다. 더 뛰어난 마음 이론을 갖고 태어난 호미니드는 집단 구성원들을 더 잘 속일 수 있었고 적극적으로 번식에 성공할 확률도 높아진다. 위튼은 이렇게 말했다.

진화가 진행되자 호미니드는 거짓말을 알아내는 능력을 모든 개체들이 개발하는 쪽으로 작용하기 시작했다. 그리고 거짓말을 알아차리는 것은 다른 사람의 마음속에서 어떤 일이 일어나는지를 더 잘 알 수 있게 되었다.

호미니드의 머릿속에 마음이 들어가기 시작하자 서열이 낮은 개체들도 매우 영리해져서 우두머리 수컷이 구성원들에게 위계질서에 복종할 것을 강요하기가 어려워졌다. 이에 따라 호미니드의 사회는 침팬지식의 서열 사회에서 좀 더 평등한 구조로 바뀐다. 호미니드의 사회가 평등 사회로 변하자 진정한 수렵채취 생활의 이익을 누리기 시작한다. 위튼은 당시의 상황을 이렇게 말했다.

마음 이론이 있기 때문에 우리는 타인의 마음을 깊이 헤아릴 수 있고 따라서 숭고한 존재가 될 수 있었다. 그러나 동시에 인간은 지구상의 어떤 종보다도 더 야비한 동물이 될 수 있었다.[25]

마음의 위치

서울 홍릉에 있는 한국과학기술연구원KIST의 연못에는 매년 몇 마리의 철새 오리가 날아온다. 연구원들과 함께 점심 때 마다 오리에게 먹이를 주곤 했는데 놀라운 것은 어미와 새끼의 행태다. 연구원들이 먹이를 던져주면 새끼들은 달려들지만 어미는 주위를 빙빙 돌 뿐 절대로 먹이에 다가오지 않는다. 어미는 새끼가 먹는 것을 방해하는 침입자들을 경계하는 것이다.

어미도 먹어야 사는 것은 당연한데 이같이 새끼가 먹이를 먹는 동안 이를 절제하는 행동을 자기희생이라고 볼 수 있다. 오리의 이런 행동은 어떤 교육에 의한 것이 아닌 것은 물론 새끼를 위한 자연스런 행위임에는 틀림없지만 이것을 어미오리가 마음이라는 것을 갖고 취하는 행동인지에 대해서는 의견이 일치하지 않는다.

침팬지가 인간처럼 마음을 읽는 기초적인 능력이 있다는 것은 앞에 설명한 댄디의 예를 보아도 알 수 있다. 프란스 드 발 박사는 성적인 술책을 보여주는 침팬지의 이야기를 소개했다.

댄디가 집단의 암컷 중 한 마리를 유혹하려고 했다. 일반적인 침팬지가 그렇듯이 댄디도 자신의 성적 매력을 표현하기 위해 암컷이 볼 수 있는 위치에서 다리를 벌리고 앉아 발기한 성기를 보여주었다(인간 사회에서 이런 행동을 했다가는 곧바로 법적인 처벌을 받겠지만). 댄디가 암컷을 유혹하는 동안 집단 내에서 서열이 높은 수컷인 루잇이 우연히 댄디의 구애 현장에 나타났다. 댄디는 곧바로 손을 이용해서 루잇에게는 보이지 않고 암컷 침팬지에게만 보이도록 자신의 성기를 교묘하게 감추었다.

댄디의 행위는 인간으로 보면 우리 둘 사이의 비밀이라고 말하는 것과 같다. 침팬지가 다른 침팬지의 정신 상태를 추측하는 능력이 있음을 분명하게 보여 준다. 즉 댄디는 암컷 침팬지가 자신의 사랑을 알아주기를 바라지만 루잇에게는 그 사실을 숨기려 한 것이다.

이 사실은 지능이 있는 로봇이란 어떠한 능력을 가져야 하는지를 제시한다. 적어도 컴퓨터가 마음 읽기와 같은 능력을 가져야 한다는 것이다. 다소 비약될 수 있으나 로봇에게 지능을 부여하는 것은 기본적으로 인간의 몸과 마음은 별개 즉 마음을 몸에서 분리할 수 있다는 이원론에 기반한다.

SF물에서 인간이 죽기 직전 마음을 컴퓨터에 다운받아 다른 하드웨어 즉 다른 몸에 업로드하는 것도 이런 맥락이다. 이를 기계적인 유물론으로 설명하면 컴퓨터 하드웨어라는 몸뚱이에 일종의 소프트웨어인 마음을 얹어 돌리면 그것이 바로 생각하는 로봇이 된다는 것이다. 이 이론에 따르면 인간의 마음은 소프트웨어 그 이상도 그 이하도 아니다. 그렇다면 마음이 과연 무엇인지가 관건이지 않을 수 없다.

마음이 몸과 분리된다면 로봇을 만드는데 상당히 자유로울 수 있다. 로봇이 인간처럼 다른 개인과 자신이 같은 세계관을 가질 수 있다는 것이며 무엇보다도 중요한 사실은 로봇이 자신의 이익을 위해 위와 같은 상황에 처했을 때의 미묘한 차이를 이용할 수도 있다는 의미이다. 서열 1위인 수컷 몰래 구애 행위를 하는 것은 상대방의 마음을 상상할 수 있기 때문에 가능하다고 볼 수 있는데 그런 상황이 로봇에게 주어지면 된다는 뜻이다.

물론 몸과 마음이 별개라는 이원론에 대해 부정적인 학자들은 많다. 몸과 마음을 분리할 수 없다는 정황이 많기 때문이다. 우리는 몸이 아플 때와 건강할 때의 생각이 다르다는 것을 알고 있다. 몸과 마음은 신경조직과 호르몬 체계로 연결되어 있으며 마음이 이성과 감성을 동시에 작동시키는 것을 당연하게 여긴다. 즉 인간이라는 시스템은 우리의 자아 또는 자의식이라는 '엔진' 위에서 돌아간다는 것이다.[26]

그렇다면 마음이란 과연 무엇인가? 일부 학자들은 마음의 능력이 어느 수준의 지능에 도달했을 때 필연적으로 생긴다고 주장한다. 적어도 마음을 읽는 능력이 그저 지능의 부산물은 아닌 것은 확실하기 때문이다. 그것은 컴퓨터가 결코 마음을 가질 수 없음을 뜻한다. 컴퓨터에 들어있는 수많은 데이터를 불러온다고 해서 마음으로 변하거나 마음처럼 행동하기는 어렵다는 것이다.[27]

셰익스피어의 『베니스 상인』에 다음과 같은 말이 나온다.

"사랑이 자라는 곳은 어디인가요. 심장 속인가요, 머릿속인가요."

이는 17세기까지 사람의 마음이 심장에서 솟아난다는 주장과 뇌에 위치한다는 주장이 팽팽하게 맞서왔음을 보여주는 증거로도 인용된다.[28] 과거에는 마음의 위치를 심장으로 인식했다. 이와 같은 통설은 '가슴이 두근거리는 것을 보니 마음이 심장에 있다'고 믿기 쉽기 때문이다. 그래서 심장의 '심'자는 마음 '심心'을 쓰고 영어의 '하트'도 심장을 의미한다.

마음이 무엇인가를 설명할 때 일반적으로 무엇인가를 기뻐하거나 슬퍼하거나 화를 내는 감정의 상태를 말하는데 사물을 생각하고 판단하는 일도 포함된다. 이러한 것들을 '지성·감정·의지'라 한다. 이를 과학적·의학적으로 생각하면 이들 지성·감정·의지를 지배하고 조절하는 것은 바로 뇌다. 그러므로 마음은 뇌 속에 있다고 본다.

전통적으로 인간의 정신은 육체와는 구분되는 특수한 속성과 존재 양식이 있다는 이원론Dualism과 인간의 정신이나 영혼이 독립적인 실체가 아니라 뇌라는 물질적 과정의 한 양상에 지나지 않는다는 일원론Monism으로 설명된다.

이것은 마음을 어떤 종류의 '실체'로 생각하는가 아닌가로 설명한다. 일반적으로 존재한다는 것과 '특정한 장소에 있다'는 것과는 별개이다. 학자들이 마음이란 육체에 존재하며 신체 중 팔다리가 아닌 뇌의 작용임에 틀림없지만 그 위치를 알 수 없으므로 '어디에 있다'고 확정한다는 것도 무리라고 말한다.

그러나 팔다리가 없어도 마음은 살아있으나 뇌를 없애면 마음도 없어진다는 데는 동의한다.[29] 즉 정신이나 성격이 뇌로부터 나온다는 것을 인정하는 것이다. 사망의 기준이 '뇌사'의 개념으로 정의되는 이유이다.

여하튼 이러한 모순점을 학자들은 다음과 같이 추론한다. 외부 세계에서 뇌로 정보가 들어가고 신경세포가 정보를 처리하고 판단하며 이에 입각하여 어떤 행동이 만들어진다. 그렇게 하여 뇌의 여러 장소가 관계하여 기억이나 지각·판단·행동 등 정신 현상을 형성하고, 이를 모두 조합시킨 게 바로 사람의 마음이라는 것이다.

따라서 뇌가 없으면 마음이 없어지지만 뇌 = 마음이 아니라 어디까지나 뇌가 작용함으로서 비로소 마음이 만들어진다는 결론이다. 뇌의 작용^{기능}은 신경세포가 돌기를 뻗고 거기에 이어진 신경회로에 활동 전위^{펄스}가 전해짐으로써 이루어진다. 신경세포는 시냅스라는 이음매를 통해 신경전달물질을 교환하여 전기적 신호를 화학적 신호로 바꿔서 전달한다. 그것이 많이 모여 마음이 된다고 생각하면 또한 만일 뇌의 신경회로가 모두 해석된다고 보면 마음을 모두 알 수 있다고 할 것이다.

마음에 대한 연구는 전자공학의 발달로 신경과학의 발전을 토대로 뇌를 구성하는 신경세포의 구조, 해부학적 연결, 전기화학적 작동 등이 규명되면서 본격적으로 과학의 한 주제로 등장하여 심리학을 중심으로 한 인지과학^{Cognitive Science}를 탄생시켰다.

인지과학은 인간의 마음을 구성하는 기능적 요소들의 서술과 분류, 마음의 현상의 진행 과정으로 인간의 마음을 정보처리 과정으로 바라보는 것을 의미한다고 허균 박사는 설명했다. 이것은 비인지적인 요소로 생각되는 기쁘고 슬픈 감정이나 정서까지도 그것이 독립적인 경험이 아니라 전반적인 정보처리 결과에 대한 가치 판단이라는 기능적 역할로 설명하여 논리적으로 불가해한 현상이 아니라는 설명도 있다. 이런 설명은 컴퓨터 학자들을 고무시켰다. 즉 인간의 뇌를 일종의 컴퓨터로 해석할 수 있기 때문이다.

그런데 우리의 자유freedom, 의지will, 각성awareness은 어느 회로 속에 있는가. 배가 고프면 음식을 먹는 것이 당연하지만 자신이 원하면 아무리 음식을 먹으라고 해도 먹지 않고 단식할 수 있다. 이런 의지를 어떻게 평가하는가?

1963년에 신경섬유를 통한 신경충격의 전달 연구로 노벨상을 수상한 존 에클스 박사와 1981년에 대뇌 반구半球의 기능을 연구하여 노벨상을 수상한 로저 W. 스페리 박사는 다음과 같이 다소 어정쩡하게 설명한다.

뇌와 마음을 이해하기 위해서는 비물질적인 실체로서의 정신을 인정하는 이원론을 선택하는 것이 옳다.

그들은 물질적이면서도 물질로 환원될 수 없는 어떤 과정을 인정해야 한다고 한다. 이것은 대뇌피질의 기능 등 인간의 뇌를 잘 알게 되었다고 마음을 이해했다고 볼 수는 없다. 비록 뇌 구조의 모든 것이 물질적으로 해명되어도 마음은 결코 유물론적으로 환원되지 않는다는 것이다.[30]

육체 없는 마음은 불가능하다

앞에서 설명한 이원론은 일반적으로 의학에서 육체와 뇌가 분리된 것으로 파악하기 때문이다. 그러나 이원론이 마음과 육체를 분리할 수 있으므로 로봇 제작자들의 입맛에 맞지만 이에 대한 반론이 예상보다 거세다.

우선 사랑이란 감정은 마음에만 있는 것이 아니라 육체에도 그만큼의 크기로 존재한다고 설명된다. 야구나 축구에 뛰어난 운동선수에 대해 '천재다'라는 표현 자체가 육체와 마음이 통합되어 있다는 의미이다. 이를 '운동신경이 좋다'라고도 하는데 운동 영역은 근육의 움직임을 척수의 운동신경에 전하면 말초신경이 움직여 근육이 움직인다. 이 가운데 운동신경이 등장하는 부분은 근육의 움직임을 척수의 운동신경에 전달하는 부분이지만 운동신경이 좋다는 것은 운동능력이 뛰어나고 재빠르게 움직인다는 말이다. 즉 운동신경이 좋은 사람과 운동신경이 나쁜 사람과의 차이는 운동에 관한 뇌 시스템의 반응과 뇌의 학습능력의 차이라고 인식한다.[31]

운동을 잘하는 사람이 공부도 잘한다는 말을 자주 한다. 즉 탁월한 선수가 되기 위해서는 건장한 육체뿐만 아니라 좋은 두뇌가 함께 필요하다. 이를 앨런 앤더슨이 뛰어난 선수는 아인슈타인보다도 더 많은 것을 갖추어야 한다고 설명했다.

마음과 육체가 상호 작용한다는 사실은 사람들의 건강(육체)이 그 사람의 지위 즉 마음에 크게 좌우된다는 사실로도 증명된다. 마이클 마모트 박사는 사회적 지위가 낮을수록 건강이 더 나쁘다는 결과를 발표했다. 물론 건강 관리할 시간이 부족하다거나 음식이나 생활 환경이 나쁘기 때문이라는 반론이 제기되었지만 마모트는 자신이 강조하는 것은 삶의 환경을 통제할 수 있는 힘이 얼마나 있느냐에 달렸다

마빈 민스키의 「마음의 사회」

는 것을 말하는 것이라고 주장했다.

사랑이나 긴밀한 유대 같은 가장 친밀한 감정에서도 육체와 마음은 상호작용을 한다. 쥐를 상대로 한 연구에서 상호작용은 옥시토신과 바소프레신이라는 두 가지 호르몬이 방출된다는 것이 발견되었다. 이들은 '교미 과정에서 촉각이 연장됨으로써 얻어지는 쾌락'의 결과로 방출되는데 뇌 속이 쾌락 센터를 거쳐 성적 파트너가 서로에게 죽을 듯이 몰두하도록 만든다.

인간과 쥐를 동일한 선상에 놓을 수 없다고 항의하는 사람들이 있겠지만 사랑하는 사람들의 뇌 스캔 사진에서도 옥시토신과 바소프레신 수용체가 있는 곳에서 활동이 증대되는 것이 발견된다. 옥시토신은 오르가즘과 성적 흥분을 느끼는 동안 높아지며 손으로 애무할 때도 올라간다. 옥시토신은 다른 사람에 대한 신뢰감을 높이는 역할을 하므로 이런 신뢰는 친밀한 사람들 간에 아주 중요한 요소이다. 자폐증이 있을 경우 옥시토신 수용체에서 결함이 감지되었다.

이런 사례들은 마음과 호르몬 신호의 상호작용 즉 뇌와 육체가 상호작용을 한다는 것을 보여준다. 이를 좋은 감정이 어떤 결정을 내리는데 필수적이라고 말한다. 신경과학자 안토니오 다마시오는 다음과 같이 말한다.

인식과 감정을 케이크의 여러 층처럼 분리할 수 없다. 감정은 언제나 이성의 고리 안에 있다.

더욱 놀라운 것은 다른 사람의 어떤 행동을 지켜볼 때 마치 지켜보는 사람이 다른 사람의 행동을 그대로 하는 것처럼 뇌의 관련 부분이 활성화된다고 한다. 즉 다른 사람이 하는 것을 그대로 흉내 냄으로써 인간 뇌 속의 특정 부위를 활성화시키고 그 신호를 읽어 그 사람의 의도와 감정을 알 수 있다. 이탈리아 파르마대학교의 자코모 리초라티 박사는 이런 현상을 다음과 같이 설명한다.

우리가 다른 사람들의 마음을 직접 파악할 수 있는 것은 개념적인 추리 때문이 아니라 관찰한 사건을 거울 메커니즘을 통해 직접 흉내 내기 때문이다.

이런 설명은 육체로부터 분리된 지능을 로봇 속에 주입시키는 것이 불가능하다는 뜻이다. 앨런 앤더슨 박사는 과학자들이 언어를 이해할 수 있는 컴퓨터를 만들 수는 있지만 그 컴퓨터가 어떤 의미 있는 말을 할 수는 없다고 주장했다. 한마디로 로봇에게 '연장된 촉각 경험'을 선사할 때까지 달리 말한다면 로봇이 성행위를 할 수 있을 때 비로소 진정한 로봇이 태어날 수 있다는 뜻이다.[32]

설명에 따라 마음을 '혼'이라고도 하는데 일상생활에서 '혼을 불어 넣는다'는 말을 많이 한다. 이는 마음조차 이심전심으로 전해질 수 있다는 뜻으로도 이해되는데 로봇에게 과연 마음, 혼을 불어넣어 줄 수 있는지 음미하기 바란다.

이 설명은 또 다시 로봇 학자들을 실망시켰다. 로봇의 두뇌에는 이러한 마음이란 속성을 기대할 수 없기 때문에 인간의 두뇌와 똑같이 동작할 수 없을 뿐더러 결코 그보다 우수해질 수 없다는 것이나 마찬가지이다.

　　물론 이런 주장에 반론도 있다. 인간도 아직 마음이라는 것을 정확히 이해하지 못하면서 단지 불가능하다고 묘사해 버리는 것은 문제 회피이며, 설사 불가능하더라도 그것이 로봇의 두뇌가 더 우수해지기 위해서 반드시 필요한 것인지 어찌 알겠느냐 하는 점이다. 그러므로 인간의 두뇌 속에 있다고 여겨지는 마음이 로봇에게는 없기 때문에 로봇의 두뇌가 인간보다 더 우수해질 수 없다는 설명은 전혀 논리적이지 못하다.

주석

1) 『타고난 지능 만들어지는 지능』, 사이언티픽 아메리칸, 궁리, 2001
2) 『로봇의 행진』, 케빈 워윅, 한승, 1999.
3) 『마음과 두뇌 사이』, 제임스 슈리브, 『내셔널지오그래픽』, 2005. 3.
4) 『편도와의 인터뷰』, 김성진, 브레인미디어, 2006.11.01
5) 『공포의 심리학』, 조채형, 브레인미디어, 2011.03.21
6) 『인체는 공포를 알고 있다』, 임소형, 『과학동아』, 2005. 8.
7) 『공포는 마음 속에 있는 거죠』, 김대수, 『과학동아』, 2005. 8.
8) 『타고난 지능 만들어지는 지능』, 사이언티픽 아메리칸, 궁리, 2001
9) 『미래 속으로』, 에릭 뉴트, 이끌리오, 2001
10) 『3일 만에 읽는 뇌의 신비』, (주)서울문화사, 2004
11) 신동호, 『인간은 왜 12개월 미숙아로 태어날까?』, 『사이언스타임즈』, 2006.
12) 서유현·홍욱희, 『인간의 지능은 유전하는가』, 『과학동아』, 1996. 2.
13) 『뇌는 늙지 않는다? - 뇌와 노화』, 강윤정, 브레인미디어, 2009.10.09
14) 『아름다운 십대의 뇌』, 데이비드 돕스, 내셔널지오그래픽, 2011년 10월
15) 『DNA 연구, 인종차별 키우나』, 남정호, 중앙일보, 2007.11.13
16) 『남성과 여성, 뇌 속 편도체에 나타나는 변화도 달라』, 김효정, 브레인미디어, 2012.
17) 『이브의 뇌 vs 아담의 뇌』, 『뇌』, 2009년 12월
18) 『최재천의 인간과 동물』, 최재천, 궁리, 2007
19) 『인간의 유래와 성선택』, 찰스 다윈, 지만지, 2010
20) 『인간의 유래와 성선택』, 이종호, 지식을만드는지식, 2011
21) 『타고난 지능 만들어지는 지능』, 사이언티픽 아메리칸, 궁리, 2001
22) 『꿈꾸는 기계의 진화』, 로돌포 R. 이나스, 북센스, 2008
23) 『생후 2주 안 된 짧은 꼬리원숭이, 사람 표정 따라해』, 심재우, 중앙일보, 2006.
24) 『세계 영화 명작』, 신성원, 아름출판사, 1993
25) 『진화』, 칼 짐머, 세종서적, 2004.
26) 『교양으로 읽는 과학의 모든 것』, 한국과학문화재단, 미래M&B, 2006
27) 『이머전스 - 미래와 진화의 열쇠』, 스티븐 존슨, 김영사, 2004.
28) 『뇌지도 완성 인간 마음 읽는다』, 이인식, 『과학동아』, 1994. 9.
29) 『인간정신의 기원은 무엇인가』, 『과학동아』, 1995. 10.
30) 『뇌세포 몽땅 갈아 끼워도 인격체에는 변동이 없을까?』, 허균, 『과학동아』,
31) 『3일 만에 읽는 뇌의 신비』, (주)서울문화사, 2004
32) 『위험한 생각들』, 존 브록만, 갤리온, 2009

13

미완성 로봇이 완벽한 로봇

자폐증환자의 천재성
로봇이 느끼는 감정
로봇은 기계
개성있는 로봇

아직까지 인간의 능력을 모사한 로봇은 태어나지 않았다. 그야말로 컴퓨터가 태어나자마자 과학 분야에서 이룬 비약적인 발전을 생각하면 다소 의아하겠지만 로봇학자들의 말은 간단하다. 인간이야말로 로봇이 따라가기에는 너무나 정교하게 만들어졌으므로 기계적인 현대 과학기술로는 인간을 모사하는데 한계가 있다는 설명이다.

초창기 로봇학자들이 기세 좋게 도전한 분야는 초능력 신경컴퓨터의 개발이었다. 한국에서도 신경망칩이 개발되었다는 보도도 있었다. 신경망칩이란 인간 두뇌를 목표로 집적회로 소자에 수많은 기억 기능과 논리 소자를 집약시켜 논리 판단을 수행토록 하는 소자를 말한다.

학자들은 인간의 두뇌가 엄청난 수의 신경세포로 이루어져 있어 신경망컴퓨터의 개발이 쉽지 않다고 한다. 설사 수십만 개의 연결고리를 가진 신경망칩이 개발되더라도 스스로 학습하고 판단할 수 있는 SF영화 주인공들처럼 자유자재로 사고할 수 있는 순간이 올지는 불분명하다.[1][2]

자폐증환자의 천재성

아직 인간의 모든 것을 로봇에 전수해 주는 것이 불가능하다는 설명은 인간 두뇌의 동작을 물질적 측면과 기능적 측면에서 충분히 이해하지 못하기 때문이라고도 한다.

펜로즈 교수는 인간 두뇌의 동작을 정확히 묘사하기 위해서는 양자이론量子理論을 접합시켜야 한다고 말한다. 그런데 양자이론에 의

하면 하이젠베르크의 '불확정성 원리'에 의해 양자의 이동 전체를 파악한다는 것은 원칙적으로 불가능하다. 결국 인간의 두뇌를 양자론적으로 파악하는 것이 불가능하며 이는 인간의 두뇌를 복제한다는 것도 원천적으로 불가능하다는 것을 뜻한다.

물론 과학이 발달한다면 로봇의 두뇌를 인간과 똑같지는 않더라도 어느 정도 비슷하게 동작시킬 수 있는 개연성은 매우 높다. 더구나 로봇의 뇌가 인간의 뇌와 똑같지 않다고 해서 인간의 뇌보다 더 우수해지지 않는다고 결론지을 수는 없다는 지적은 많이 있다.

학자에 따라서 로봇의 뇌는 의식이 없으므로 인간보다 우수해질 수 없다는 주장도 있다. 이런 주장을 하는 학자들은 로봇이 엄밀한 의미에서는 주어진 법칙에 따라 수행하는 프로그램에서 시작되었으므로 이 프로그램에 의해서 인간과 같은 의식은 생길 수 없다고 주장한다.

인간에게는 등골반사신경이라는 것이 있어서 어떤 조건이 주어지면 반사적으로 반응한다. 그런데 컴퓨터 프로그램의 수행은 이보다 복잡할 수는 있지만 결국은 이런 반사기능의 범주를 벗어나지는 못한다고 미국의 설^{Searle} 박사와 호프스태터^{Hofstadter} 박사는 주장했다. 즉 의식이 없는 상태에서 의식을 흉내 낼 뿐이라는 것이다.

그들은 다음과 같은 '중국어 방^{Chinese room}'을 예로 들었다. 어떤 밀폐된 방안에 자기 자신이 앉아 있고 그 앞에는 커다란 책이 놓여 있다. 작은 창문을 통해 중국어로 된 이야기가 그에게 주어진다. 그는 중국어를 하나도 모르지만 영어로 된 책에 나와 있는 명령에 따라 답에 해당하는 기호를 골라 밖으로 던져준다. 밖에서 이를 본 사람들은 방안에 있는 사람이 그 이야기를 이해했다고 생각하겠지만 그는 중국어를 전혀 이해하지 못한 상태에서 반응한 것에 지나지 않는다. 즉 로봇은 흉내를 낼 따름이지 진정한 이해는 불가능한 것이다.[3]

인간은 로봇과는 달리 확정된 정보가 없어도 두뇌에서의 병렬연산을 통해 추론으로 그럴듯한 결론을 유추하는데 익숙하다. 보다 많은 지식과 정확한 정보가 제공된다면 누구보다 빨리 정확한 결론을 내릴 수 있다.

일반적으로 여러 부분에서 남보다 빠른 적응도와 해결력이 있는 사람들을 천재라고 한다. 그러나 천재도 모든 면에서 완벽한 것이 아니라 천재성을 발휘하는 분야에 한해 천재성이 나타나는 것이다.

가장 많이 인용되는 것이 자폐증 환자이다. 자폐증은 1943년에 공식적으로 처음 알려졌는데 언어 사회성 행동에서의 심한 지체를 의미한다. 현재 의료계에서는 자폐증 대신 자폐스펙트럼장애ASD, Autism Spectrum Disorder란 용어가 주로 사용되고 있다. ASD는 증상은 약하지만 치료가 필요한 다양한 장애를 포함한다.

자폐증은 정신장애 중에서 가장 심각한 병이며 '자폐'라는 말은 '스스로를 닫는다'라는 뜻으로 모든 사람과 관계를 맺지 않는 것을 말한다. 특히 자기가 빠져 있는 '자폐적 세계'가 더 현실적인 세계로 느끼며, 현실의 세계는 꿈의 세계처럼 보이고, 믿을 것이 아닌 것처럼 느껴져서 전도된 세계를 만들어내기도 한다.

어린아이의 경우, 예를 들면 어머니가 안아 올리려고 해도 응하는 태도를 취하지 않거나 시선을 맞추지 않으며 조금 나이가 들어도 말의 발달이 매우 더디다. 즉 자폐증인 사람은 말을 매개로 하든 않든 가족을 포함한 주위 사람과의 커뮤니케이션 확립에 중대한 장애가 있으므로 중증 장애인으로 인식하기 십상이다. 그러나 자폐증 환자는 일부 분야에서 천재성을 가진 경우가 많다고 의사들은 말한다.

영화 「머큐리 Mercury Rising」는 바로 자폐증에 걸린 9살 난 천재 소년의 이야기를 그렸다.

FBI 비밀요원 아트 제프리는 자신의 공작활동이 실패로 돌아가자 희생양이 되어 FBI 조직에서 배척받는데 의문의 살해를 당한 어느 부부의 어린 아들 시몬의 실종을 추적하라는 임무를 부여받는다. 살인 현장인 집을 수색하면서 시몬을 발견하는데 그는 부모가 살해당하는 처참한 장면을 직접 목격한 후 그 충격으로 자폐증세를 나타내며 접근하는 모든 사람들을 기피한다.

그런데 시몬을 제거하려는 집단은 바로 제프리가 소속된 FBI이다. 시몬은 컴퓨터 천재로 우연히 국방 일급비밀인 코드명 '머큐리'를 해독하는데 이것은 미국이 전 세계를 대상으로 한 스파이 활동을 보장해 주는 비밀코드이므로 시몬을 살해하려는 것이다.

여기서 아이러니가 생긴다. 만약 컴퓨터 학자가 머큐리를 해독하려면 시몬의 두뇌를 모사해야 하는데 그는 자폐증 환자 즉, 다른 분야에서는 전혀 능력을 발휘할 수 없는 사람이다. 그렇다고 만약 컴퓨터 학자가 일반 천재의 두뇌를 모사한다면 결코 시몬과 같은 컴퓨터 두뇌를 확보할 수 없다. 이것은 불확실한 로봇을 만들어야 진정한 로봇을 만들 수 있다는 것과 의미가 상통한다. 로봇의 연구가 진행될수록 인간이라는 오묘한 동물이 인간을 헷갈리게 만드는 것이다.

로봇이 느끼는 감정

인간과 로봇이 다를 수밖에 없다는 연구는 어떻게 하면 로봇이 인간과 유사할 수 있느냐는 질문으로 이어진다. 학자들은 이 질문에 로봇이 인간처럼 감정을 표현할 수 있어야 한다는고 간단히 대답한다.

이탈리아 작가 콜로디가 1883년에 발표한 동화 『피노키오의 모험』의 주인공인 피노키오의 소원은 진짜 소년이 되는 것이다. 「오즈의 마법사」에서도 양철나무꾼 즉 휴머노이드 로봇은 사람처럼 심장을 가지는 것이 소원이다. 그런가 하면 「스타트랙」에 등장하는 로봇 '데이터'는 인간보다 훨씬 뛰어난 지식을 가졌지만 항상 사람을 부러워했다. 이를 보면 인간의 속성 중에서 가장 고귀한 것이 감정이라는데 이론의 여지가 없다.

인간의 감정을 보다 분석한 과학자들은 인간의 감성이 인간성을 대표하는 기본 요소가 아니라 생존을 위한 진화의 산물이라고 주장한다. 앞에서 다소 설명했지만 인간이 험악한 세상에서 살아남을 수 있었던 이유로 감정을 꼽는다.

예를 들어 무언가를 '좋아하는' 감정은 진화과정에서 매우 중요한 역할을 한다. 왜냐하면 주변 환경의 대부분은 우리에게 위험하기 때문이다. 매일 마주치는 수많은 물건들 중에서 우리에게 유익한 것은 극히 소수다. 따라서 우리는 자연스럽게 유익한 것을 좋아하게 되고 이런 감정 덕분에 위험 요소와의 접촉을 줄일 수 있다.

이런 의미에서 '시기심'과 '질투'도 없어서는 안될 중요한 감정으로 꼽는다. 인간을 비롯한 모든 생명체의 가장 큰 임무는 후손을 낳

아서 종의 생존을 이어가는 것이다. 그러므로 성이나 사랑과 관련된 감정이 가장 복잡다단하게 발전한 것도 바로 이런 이유로 본다.

수치심과 양심의 가책 또한 집단으로 모여 사는 인간에게 사회성을 길러준다. 만일 무리로 살아가는 인간에게 이런 감정이 없다면 집단에서 추방되거나 따돌림을 당한다. 그러면 유전자를 물려줄 후손을 낳는데 치명적인 타격이다.

외로움도 사랑 못지않게 중요한 감정이다. 생존을 위해서는 기본적으로 다른 사람에게 의지해야 하기 때문에 누군가를 그리워하는 감정은 반드시 필요하다는 설명이다.[4]

앞에 설명한 「프랑켄슈타인」의 성공에 힘입어 수많은 아류작이 등장하는데 1935년에 후속편으로 제작된 「프랑켄슈타인의 신부 Bride of Frankenstein」가 제작되어 흥행에 크게 성공하자 1985년 「신부 The Bride」로 리메이크 되었다. 이들 영화의 근본은 단순하다. 프랑켄슈타인이 괴물을 만들었지만 그 괴물에게도 감정이 있으므로 그에게 짝을 주어야 한다는 내용이다.

프랑켄슈타인 박사는 자신이 창조한 남자 괴물의 적적함을 덜어 주기 위해 자신이 꿈꾸어 온 아름다운 여성 이바를 만든다.
그러나 박사는 자신이 창조한 인조인간 즉 로봇이지만 그녀가 너무나 완벽하고 아름다워 이내 사랑을 하게 된다. 박사는 식사법과 옷 입는 방법은 물론 상류사회의 습관까지 가르쳤고 사교계에도 등장시킨다. 홀에 있던 모든 사람들의 눈길이 이바에게 집중되고 뜻하지 않는 상황이 발생한다. 이바의 눈이 젊은 미남자에게 쏠리

더니 박사의 손에서 빠져나가 청년 곁으로 걸어간다. 사랑의 감정까지 불어 넣었으므로 이바가 사랑을 찾아가는데 프랑켄슈타인이 이를 제지할 수 없었다. 순간 질투심으로 이성을 잃은 프랑켄슈타인은 자신의 창조물을 타인에게 빼앗기기 싫어 둘 사이를 방해한다.

그럼에도 불구하고 이바는 박사에게 돌아오지 않는다. 사랑은 인위적으로 할 수 없다는 것을 프랑켄슈타인이 깨닫는다는 내용이다.[5]

이와 같이 똑똑한 로봇이라면 인간처럼 사랑이라는 감정도 가질 수 없을까? 수많은 SF물이 단골로 써먹는 주제 중의 하나다.

그러나 영화의 소재로 사랑과 같은 감정을 불어넣어 주기도 하지만 인간이나 동물의 두뇌는 로봇의 두뇌와 물리적으로 차이가 있으므로 분명히 특성이 다를 것이다. 로봇은 사랑과 같은 감정의 표현이 불가능하다는 뜻으로 로봇은 로봇으로 단지 기계일 뿐이라는 지적이다.

가장 큰 지적은 농담이다. 로봇에 인간의 유머를 가르친다고 생각해보자. 로봇에게 유머가 담긴 책이나 코미디, 농담을 통해 인간이 언제 웃는지를 배우도록 한다. 그 다음 로봇에게 코미디 영화를 보여준다. 웃는 능력을 가진 로봇은 우습다고 여겨지면 그것을 나타내고 코미디를 보며 인간과 똑같은 장면에서 웃을 수 있다.

그런데 여기서 로봇이 정말로 웃긴다고 생각해서 웃는 것일까. 아니면 인간이 어떤 경우에 웃는지 학습되어 있기 때문에 소위 반강제적으로 웃는 것은 아닐까.[6]

더구나 어떤 경우에도 로봇은 울지 않는다. 로봇은 공격받더라도 비명을 지르지 않는다. 그럴 수도 없고, 그럴 필요가 없을지 모른다. 바로 이 점이 인간과 기계의 차이 즉 지능이 있느냐 없느냐를 판단하는 기준이다. 물론 능력 있는 프로그래머가 로봇에게 우는 감정과 통증으로 고통스런 비명을 지르도록 입력할 수 있지만 이를 진실한 감정의 표현이라고는 생각지 않을 것이다.

감정에 대한 흥미로운 설명을 보자. 당나귀가 두 건초더미 사이에서 어느 것을 먼저 먹을까 고민하다가 결국 굶어 죽었다면 당나귀에 어떤 문제가 있었는가. 학자들은 이 경우 당나귀의 감정회로에 이상이 있었기 때문으로 본다. 이런 일이 로봇에게 일어나지 않게 하려면 로봇의 두뇌에 인간과 다름없는 감정을 주입해야 한다.

그런데 MIT 미디어연구소의 로잘린드 피카드는 이 문제에 관한 한 매우 부정적인 견해를 보인다.

감정이 결여된 로봇은 가장 중요한 것이 무엇인지 느끼지 못한다. 이것이 바로 로봇의 가장 큰 단점이며 컴퓨터로는 이 문제를 해결할 수 없다.

미래의 로봇이 임무를 제대로 수행하려면 논리적 사고회로 이외에 감정이 반드시 있어야 한다. 그렇지 않으면 무한히 많은 선택의 기로에서 아무런 결정도 내리지 못한다. 이 문제를 슬기롭게 풀어야 진정한 로봇이 나올 수 있다는 뜻이다.[71]

인간의 특징은 이뿐이 아니다. 인간의 두뇌는 좌뇌와 우뇌로 구성되어 있는데 이들의 역할이 다르며, 여성과 남성이 두뇌를 사용하는 방법도 다소 다르다. 어른들을 화나게 만드는 청소년들의 사춘기도 성장을 위한 필수불가결한 과정이라는 설명도 있다. 뇌 속에 있는 수많은 요소들을 말끔하게 해결하여 로봇에게 접목시킬 수 있어야만 진정한 안드로이드가 탄생할 수 있음은 물론이다.

궁극적으로 과학이 아무리 발전하더라도 진정한 안드로이드는 태어날 수 없으므로 인간의 두뇌만 제외한 사이버그 로봇이 보다 현실성이 있다고 생각하는 이유지만 로봇학자들에게는 불만이지 않을 수 없다.

로봇은 기계

인간의 특성에 대해 다시 설명한다.

지구상의 생명체로 태어난 인간에게 적어도 생존 지식이 쌓이기 시작하면서부터 인간은 어떤 사물을 확인하는 데 필요한 시각, 청각, 촉각, 후각, 미각 등 오감으로부터 정보를 받아 순간적으로 판단한다. 적어도 소통을 꼭 만져 보아야만 소통이라고 판정을 내리는 것은 아니다. 이러한 기초적인 작업조차 컴퓨터가 제대로 해결하지 못하는 것이 현실이다.

그러나 지식이라는 문제에 국한한다면 로봇이 인간의 오감 능력보다 훨씬 높은 수준이라는 것이 사실이다. 적어도 정보에 관한 한 백과사전 정도의 분량은 간단하게 축적할 수 있고 순식간에 정보를 다시 꺼내 확인할 수 있다.

반면에 인간의 뇌는 백과사전에 수록되어 있는 정보나 지식에는 못 미치지만 자신의 두뇌에 있는 정보를 불러온 후 두뇌 속에서 진행되는 복잡한 메커니즘을 통하여 복합적인 판단을 순간적으로 내린다.

인간이 생각하는 메커니즘이 간단하지 않다는 것은 앞에서 설명했지만 간략하게 다시 한 번 설명한다. 하나의 두뇌 활동에는 여러 회로들이 복잡하게 얽혀서 작동하며 이 회로들은 뇌 전역의 다른 회로들과 크고 작은 상호작용을 한다.

제임스 슈리브 박사는 이 회로들의 상호작용은 기계를 구성하는 부품들이 작동하는 것이 아니라 교향악단의 악기들이 음조, 음량, 반향을 서로 조율해 특정한 음악적 효과를 내는 것에 비유할 수 있다고 했다.

더욱 인간의 뇌가 복잡하다는 것은 어떤 인지 기능이 일어나는 뇌의 부위를 지도 위의 도시처럼 꼭 짚어 가리킬 수는 없다는 점으로도 알 수 있다. 캘리포니아 주립대학의 뇌 영상 연구소 아더 토가^{Arthur Toga} 소장은 "사람마다 얼굴이 다르듯 뇌도 각자 다르게 생겼다"고 말했다. 토가 박사는 과거에는 컴퓨터가 일을 처리하는 것과 뇌가 유사하다고 생각했다고 한다.[8] 그러나 근래의 연구에 의하면 매우 특이한 점이 발견되었다.

흔히 사물을 바라보는 것이 단순한 과정으로 생각되지만 뇌는 매우 복잡한 정보를 동시에 처리하는 것이다. 이미지는 시각피질의 각기 다른 영역에 의해 색깔·형태·방향 같은 정보로 각각 지각된다. 모든 정보는 뇌의 특화된 영역에 보내져 분석 과정을 거친 후 정보종합적인 이미지의 측면들이 해석된다. 그러므로 이미지는 처음에 분해되었다가 나중에 다시 합쳐진다. 시각인지 시스템은 뇌의 다양한 영역에 분산되어 있어 인터넷과 유사하다고 볼 수 있다.

로봇학자들이 인간을 연구하면 할수록 난관에 부딪히지만 종국적으로 인간을 보다 더 연구해야 한다는 원론적인 면으로 또 다시 귀결된다. 역으로 설명하면 인간을 대상으로 연구한 결과 인간을 모사한 로봇을 만드는 것이 예상보다 어렵다는 것이다. 인간을 모사하려는 여러 가지 아이디어가 실패하는 근본적인 이유는 로봇과 인간의 가장 큰 차이점인 인간이 생물이라는 점을 인지하지 못했기 때문이라는 지적이 제기되었다.

SF물 중 로봇을 보다 심층적으로 다룬 것으로 스탠리 큐브릭 감독의 「2001 스페이스 오딧세이」, 크리스 콜럼버스 감독의 「바이센테니얼 맨」, 스티븐 스필버그가 메가폰을 잡아 유명세를 더욱 크게 받은 「A.I.」를 꼽는다.

이들 영화는 인간을 인간이게 하는 고유한 특성이 무엇인지 묻는 것으로부터 시작하여 그러한 특성이 도대체 어떻게 생기는지를 묻는데 세 편 모두 죽음으로 끝을 마무리한다. 물론 「A.I.」의 데이비드는 잠을 자는 것으로 끝내는데 이것이 잠을 의미하는지 죽음을 의미하는지는 모호하다.

미국의 우주선 아폴로11호가 달에 착륙하기 직전에 발표된 「2001 스페이스 오딧세이」가 공상과학 영화에서 극찬을 받은 것은 우선 방대한 스케일이다. 영화는 아득한 옛날 인류의 출현에서 시작하여 인간이 비약적으로 발전하자 가까운 미래의 우주탐사 프로젝트를 거치면서 우주선이 지구로 귀환하기까지의 장구한 역사를 다룬다.

이 영화가 1968년도 작품임에도 불구하고 탄탄한 시나리오와 과학적 지식이 있다는 점이 놀랍다. 그런데 이런 주제를 풀어가는 진짜 주인공은 인간이 아니라 인공지능 컴퓨터인 할^{HAL9000}이다. 영화의 서두에서 할이 1997년 1월 12일에 태어나는데 여기서 할은 컴퓨터지만 단순한 영화의 주변 장치가 아니라 인간의 지능을 가진 인격화된 컴퓨터이다.

로봇 할^{HAL9000}이 탄 우주선 디스커버리호가 5명의 승무원을 태우고 목성을 향해 간다^{프랭크와 데이브를 제외한 3명은 동면중임}. 이 우주선의 임무는 목성에서 소식이 끊긴 조사대의 행방을 탐색하는 것이다. 목성이 워낙 멀리 있어 능력에 한계가 있는 인간에게 모든 재량권이 주어지지 않고 만능 컴퓨터인 할에게 우주선의 조정과 통제를 부여한다.

컴퓨터에 지나지 않는 할이 특별대우를 받는 것은 영화에서 시종일관 중심적인 역할을 하기 때문이다. 우선 대사가 가장 많다. 더욱 중요한 것은 미국의 아동 프로그램으로 유명한「세서미 스트리트^{Sesame Street}」에서는 컴퓨터를 '그' 또는 '그녀'로 부르지 않는 것을 원칙으로 하는데 할은 영화를 통해 당당하게 인간과 같이 취급된다. 실제로 할을 다룬 글에서도 종종 '그^{he}'라는 단어를 사용하는데 이는 대단히 이례적인 일이다.[9]

사건의 발단은 우주선의 모두를 통제하는 할이 우주인 즉 승무원이 자기에게 감추는 무엇이 있다는 것을 파악한 후 부터이다. 할은 자기에게 감춘 위험한 임무를 수행하다가 죽을 수도 있으므로 자위권 차원에서 승무원의 죽음을 유도한다. 즉 승무원들을 차례로 죽일 계획을 꾸민 후 프랭크와 데이브를 우주선을 손 볼 곳이 있다며 우주 밖으로 내보낸다. 그 말을 믿고 두 명이 우주선 밖으로 나가자 할은 구명줄을 차단한다. 할로 인해 프랭크는 죽고 데이브는 구사일생으로 우주선으로 들어오는데 성공한다. 데이브가 대체 어떻게 된 일이냐고 묻자 인간들이 자기를 속였다고 할이 대답한다. 할은 속인다는 것을 어떻게 알았느냐는 데이브의 질문에 다음과 같이 말한다.

"당신의 입 모양을 보고 읽어냈지요."

데이브와 프랭크는 할이 엿듣지 못하도록 방음상태의 공간에서 대화했으나 할은 이미 그 말을 보고 파악했던 것이다. 데이브는 할에 대항하기 위해서는 할의 기능을 정지시키는 것 즉 작동스위치를 끄는 것만이 유일한 해결책임을 간파한다. 이는 할은 인간인 데이브처럼 움직일 수 없다는 약점이 있음이다. [10]

바로 상황이 역전되어 지배하는 측은 할이 아니라 데이브가 된다. 여기에서 죽음에 대한 대화는 모두를 놀라게 한다. 데이브가 할의 기억을 하나하나 지워나가자 할은 자신의 잘못을 사과하며 살려달라고 한다.

"데이브, 멈춰요. 죽음이 두려워요. 데이브, 내 마음이 사라지고 있어요. 느낄 수 있어요."

데이브로 인한 할의 의식 소멸은 그 자체로 죽음을 의미한다. 그런데 여기에서 감독은 인간이 가질 수 있는 휴머니즘을 잊지 않는다. 할은 데이브에 의해 프로그램 상에서 자신이 서서히 죽어가자 목성에 도착한 후 비로소 공개하게 되어 있는 동영상 메시지를 보여준다. 할의 이와 같은 행위는 명백한 명령 위반이다. 명령 위반이란 원래 인간만이 할 수 있는 인간의 특성 중의 하나로 간주된다.

그러나 할은 자신이 죽는다는 것을 인식하자 프로젝트를 완수할 수 있는 인간인 데이브에게 모든 것을 알려준 채 죽어간다. 수많은 악행을 저지른 악당이라 할지라도 죽기 직전 참회하거나 자신의 비행을 보상하려는 결단을 내리듯이 영화 속에서 할의 마지막 행동은 자신이 죽는다는 것을 받아들임으로서 비로소 하나의 인격체로 승격했다는 것을 보여준다.

영화 「2001스페이스 오딧세이」

「2001 스페이스 오딧세이」가 특별한 대우를 받는 것은 당대의 최고 기업들이 제공한 다양한 미래 소도구들이 빼놓을 수 없는 볼거리이기 때문이다. 우주왕복선의 컴퓨터 디스플레이는 RCA, 우주만년필은 파커, 기내식은 제너럴 푸드, 우주복은 듀퐁, 컴퓨터는 IBM 등이 디자인해 제작을 도왔다.

참고로 1997년 1월 컴퓨터 학자들이 할을 기리기 위한 모임을 가졌고 인터넷에서는 '사이버 파티'가 벌어졌다. 할이 영화에서 '나는 1997년 1월 12일 일리노이 주 어바나에서 태어났습니다.'라고 말했기 때문이다. 이 행사는 바로 30년 전에 언급된 그의 생일을 기념하기 위한 것이다.[11]

「바이센테니얼 맨」의 주인공 로봇 앤드루의 죽음은 할과는 그 근저가 다르다.

로봇인 앤드루는 처음에 죽음이 무엇인지 몰랐지만 앤드루의 전 주인이자 친구였던 리처드와 첫 번째 연인이라고도 볼 수 있는 작은아씨 아만다가 노령으로 사망하자 죽음은 헤어짐의 슬픔으로 다가온다는 것을 느낀다. 그들의 죽음에서 정말 두려운 것은 죽음 자체가 아니라 홀로 남겨지는 외로움을 깨닫는다.

그러자 앤드루는 자신이 사랑하는 아만다의 손녀딸 포샤와 함께 죽을 수 있는 존재가 되자 자신을 인간으로 대접해 달라며 법정투쟁을 벌린다. 그는 법정에서 자신을 인간으로 인정해 달라는 소송을 한 이유를 말한다.

"난 늘 어떤 의미를 찾으려 노력했습니다. 나를 바로 나이게 만들어주는 그 이유를 말입니다."

"왜 죽고 싶은가요?"

"영원히 기계로 살기보다는 차라리 인간으로 인정받으면서 죽고 싶기 때문이다."

법정은 그의 끊임없는 요청에 죽을 수 있는 로봇은 인간과 같은 속성이 있다면서 인간으로 인정해준다.

즉 앤드루는 그 자신이 죽음을 실현함으로써 인간이 되는 길을 증명한 것이다.

「A. I.」는 보다 진화한 로봇의 감성에 초점을 맞추었다.

'사이버트로닉스'라는 회사는 아이가 없거나 아이를 잃은 부모를 위해 아이의 감정과 사랑만 있는 꼬마 안드로이드를 만든다. 로봇을 만드는 과학자 하비 박사는 헨리와 모니카 부부의 아들 마틴이 식물인간이 되어 슬퍼하자 그들에게 안드로이드 데이비드를 기증한다.

모니카와 헨리는 처음부터 로봇인 데이비드를 선뜻 받아들이지 못하지만 점점 그를 진짜 아들로 받아들인다. 그러나 데이비드의 행복도 잠시. 양부모의 아들 마틴이 깨어나자 데이비드를 숲 속에 버린다. 양부모로부터 버림을 받은 데이비드는 피노키오 동화처럼 자신을 진짜 사람으로 만들어 줄 푸른 요정을 찾아 기나긴 모험을 떠난다.

「A. I.」에서 데이비드가 죽음을 인식한다는 것이 영화의 큰 주제 중의 하나다. 데이비드는 죽음은 헤어지는 것이며 그것이 슬픔이라는 것을 느낀다. 즉 데이비드는 단순히 입력된 정보를 통해서가 아니라 사랑하는 사람이 죽으면 혼자되는 것이 두렵다는 것을 인식하며 자신의 죽음조차 두려워하는 인격체로 발전한다.

영화에서는 소설과는 달리 다소 극적으로 표현했다. 데이비드는 로봇이야말로 인간의 삶을 파괴하는 존재이므로 철저하게 파괴해야 한다는 로봇 사냥꾼에게 잡힌다. 그들은 로봇들을 파괴하고 살해하는 '플래시페어쇼'를 개최하여 공개적으로 로봇들을 파괴한다. 그런데 다른 로봇들도 죽고 싶어 하지는 않지만 죽음을 공포로 인식하지 않으므로 목숨을 구걸하지 않고 순순히 죽음을 맞이한다. 그러나 데이비드는 죽음의 공포를 느끼면서 외친다.

"나를 죽이지 마세요."

데이비드의 소리를 들은 군중들은 로봇은 결코 목숨을 구걸하지 않는다며 데이비드를 살려주라고 한다. 그러나 데이비드는 추후 자신이 유일한 존재가 아니라 자신과 똑같이 만들어지는 수많은 로봇 중의 하나라는 것을 알고 물속에 몸을 던져 자살하려고 한다.

일반적으로 자살하려는 의지 즉 삶을 포기하려는 것은 인간의 속성이라고 알려져 있다. 물론 코끼리도 자살하며 새끼들을 위해 자신을 희생하는 동물들도 있다고는 하지만 타인을 위해 또는 자신의 의지로 자살하려는 행동은 인간의 특성이라고 간주한다.

결론적으로 데이비드의 자살 시도는 보상을 받아 그가 꿈꾸던 엄마를 단 하루 동안이지만 만나보게 된다. 이것은 죽음과 자살 시도조차 인간만이 가지는 특권이자 권리라는 것을 의미한다.

이 영화들이 제시하는 내용은 대단히 복잡하지만 큰 틀에서 시종일관 다뤄지는 주제로 인간의 특성이 어떻게 만들어지는가를 여러 가지 각도에서 다루었다는 점에서 주목을 받았다. 해답은 비교적 간단하다. 인간의 특성이 만들어지는 것은 본질이 아니라 '과정'에 있으므로 인간다움은 주어진 것이 아니라 획득되는 것이다.

영화 「바이센테니얼 맨」

죽음으로 완성된다

지구상에 생명체가 태어난 이래 단 한 번도 바뀌지 않은 사실은 일단 태어난 생명체는 반드시 죽는다는 것이다. 불멸의 진리와도 같은 인간의 죽음과 노화는 여전히 어느 누구도 막아내지 못한다. 소위 불가능의 영역인 것이다.

많은 사람들의 기대와는 달리, 의학의 눈부신 발전에도 불구하고 노화는 어김없이 찾아오기 때문이다. 의학은 노화의 증상^{머리가 세고, 이가 빠지고, 뼈와 근육이 약해지고, 주름살이 생기고, 폐경이 오는 것 등}을 방지하는데 아무 것도 기여하지 못했다. 스트렐러는 인간은 25세에서 30세가 지나면 매년 어김없이 약 1%의 비율로 신체의 각 기능이 약화된다고 추산했다.

그렇다면 사람은 왜 죽음을 두려워하는가? 자기가 존재한다는 환상 때문이다. 자유의지를 가진 자기, 자신을 중심으로 한 세계를 죽음으로 전부 잃는다는 것에 대한 공포 때문이다. 죽음의 두려움이 인간에게만 있다고 보는 이유는 인간만이 죽음을 예측할 수 있기 때문이다.

그러므로 학자들은 죽음과 삶은 일체^{앞뒤 한 몸}이며 '태어나는' 일과 '죽는' 일을 한 가지로 파악하는 것이 중요하다고 설명한다. 「자도즈 Zardoz」라는 영화에서는 죄를 범한 대가로 벌을 받지 않는 한 늙지 않는다. 재생할 수 있는 영원한 기계가 있어 사람들은 절대로 죽지 않는다. 불사인들은 잠을 잘 필요도 없고 항상 깨어 있다. 다만 유죄판결을 받은 사람만이 판결에 따라 '나이를 먹고' 죽는다. 그러나 젊음이 영원히 계속되는 것에 싫증을 느끼기 시작하면서 의식이 없는 듯 생활이 무감각해지자 그들은 오히려 죽음을 요구하고 나선다.

이 사회에서는 게으른 사람도 일할 필요가 없다. 영원히 산다는 것은 에너지를 보충하지 않아도 된다는 뜻이다. 직업도 필요 없고 부를 축적할 필요도 없다. 한마디로 살아 있는 개체로서의 다양성은 포기된다. 언제나 똑같은 사람들과 함께, 똑같은 생활이 영원히 계속된다면 하자. 생각만 해도 끔찍하다. 그래서 오히려 죽음을 요구하는 말도 되지 않는 이야기지만 이런 주제가 어느 정도 공감을 받는 것은 인간이 인간답게 살 수 없다면 죽은 것이나 마찬가지기 때문이다. 「자도스」에서는 구제자들이 불사인들을 학살하는데 그들은 죽음을 기쁘게 순순히 받아들인다. 불사인이 생긴다면 이와 같은 상황이 실제로 일어날 것인지는 예측할 수 없지만 죽음이 있어야 인간 생활이 보다 활성화된다는 데 많은 사람들이 공감할 것이다.

인간이 가진 또 다른 특징 중의 하나는 남을 위해 자신을 희생하는 이타심인데 이 이타심이 맹목적이지 않다는데 중요성이 있다. 물론 인간만 이타심을 발동시키는 것은 아니다. 어떤 개미는 적이 침입하면 자신의 배를 터뜨려 독성 물질을 내뿜음으로써 종족을 지킨다. 놀라운 것은 털이 없고 앞을 못 보는 두더지^{mole rat}의 행동이다. 두더지는 자신이 기생충에 감염되었다는 것을 알면 복잡한 굴의 공공화장실에 해당하는 곳으로 가서 죽을 때까지 그곳에 머문다고 한다. 셔먼 박사는 두더지는 절대로 그곳에서 기어 나오지 않고 강제로 먹이를 먹일 수도 없다고 한다. 이런 행동을 함으로써 무리 전체가 병에 감염되는 위험을 막을 수 있음을 두더지가 알고 있다는 것이다.[12]

코끼리는 대체로 '가족'으로 구성된 집단을 이루며 살아가는데 새끼를 가진 부모들은 새끼를 돌보는데 전력을 다하며 매우 헌신적이다. 어느 한 우두머리에 의해 지배받지 않으며 가족 나름으로 커다란 서식지 안에서 많은 자유를 누리며 산다.

이들 중에서 대체로 덩치가 매우 큰 수컷 한 마리가 이른바 '촌장' 노릇을 한다. 평소에는 두드러지지 않지만 어떤 위기 상황이 닥치면 촌장의 역할은 매우 중요하다. 워낙 체격이 크고 육중해 이렇다 할 천적은 없지만 어느 한 가족의 새끼에게 위험이 닥치면 촌장은 적극적으로 이 가족의 어미를 돕는다. 늪지에 빠진 새끼를 끌어내기도 하고 굶주린 사자와 같은 맹수가 접근하면 몸으로 막아 방패가 되기도 한다. 이런 이유만으로도 촌장 코끼리가 여느 가족들에게 절대적인 신임을 받기에 충분하다. 더욱이 밀렵꾼이 총을 들고 다가오면 집단을 위해 돌진해 자신의 생을 마감하는 경우도 적지 않다고 한다. 자신의 몸을 바쳐 후손들의 안전과 평화를 빌기라도 하는 것 같다고 김수일 박사는 적었다.[13]

땅다람쥐 *Spermophilus belding*도 마찬가지다. 이 다람쥐는 독수리와 같은 포식자가 주위에 나타나면 경고음을 발생시킨다. 이 경고음을 듣고 다른 개체들은 곧 피신하지만 정작 경고음을 낸 개체는 포식자의 표적이 되기 쉽다.

여하튼 코끼리, 두더쥐, 땅다람쥐의 예를 볼때 이타심이 인간에게만 있는 것은 아니지만 어느 동물보다도 인간의 이타심이 깊기 때문에 궁극적으로 동물의 왕으로 군림하는 것이다.[14]

그런데 이런 이타심은 인간이라는 동물이 궁극적으로 모두 죽는다는 것을 전제로 한다. 이타심은 사랑하는 사람을 위해 죽기도 하고 명분과 의리를 위해 목숨을 던지게도 만든다. 전투를 앞둔 장병들에게 가장 많이 하는 말은 비록 전쟁에서 죽을 수 있을지 모르지만 자유를 위해, 가족을 위해, 국가를 위해 싸우다 죽는 것은 결국 자신을 살리는 것이라고 한다. 명예와 명분을 위해 다소 빨리 죽는 것이 오히려 떳떳하다는 것이다.

할, 앤드루, 데이비드도 죽음을 이해함으로써 진짜 인간이 되고자하는 소망을 이루었다고 볼 수 있다. 그들이 로봇이지만 죽음을 인식했음을 의미한다. 이 말은 로봇이 인간화되기 위해서는 죽음을 당연시 하고 죽음을 순순히 받아들이며 죽음을 선용할 수 있는 프로그램이 장치되어야 한다는 것을 뜻한다. 역으로 말하면 인간다운 로봇은 완벽함을 추구하는 것이 아니라 미완성이어야 함을 의미한다.

지구상에 태어난 인간은 개체마다 나름대로 발전하다가 미완성으로 사망하면서 그것이 다음 세대에서 이루어지도록 가교를 놓는데 남다른 노력을 하기 때문이다. 미완성이면서 불확실한 로봇이 개발되어야만 진정한 로봇이 된다는 아이러니함에 로봇 학자들이 놀라는 것은 무리한 일이 아니다.

개성 있는 로봇

인간이 두뇌를 사용하는 방법을 그대로 로봇에게 접목할 수 없다는 것은 인간의 수준 즉 과학자들의 능력으로 볼 때 인간에게 일어나는 수많은 변수를 정밀하게 분석할 수 없기 때문이기도 하다.[15]

인공적으로 만들어진 똑똑한 로봇의 두뇌는 물리적으로 비생물적이고, 전기적 또는 광학적이다. 이것은 인간의 두뇌를 기계적 시스템으로는 따르지 못할 속성이 있다는 것을 의미한다. 이런 의미에서 학자들이 당초에 예상했던 인간의 두뇌 모사는 사실상 '불가능의 영역'일 수밖에 없다. 불가능의 영역이란 한마디로 우주를 지탱하는 기본 원리나 구성이 변하지 않는 한 절대로 극복할 수 없는 영역을 말한다. 광속이 30만 킬로미터에 묶여 있는 한, 타임머신이나 공간이동은 불가능하며 우리의 눈이 가시광선만 볼 수 있는 차원에서는 진정한 투명 인간이 불가능하다. 인간이 생물체인한 영원히 살아있는 불사신도 존재할 수 없는 일인 바 인간의 두뇌를 모사하는 것은 불가능하다는 설명이다.

학자들은 차분하게 당면 문제들을 분석하기 시작했다. 지능이 있는 로봇 개발이 대 전제이므로 어떠한 방법을 도입하여 인간의 한계를 넘어설 수 있느냐이다. 앞에 설명한 것처럼 인간의 두뇌를 모사하는 것이 절대 불가능의 과학 분야에 속하지만 로봇과 인간의 한계를 분명히 그을 수 있는 또 다른 이유가 있다.

인간은 각 개인마다 다른 개성이 존재한다. 즉 사람은 태어날 때부터 다른 사람과 다른 생각을 하면서 다른 행동을 한다. 개성을 한 인간이 태어나기 전에 부모로부터 이어져 내려온 유전적 특징 때문이라는 설명도 가능하다. 즉 사람은 태어날 때부터 다른 사람과 다른 생각을 하면서 다른 행동을 한다. 한 인간은 선천적인 자질과 함께 후천적인 특성이 합쳐져 완성되고 이것이 후손에게 전달된다.

앞에서 보았듯이 인간 두뇌의 기반이라 볼 수 있는 시냅스의 연결은 아주 복잡하다. 학자들은 시냅스의 연결이 매우 복잡하고 난해한 것은 유전자에 의해서라고 추측한다. 즉 우리의 초기 프로그램, 다시 말해 인간의 유전으로 물려받은 것 중의 일부분이라는 것이다. 우리가 경험을 하고, 두뇌가 생물학적인 성장을 거듭하면서 여러 가지 동작 조건에서 시냅스들이 학습을 한다.

그래서 두뇌의 신체적인 기초에 따라 발생되는 많은 원초적인 본능이 있게 된다. 이러한 본능은 대부분의 사람에게 거의 공통적이다. 그렇지만 유전 때문에 원초적 본능은 초기에 아주 강하게 연결되고, 또 어떤 점은 약하게 연결된다. 이런 식으로 사람들은 자신만의 천성을 가지고, 그 이후의 학습과 경험은 이를 토대로 하여 발전하거나 퇴보한다.

인간의 개성이 얼마나 특이한가는 앤드류 니콜 감독의 영화「가타카 Gattaca」로도 알 수 있다. 그는 유전자만으로 인간을 판단하는 미래의 인간 사회를 진단했다.

영화의 주인공인 빈센트 프리맨은 섹스를 통해 잉태된 '신의 아이'로 그가 태어날 때 알려진 유전정보로는 신경계 질병과 조울증의 가능성이 각각 42퍼센트, 집중력 장애는 89퍼센트, 심장질환은 99퍼센트로 예상 수명이 30.2세에 불과하다. 모든 사람들이 태어날 때 이미 언제, 어떻게 죽는지에 대해서도 알 수 있으므로 보험회사로부터도 차별을 당한다. 이러한 내용을 잘 아는 부모는 둘째 아이 안톤을 사전 계획 하에 태어나게 한다. 그에게는 조기탈모, 근시, 알콜중독, 약물중독, 폭력성향, 비만 등이 일어나지 않는다. 당연히 안톤은 새로운 상류계급으로 떠오르고, 빈센트는 가타카라는 회사의 청소부가 된다. 가타카는 유전적으로 우수한 엘리트만이 들어가는 우주비행 전문회사로 DNA를 구성하는 네 가지 염기인 AGCT의 네 글자를 합성해서 지은 이름이다.

영화 「가타카」

영화는 여러 면에서 열등한 빈센트가 자신의 유전자 특성에 알맞은 직업인 청소부가 아니라 우수한 자질을 가진 사람에게 적합한 우주비행사를 꿈꾸는데서 부터 시작한다. 빈센트는 무슨 일이 있더라도 자신의 꿈을 실현시키려고 우주에 대한 공부는 물론 꾸준히 체력을 단련시킨다. 또한 유전적으로 열등하지만 신분상승을 꾀하는 신의 아이들에게 뒷거래를 알선하는 브로커에게 접근하여, 한때 뛰어난 운동선수였지만 사고로 휠체어 생활을 하는 제롬의 대역이 된다. 빈센트는 우주비행사의 꿈을 실현하기 위해 피 한 방울, 피부 한 조각, 타액, 오줌으로 인간의 신분을 읽어내는 사회를 속여야 한다.

머리카락 하나만으로 예상 수명까지 산출하는 사회에서 우등유전자 코드를 가진 인간이 열성인간을 지배하는 생물학적 계급사회가 펼쳐질지 모른다고 이 영화는 경고한다. 그러면서도 사회적 기준으로 볼 때 열등한 인간인 빈센트가 우월한 인간에게 적합한 우주비행의 꿈을 가지고 또 그 꿈을 이룰 수 있다는 것으로 보아 인간의 본질은 유전적 조건에 의해서만 규정되지는 않는다는 철학적 의미를 담고 있다. 한마디로 아무리 열등한 사람도 나름대로 꿈과 희망을 가질 수 있음을 의미하는데 이는 지구상에 70억 명의 인간 모두 나름대로의 개성이 있다는 것을 뜻한다.[16]

실제로 모든 인간의 두뇌가 동일한 구조라면 그 차이는 크지 않을 것이고, 본질적으로 개개인의 경험과 신체적인 차이에만 의존할 것이다. 그러나 지구상에 태어난 인간은 그 숫자가 얼마든 모두 다른 개인체이다. 같은 사물을 보더라도 느끼고 생각하는 것이 모두 다르다. 이것은 인간화를 목적으로 하는 로봇이 10억이라면 10억의 로봇이 모두 다른 개성을 가질 때 비로소 인간과 같은 속성을 가졌다고 본다는 것을 뜻한다.

각자 개성이 있는 로봇이 왜 필요한가? 로봇의 장점이란 통일성을 전제로 하는데 이런 특성이 없다면 로봇이 존재할 의미가 없어진다.

실제로 영화감독이 차용하는 로봇들은 기본적으로 안드로이든 아니든 모두 복제품으로 개성이 없다. 「바이센테니얼 맨」이나 「A.I.」의 경우는 처음부터 지능이 있는 것이 아니라 실수로 다른 로봇과 다르게 태어난다. 실수가 있어야 특별한 로봇이 태어난다는 것이야말로 인간과 같은 로봇 즉, 엄밀한 의미에서 안드로이드는 절대로 태어날 수 없다고 학자들이 단언하는 이유 중의 하나다.

주석

1) 『21세기와 자연과학』, 서울대학교자연과학대학교수31인, 사계절, 1994
2) 『미래 속으로』, 에릭 뉴트, 이끌리오, 2001
3) 박승수, 『인간 흉내일 뿐 기계 한계점 극복 불가능』, 〈과학동아〉, 1995. 5.
4) 『불가능은 없다』, 미치오 가쿠, 김영사, 2010
5) 『세계 영화 명작』, 신성원, 아름출판사, 1993
6) 『미래 속으로』, 에릭 뉴트, 이끌리오, 2001
7) 『불가능은 없다』, 미치오 가쿠, 김영사, 2010
8) 『3차원 뇌 지도 그린다』, 정호진, 〈뇌〉, 2003. 6.
9) 『사람같은 컴퓨터 HAL의 탄생기념축제』, 이강필, 〈과학동아〉, 1997. 5.
10) 『영화 이렇게 보면 두배로 재미있다』, 김익상, 들녘, 1994
11) 『물리학자는 영화에서 과학을 본다』, 정재승, 동아시아, 2002
12) 『동물도 자살한다』, 나탈리 앤저, 〈과학동아〉, 1994. 9.
13) 『동물사회의 지도자 그 카리스마의 비결』, 김수일, 〈과학동아〉, 1997. 11.
14) 『이타적인 행동의 진화 메커니즘 규명』, 장대익, 〈과학과 기술〉, 2004. 5.
15) 『추론: 주인 취향 맞춰 비서 노릇 척척』, 김명원, 〈과학동아〉, 2000. 6.
16) 『영화 속의 철학』, 박병철, 서광사, 2001

14

로봇의 반란

로봇은 인간과 다른 별종
선악이 구분 안 되는 로봇
거짓말이 가능한 로봇
반란을 꿈꾸는 로봇
제어가 안 되는 의식
매트릭스 세계
로봇의 네트워크 통제

로봇의 인간화를 추진하던 학자들에게 개성 있는 로봇이 중요하다는 말은 그야말로 악몽이나 다름없다. 개성 있는 로봇이라는 말 자체가 로봇을 만드는 대전제에 어긋날 수도 있기 때문이다. 로봇학자들은 실망하지만 이를 오히려 반기는 사람들도 있다. 안드로이드의 탄생이 불가능하다는 것은 결국 로봇에 대한 위험도가 확연하게 줄어들기 때문이다.

그러나 로봇학자들의 고집은 알아주어야 한다. 로봇학자들은 곧바로 발상의 전환을 꾀한다. 인간이 미완성으로 생을 마쳤기 때문에 결국 현재와 같이 동물의 최정상에 올라서게 되었다는 것은 인간이 현재 가진 두뇌의 능력을 로봇에게 모두 접목시키지 않아도 됨을 의미한다. 로봇에게 두뇌가 필요하지만 인간과 똑같은 두뇌는 복제할 수 없다는 결론은 로봇 학자들에게 오히려 큰 힘을 실어주었다. 인간의 두뇌를 그대로 모사하는 것이 아니라 인간과는 완전히 다른 회로 구조를 통해, 지능적인 의식을 가지는 로봇을 만들면 되지 않느냐는 뜻이다.[1]

이런 내용은 로봇 개발에 획기적인 변화를 초래했다. 인간 두뇌의 동작에 대한 인간의 의식을 양자 이론처럼 이해하지 못하더라도 즉 인간의 두뇌를 완전히 이해하지 못하더라도 로봇의 두뇌에 인간에게 없는 특이한 장점을 부가시킬 수 있기 때문이다. 이를 역으로 설명하면 로봇이 인간의 두뇌보다 더 우수해질 수도 있다는 것이다.

자신의 팔에 칩을 넣어 전파로 기계를 움직이는 기계 개발 등에 앞장서는 케빈 워윅 박사도 이 부분을 강조한다.

소의 뇌는 인간의 뇌와 다르므로 인간과는 다른 방식으로 의식하지만 소도 인간과 유사하게 즐거움, 자기의식을 보인다. 물론 인간의 뇌가 소의 경우보다 훨씬 우수하게 작동한다. 지상의 모든 생명체와 인간과는 엄연한 차이가 있음을 인정한다. 그럼에도 인간과 소는 같은 동물로 분류된다.

그런데 로봇의 뇌는 인간의 뇌는 물론 소와도 다르다. 로봇은 인간을 포함한 모든 생명체와는 다른 방법으로 작동한다. 다시 말해 로봇과 생명체의 뇌는 본질적으로 다르다. 인간과 로봇의 두뇌 활동이 서로 다르고, 또 다양한 작업을 수행하기 때문에 같은 선상에서 비교할 수 없다.

케빈 워윅 박사는 로봇의 두뇌가 인간을 모사하지 못했다고 해서 인간의 두뇌보다 더 우수한 방법으로 작동하지 않게 하는 이유는 아니라는 설명이다.

노벨 생리의학상 수상자인 자크 모노Jacques Monod 박사도 그의 저서 『우연과 필연 Chance and Necessity』에서 '세포는 하나의 로봇이다. 동물도 하나의 로봇이다. 인간 역시 하나의 로봇이다'라고 말하면서 로봇의 가능성을 긍정적으로 평가했다.

사이먼Simons 박사는 '사람은 행동하도록 프로그램된 로봇이고 기계장치이지만 놀랄 만한 통찰력, 재능 및 감수성을 가진다'라고 했다. 이들 설명은 인간이 생물학적, 전기 화학적 형태의 기계 중 하나의 종류에 지나지 않는다고 여겨질 수 있다. 물론 학자들 모두 이러한 비유법에 찬성하는 것은 아니지만 여하튼 로봇 학자들이 주목하는 것은 로봇이 태어날 때부터 인간과 밀접한 관계를 갖고 있다는 점이다. 이것은 로봇이 새로운 하나의 예외적인 종으로 인간보다 더 우수해 질 수 있는 속성을 갖고 있을 수도 있다는 개연성을 포함한다. 즉 로봇이 인간의 지능으로부터 아무런 도움도 받지 않은 채 그들 자신만의 방법으로 똑똑해질 수 있음을 의미한다. 그 다음에는 로봇이 어떤 권한을 갖게 되고, 다른 주제에 대하여 조언할 수 있으며, 인간에 의하여 야기된 많은 문제를 빨리 해결할 수 있다는 설명이다.

한마디로 로봇 학자들이 인간의 지능에서 시작된 지능을 가지는 새로운 형태의 로봇을 개발하면 충분한 것이지 굳이 인간과 똑같은 로봇을 고집할 필요는 없다는 것이다.[2]

로봇은 인간과 다른 별종

인간은 과거부터 새가 하늘을 나는 것을 보고 하늘을 날고 싶어 했다. 그러므로 많은 사람들이 새의 행동을 모방하려고 했고 새의 날개와 같은 기구를 만들려고 했지만 성공하지 못했다. 인간도 날 수 있다고 주장한 사람들은 인간과 새가 근본적으로 유사하다고 설명한다. 단지 날개가 없기 때문이므로 사람의 몸에 펄럭거리는 날개 같은 것을 달거나 한 사람이 착용할 수 있는 날틀을 고안하려고 했다. 현대인으로 보아서 다소 바보 같은 행동을 고대인들이 집착한 것은 공기보다 무거우면서 날 수 있는 유일한 대상이 살아있는 동물인 새로 결론을 내렸기 때문이다.[3]

그러므로 비교적 정교하게 설계된 비행 장치에는 새의 특징들이 거의 전부 포함되었는데 심지어 영국의 토머스 워커는 1810년에 나무 글라이더에 부리까지 달았다. 1900년 『영국역학』에 게재된 다음

기사가 이를 증빙한다.

진정한 비행 장치는 의도와 목적 면에서 인공 새가 되어야 한다.

인간이 새가 되어야만 날 수 있다는 주장은 그 자체로 큰 비난을 받았다. 인간이 날 수 없다는 것이 분명함에도 불구하고 인간을 새로 생각했다는 비교 자체가 인간에 대한 모욕이며 비도덕적이고 잘못된 것이라는 주장이다. 이에 대해 "만일 신이 우리 인간을 날아다니는 존재로 만들고자 의도했다면 우리에게 날개를 주었을 것이다"라며 나는 것은 인간의 능력 밖이라고 인간이 날 수 없음을 당연하게 생각했다. 그것은 인간과 새들과 닮은 점은 찾아보기 어렵지만 차이점은 더욱 뚜렷하기 때문이다. 여기에 미국의 천문학자 사이먼 뉴컴은 새를 모방하든 아니든 인간만한 크기의 새 즉 비행체는 만들 수 없다고 주장했다.

새의 크기가 더 클수록 날개 면적은 크기의 제곱에 비례하지만 체중은 크기의 세 제곱에 비례한다.

어떤 경우라도 인간 이상 크기의 비행체는 날 수 없다는 설명이지만 현재 인간보다 수천 배나 덩치가 큰 비행기가 하늘을 날고 있는 것은 사실이다. 인간이 하늘을 날 수 있게 된 것은 새를 모방한 것이 아니라 새로운 방식으로 하늘을 날 수 있는 방법 즉 비행체를 개발했기 때문이다. 과학이 발달하자 인간은 새를 모방하려는 시도를 중단하고 공기의 흐름과 기압을 이용하여 부상할 수 있는 원리를 터득했고 라이트 형제에 의해 하늘을 나는데 성공했다.

라이트 형제도 처음에는 상공을 선회하는 갈매기를 바라보면서 날개를 휘게 함으로써 비행기를 회전시킬 수 있을 것으로 생각했다. 그러나 그들이 궁극적으로 하늘을 나는데 성공한 것은 갈매기의 날개를 모방하지 않았기 때문이다. 그들은 상자모양의 연으로 시작해서 처음으로 충분한 부양력을 얻는데 성공했고 이어서 하늘로 이륙할 수 있었다. 앞에 설명한 뉴컴의 반박은 매우 훌륭한 것이지만 그가 생각지 못한 것은 풍속에 비례하여 비행체의 부양력이 급속히 증가한다는 것을 전혀 고려하지 않았기 때문이다. 그는 날개가 단순히 납작하고 편평한 표면이라고만 생각했다.

여하튼 라이트형제의 성공 이후 어느 누구도 비행체를 새와 동일하게 만들려고 하지 않았다. 어떤 의미에서 항공기는 새의 놀라운 정확성을 따라가지 못하지만 비행기는 단순히 날아갈 뿐만 아니라 새보다 더 빨리, 더 높이, 더 오랫동안 날아갈 수 있다. 하늘을 나르려는 아이디어는 새로부터 발단이 되었지만 하늘을 나는 방법은 굳이 새의 행동을 모방할 필요는 없다는 것이다.

이것은 인간의 두뇌처럼 생각할 기본 능력 즉, 아이디어를 만들 수 있는 창발성만 갖고 있다면 로봇이 얼마든지 인간의 능력을 추월할 수 있는 방안을 개발할 수도 있다는 것을 의미한다. 즉 새의 날개를 연구하여 공기 역학의 원리를 발견하는 것이 불가능했다면 인간의 복잡성을 연구하여 지적인 행동들의 원리를 발견하는 것도 불가능할 수 있다는 것이다. 인간이 살아가는 동안 수행하는 기능적 변수들을 체계적으로 변화시켜 봄으로써 다양한 정신 과정들이 서로 상호 작용하고 보완하여 지적 행동을 산출할 수 있는지 파악할 수 있지만 굳이 인간의 두뇌를 로봇에 그대로 접목시켜야 할 이유는 없다는 것이다.

로봇 학자들이 드디어 인간을 추월할 수 있는 로봇을 만들 수 있는 절대적인 이론을 찾았다고 기뻐했음은 물론이다. 인간과 다른 새로운 종이 탄생할 수 있는 발판이 마련되었기 때문이다. 사실 로봇 학자들을 실망시킨 것은 진실한 의미에서 인간을 모사하는 사이버그, 안드로이드를 개발하는 것이 거의 불가능하다는 것을 이해했기 때문이다.

새로운 이론은 굳이 인간을 그대로 모사하지 않아도 컴퓨터로 하여금 인간과 동일하게 생각하고 행동하려고 복사하는 것이 아니라 컴퓨터의 특징을 살리는 인공지능으로 개발하면 인간의 능력을 간단히 추월할 수 있다는 것이다. 인간이 비행기를 만든 것은 새를 모방하는 것이 아니라 양력을 이용하여 하늘을 날게 했다는 것은 의미심장하다. 즉 지능 컴퓨터를 만들려는 사람들이 더 이상 인간을 모사할 필요가 없다는 강력한 배경 즉 근거가 생긴 것이다.[4]

인간의 뇌가 생물학적 컴퓨터임이 분명하더라도 기계적인 컴퓨터로 변형시키기 위해서 인간과 꼭 같아야 한다는 것은 아니라는 것은 로봇 개발에 결정적인 제한이 풀렸다는 것을 뜻한다.

선악이 구분 안 되는 로봇

인간이 지구상에서 수많은 우여곡절을 겪어가면서 현재 지상에서 가장 무서운 동물로 성장했음은 부연할 필요가 없다. 이 말은 인간에게 고의적으로 위해를 가할 수 있는 생물체는 지구상에서 인간 밖에 없다는 것을 의미한다. 이런 의미에서 사람들이 가장 궁금해 하는 것은 사이버그나 안드로이드와 같은 인간형 로봇이 개발되지는 않더라도 로봇의 지능이 계속 발전한다면 인간보다 더 우수한 로봇 즉 인간에게 위해를 끼칠 수 있는 상황이 정말로 일어날 수 있는가이다. 이 문제는 앞에서 설명한 로봇의 미래가 인류를 유토피아로 만들지 디스토피아로 만들지 확실하지 않는 상황이므로 더욱 흥미를 갖게 마련이다.

로봇이 인간과 똑같은 두뇌와 구조를 모방하지 않아도 된다는 설명은 로봇 학자들에게 그야말로 큰 희망을 주었다. 이는 인간을 능가할 수 있는 로봇이 궁극적으로 개발될 수 있다는 것을 의미하기 때문이다. 로봇의 인간화가 불가능하다고 하지만 로봇에 대한 규제가 풀린 이상 인간보다 더 똑똑한 로봇이 등장했을 때 로봇의 미래가 디스토피아를 만들지 말라는 보장이 있을까? 이에 대한 답은 이를 막을 수 있는 방법을 인간이 만들 수 있겠는가 이다.

인간을 추월할 수 있는 로봇이 개발될 수 있다는 결론에 다다르자 영화감독들의 아이디어는 두 가지로 나뉜다. 첫째는 인간성을 듬뿍 가진 로봇이고 둘째는 인간에게 위해를 주는 로봇이다. 에일리언 시리즈인 「에일리언 4」에서 바로 인간과 다름 아닌 안드로이드 로봇 '콜'이 등장한다.

의학탐사선 아우리가 USM Auriga 호에는 200년 전 「에일리언 3」에서 자살한 리플리의 혈액으로부터 DNA 샘플을 채취. 미수정란을 이용한 유전공학으로 리플리를 부활시키고. 이때 함께 복제된 퀸 에일리언의 태아를 리플리의 몸에서 분리하는데 성공한다. 이들의 목적은 리플리가 아닌 에일리언이며, 이를 길들여 군견과 같은 용도로 사용하려는 목적이었다.

문제는 에일리언이 생명체를 숙주로 이용해 증식한다는 점이다. 그러므로 우주선의 과학자들은 에일리언의 배양과 동면에 필요한, 살아있는 사람들을 유괴하기 위해 현상금을 걸고 우주 밀수꾼을 고용한다. 이중에는 콜이 포함되어 있다. 밀수업자들이 동면 인간들을 '아우리가 호'로 옮겨 에일리언을 탄생시키는데 콜이 아우리가 호의 진정한 목적을 알아낸다. 우주선의 책임자가 자신들의 비밀이 누설되었다는 것을 발견하고 밀수꾼들을 살해하려고하자 그들은 테러를 일으킨다.

이때 특수물체로 가둬놓은 에일리언들이 탈출하여 우주선의 대부분 승무원들은 살해당한다. 이 와중에서 우주선 속에 갇힌 리플리와 밀수꾼들은 12마리나 되는 에일리언들과 혈투를 벌이면서 탈출하기 위해 베티 호로 향한다.

영화의 결론은 주인공인 리플리의 활약에 의해 에일리언이 격멸되지만 결정적일 때에 승무원들을 구해주는 콜이 '오톤'이라는 로봇이 만든 로봇이라는 것이 추후에 밝혀진다. 콜은 완벽한 안드로이드이다. 인간과 같은 감정을 가지고 로봇인데도 불구하고 인간을 살리려고 노력하는 것은 물론 부상당하자 아프다고까지 말한다. 리플리가 콜의 부상을 치료해주자 콜이 질문한다. 인간들이 구역질이 날 정도로 악행을 일삼으면서도 목숨에 집착하는 이유를 모르겠다고 질문하는 것이다.

안드로이드인 콜이 인간을 위해 봉사하는 것은 에일리언을 복제하려는 정부 주도의 비밀실험이 밝혀지자 이를 막기 위해 프로그램되어있었기 때문이다. 한마디로 지구연방군은 인간보다는 안드로이드인 콜을 믿을 수 있기 때문에 인간을 구하기 위해 콜을 밀수꾼으로 잠입시켰다는 뜻이다. 물론 콜을 제외한 5명의 밀수꾼들은 콜이 안드로이드인줄을 전혀 모를 정도로 인간처럼 행동한다. 사실상 수많은 위기가 닥치자 콜만이 너무나 인간답게 행동한다. 콜에게는 승무원이든 밀수꾼이든 위기상황에서 그들의 생명을 우선시해야 한다고 강조한다. SF영화로 보면 가장 인간에게 충실한 로봇 즉 안드로이드를 보여준 셈이다.

「에일리언」이 처음 나왔을 때 무려 4편이나 만들어질 수 있다고 생각한 사람들은 없었다. 일반의 예상을 뒤엎고 「에일리언」이 이처럼 성공을 거둘 수 있었던 것은 여러 가지가 있겠지만 가장 큰 요인으로는 여성주인공인 리플리 스콧^{시고니 위버}의 등장이다. 리플리 스콧의 강인한 여성 캐릭터가 외계 행성의 에일리언과 맞서 싸운 후 최후의 생존자로 남게 된다는 이야기는 당대의 영화 판도로는 전혀 예상치 못한 일이다.

그동안 액션 영화에서 여자는 서브 캐릭터 정도로만 등장했다. 그러나 「에일리언」에서 근육질의 여자가 남성은 물론 에일리언까지 처치하는 힘을 발휘하면서 관객들의 눈길을 끌었다. 영화만 본다면 「에일리언」에 등장하는 남자들은 여자 주인공에 비해 여러 가지 면에서 한참 뒤떨어진다.

이런 성 대결의 역전은 1960년대 이후 미국에서 불었던 페미니즘 운동의 여파라고 해석할 수 있다. 특히 여성전사가 무소불위의 힘을 가진 대기업과 야심에 도전한다는 설정도 시대적 상황에 상당히 공감을 받았다. 그동안 대부분의 SF물에서 정부의 비밀 기관이 악역을 맡았으나 일반 기업이 이를 담당하는 것도 새로운 각도의 시도였다.

영화에 등장하는 '웨이랜드-유타니'라는 회사는 각 분야의 전문가를 모아 우주선을 띄울 정도의 대기업인데 그들은 이익 창출을 위해 안드로이드 첩자를 심어 사람들을 감시하고 인간을 노예처럼 부리거나 실험하고 복제하며 위험한 생물 무기인 에일리언을 지구에 들여놓으려는 비윤리성의 표본처럼 장식된다. 즉 욕망의 화신과도 같은 '기업'과 그에 동의하는 인물들을 강인한 여성 주인공이 간단하게 처리하여 공전의 흥행에 성공할 수 있었다고 볼 수 있다.

이후 데비 무어의 「지 아이 제인 G. I. Jane」, 안젤리나 졸리의 「툼 레이더 Tomb Raider」와 「솔트 Salt」, 밀라 요보비치의 「레지던트 이블 Resident Evil」 등 수많은 영화에서 강인한 액션을 발휘하는 여성 주인공들이 활약한다. 사실 과거에는 지구를 구하거나 정의를 구현하는 전사들은 기본적으로 남자들 위주였는데 근래에는 여자들이 없다면 지구는 안전하지 않다는 생각까지 심어줄 정도다.

이런 현상은 「에일리언」에 나타나는 원조 여전사의 공이 상당히 크다. 「에일리언4」에서 여주인공 리플리 스콧이 200년 후에 다시 복제되어 태어나는데 뱃속에 잉태된 에일리언이 엄마인 리플리 스콧을 쫓아 모성애를 느끼게 하는 장면도 그동안 전혀 볼 수 없었던 시나리오다. 괴물 즉 적으로만 한없이 인식되던 에일리언에 대한 시각이 재평가되는 계기가 되었는데 이런 발상의 전환도 흥행에 성공하는 요인

이 되었음은 물론이다.[5]

결론을 먼저 말한다면 콜과 같은 로봇만 있다면 안드로이든 사이보그든 걱정할 이유가 없다. 그런데 과학기술에 의한 결실이 인간을 편리하게 만들어주는 반면 더욱 게으르도록 도와준 것은 사실이지만 이에 반하는 이율배반적인 분야에 투입한 것도 사실이다.

가장 단적인 것이 군사용 무기 개발이다. 로봇의 탄생이 길지 않지만 현재 여러 곳에서 로봇이 인간을 무차별 살상하는 전쟁용으로 사용되고 있다는 것은 놀랍지 않다. 문제는 이런 로봇이 전쟁이라는 특수한 환경에서만 사용될까 염려되며 더욱 우려되는 것은 「터미네이터」 시리즈에서 보여주는 불유쾌한 상황이 정말로 도래하지 않을까 하는 점이다. 「터미네이터」에서 보여주는 미래처럼 되는 것을 원하는 사람은 없겠지만 인간의 속성상 이런 상황이 일어날 지도 모른다는 점에 사람들의 관심이 집중할 수밖에 없다. 과연 그런 일이 일어날 수 있는지 보다 구체적으로 살펴본다.

 ## 거짓말이 가능한 로봇

로봇의 무한성 즉 컴퓨터의 지능이 인간을 능가할 수 있는 가능성은 이를 금지하는 물리법칙이 없기 때문이다. 로봇이 어떤 방법으로든 계속 능력을 키워나가면 학습속도와 효율이 인간을 앞질러가고 결국은 지능도 인간을 추월할지 모른다는 것을 막을 방법도 존재하지 않는다는 설명이다.[6]

「에일리언 4」에서 보면 후대에 탄생할 로봇은 인간들이 로봇인줄 모를 정도의 지능을 갖고 있더라도 문제 삼을 일이 없다. 오히려 로봇이 인간을 위해 음양으로 일할 수 있다는 것에 인간들이 위안을 받을 수 있을지 모른다. 그

「로봇의 3대원칙」을 만든 아이작 아시모프 박사

런데 학자들은 로봇이 발전한다면 궁극적으로 「에일리언 4」의 콜과 같은 선량한 로봇만 등장하겠냐는 이의를 제시한다. 이것이 어렵다는 것은 간단한 예로 아시모프의 '로봇의 3대 원칙'의 모순점을 들 수 있다.

비행기를 추적하여 격파하기 위해 가장 많이 사용되는 것은 열추적 미사일이다. 그것은 전투기 엔진에서 열을 발산하기 때문이다. 그런데 미사일이 보다 발전되어 로봇과 같은 성능을 보유하고 있다고 하자. 원칙적으로 적 전투기를 보다 확실하게 확인하여 폭발시키기 위해 성능 좋은 로봇 미사일을 만든다. 그런데 로봇 미사일이 적 전투기에 탄 승무원을 죽인다는 것은 '로봇의 3대 원칙'을 위배한 것이다. 그러므로 로봇 미사일은 비행기를 폭파시킬 수 없으므로 적군 비행사에게 기체는 곧 폭발할 것이므로 비행기에서 탈출하라고 경고해야 할 지 모른다. 문제는 적기는 음속보다 빨리 이동하기 때문에 로봇 미사일이 탈출하라는 경고를 들을 수 없다. 만약 듣는다 하더라도 조

영화 「터미네이터3」에서 활약하는 액체금속인간

종사는 그가 탈출한 후에야 비행기를 폭파시킨다는 것을 알고 있으므로 굳이 탈출할 필요가 없다. 분명히 이것은 어리석은 상황이며 로봇에 관한한 아시모프의 법칙을 곧이곧대로 지킬 수 없다는 것을 의미한다.

다소 껄끄러운 질문이지만 로봇이 개발됨으로 해서 인간에게 부작용은 없는가라는 가장 중요한 요소이다. 이 질문은 로봇이 인간을 상대로 거짓말을 할 수 있는가, 더 나아가서는 로봇이 궁극적으로 인간에게 반기를 들 수 있느냐 없느냐를 뜻한다.

앞에서 설명한 「터미네이터」 시리즈를 다시 설명한다.

「터미네이터」의 기본 골격은 고도로 발달된 미래의 로봇들이 인간에게 반란을 일으킨 후 로봇에 반항하는 인간 게릴라 지도자를 애초에 태어나지 않도록 과거로 거슬러 올라와 제거한다는 것이다.

그런데 「터미네이터3」에서 T-800^{아놀드 슈왈츠제네거}이 상황을 모르는 여주인공 케이트 브루스터에게 로봇의 반란에 대항하는 인간들의 미래 지휘관이 될 존 코너가 어디 있는지를 알려주면 보내준다고 한다. 케이트가 존 코너가 어디 있는지를 알려주었음에도 보내주지 않자 약속이 틀린다고 항의하자 T-800은 놀라운 말을 한다.

"거짓말이었다."

14 로봇의 반란

이 영화가 큰 성공을 거둘 수 있었던 것은 미래의 로봇이 인간에 대항하여 반란을 일으키는 다소 진부한 내용이지만 타임머신을 타고 과거로 거슬러오고 '액체금속인간'이라는 과학적 지식도 혼재하고 거짓말도 할 수 있는 나름대로의 미래 첨단 과학적 개념을 도입했기 때문으로 설명하는 전문가들도 있다.

필립 K. 딕의 『사기꾼 로봇』도 의미심장하다.

미래의 어느 시점. 지구는 켄타우루스의 알파별 외계인들과 명운을 건 전쟁 중이다. 주인공 스펜스 올햄은 외계인들의 공습에 도시를 지켜낼 거품 보호막을 개발 중인 전략 연구소의 고위급 연구원이다.

어느 날 출근하던 그는 돌연 연방정보부 소속임을 자처하는 기관원에게 납치당해 살해당할 위기에 처한다. 그 기관원의 설명에 따르면 현재의 스펜스 올햄은 진짜가 아니라 외계인들이 심어 놓은 로봇 스파이라는 것이다. 지구의 요인을 납치 살해한 후 그와 똑같은 외모와 기억을 이식받은 다음 그 피살자 흉내를 그대로 내고 있다는 얘기다. 올햄을 더욱 놀라게 하는 것은 그 로봇의 몸속에는 지구를 날려버릴 만한 위력을 지닌 폭탄이 내장되어 있는데 정작 그 로봇 스스로는 자신이 진짜 스펜스 올햄인 줄로 착각하고 있다는 것이다. 그래야만 신분을 철두철미하게 속일 수 있다는 외계인들의 계산이 깔려 있다는 것이다.

물론 스펜서 올햄은 그 기관원이 지껄이는 소리를 믿지 않고 기지를 발휘해 달아난다. 그는 끈질기게 자신의 누명을 벗기 위해 투쟁하는데 마침내 누명을 벗기 직전 진짜 스펜스 올햄이 시체로 발견된 것이다.

그는 "저게 올햄이라면, 내가 바로 로…"라고 말을 끝마치기 전에 지구에서 대폭발이 일어난다.

자신의 정체를 자각하는 말이 바로 폭발을 점화시키는 암호였던 것이다. 지구인들의 방첩체제를 역이용한 외계인들의 고도의 교란전술이 그대로 먹힌 셈인데 마지막 반전이 독자를 놀라게 한다. 한 마디로 로봇이 거짓말을 했다는 뜻이다.

『사기꾼 로봇』에서는 수사관조차 속을 정도로 완벽하게 거짓말을 하는 것은 물론 주인공으로 등장하는 스펜스 올햄조차 자신이 안드로이드인지를 모를 정도이다. 『사기꾼 로봇』의 작가 필립 K. 딕은 특이한 작가이다. 그는 1982년에 사망했고 그의 작품 대부분이 1970년대에 저술되었음에도 1990년대에 새롭게 재조명하는 작업이 일어났고 특히 공상과학 소설이 아니라 주류 문학계에서도 그의 작품 세계를 새롭게 주목한다.

그의 작품은 책으로보다 수많은 영화로 더 잘 알려져 있는데 앞에서 설명한 「블레이드 러너」, 「토탈 리콜」, 「마이너리티 리포트」, 「페이첵」 등도 그의 작품이다. 『사기꾼 로봇』도 「임포스터 Imposter」라는 이름으로 영화화되었다. 딕은 주로 '정체성의 혼란'이라는 주제를 다루었는데 인간이 이룩한 과학기술이 오히려 인간에게 저주의 산물이 될 수 있다는 것이다. 『사기꾼 로봇』을 원작으로 한 「임포스터」도 그가 애용하는 과학 문명의 문제점을 지적했다고 볼 수 있다. 그의 말처럼 사기꾼 로봇이 몰려올 수 있을까?

거짓말은 큰 능력

학자들의 거짓말 능력에 대한 연구는 그야말로 놀랍다. 캘리포니아 의과대학의 브리안 킹 박사는 극단적인 형태의 거짓말이 특수한 신경학적인 패턴, 즉 전두엽 손상과 관계된 심각하지 않은 기억력 결손과 연관되어 있다고 주장했다. 전두엽은 정보 평가와 관계되는 결정적인 부분이다. 이런 경우 사람들은 자신이 하는 말의 정확성을 평가할 능력을 갖지 못하고 따라서 마치 사실을 이야기하듯 거짓말을 할 수 있다는 것이다.

물론 모든 병리적 거짓말이 신경학적 문제에서 비롯되는 것은 아니지만 다음과 같은 개인적인 문제가 있는 사람들은 거짓말을 할 가능성이 훨씬 높아진다. 갖가지 종류의 거짓말이 혼란의 핵심에서 개인에게 절실한 심리학적 요구에서 나온 것이기 때문이다.

① 조작적 거짓말 Manipulative lie 은 사회병질자, 또는 반사회적 이상 성격자의 징표이다. 이런 사람들은 완전히 이기적인 동기로 거짓말을 하는데 그들이 반드시 범죄자는 아니다. 그들은 자신이 하는 거짓말에 양심의 가책을 느끼지 않고 또한 죄악이라는 생각도 하지 않기 때문에 천연덕스럽게 거짓말을 한다.

② 신파조 거짓말 Melodramatic lie 은 히스테리적 또는 신파조 인격자에게 자연스러운 일이다. 그들은 어떤 상황을 실제 사실보다 더 감정적으로 받아들인다.

③ 과장적 거짓말 Grandiose lie 은 자기도취자의 전형적인 특징이다. 이들은 다른 사람들에게 강한 인상을 주기 위해 자신의 능력이나 업적을 과장한다.

④ 둘러대는 거짓말 Evasive lie 은 경계적인 인격의 대표적인 특징이다. 이들은 대부분 자신의 문제로 인한 책임을 회피하거나 다

른 사람에게 떠 넘기려 한다.

⑤ 죄책감의 비밀은 강박증에 사로잡힌 사람들이 하는 거짓말의 상당부분을 설명해준다. 일반적인 사람들은 굳이 거짓말을 할 필요를 느끼지 못하는 문제들인데도 거짓말을 하는데 예를 들어 어떤 사람은 자신이 정신치료를 받고 있다는 사실을 아내에게 숨기기 위해 거짓말을 한다.

그런데 학자들은 거짓말을 하는 능력은 어린아이의 정신적 성장에 따른 자연적인 부산물이라는 것을 발견했다. 캘리포니아 대학의 폴 에크맨 박사는 다음과 같이 거짓말의 중요성에 대해 설명했다.

어린아이들에게 거짓말을 할 수 있게 해주는 능력은 인간이 가지고 있는 여러 가지 능력, 즉 독립성, 지적 재능, 계획을 수립하고 다른 사람의 관점을 받아들일 수 있는 능력, 그리고 당신의 감정을 조절할 수 있는 능력 중에서도 가장 결정적인 중요한 능력이다.

어린아이들의 거짓말 능력이 인간의 가장 큰 능력 중에 하나라는 것이 놀랍지만 로봇학자들에게는 그야말로 어려운 문제점을 제시한 것이나 마찬가지이다. 그런데 이와 같이 거짓말이 성공할 수 있는 이유는 무엇일까. 그것은 일반 사람들이 믿기 어려울 정도로 인간들이 잘 속고 어떤 상황을 주의력 깊게 파악하지 못하기 때문이다. 하버드 대학의 대니얼 시먼스 박사가 이 문제를 집중적으로 연구했다. 그가 실험한 내용은 정말로 놀랍다.

대학교 교정을 걷고 있는 사람에게 낯선 사람이 다가가 길을 묻는다. 둘은 이야기를 나누면서 걷는다. 도중에 나무문을 운반하고 있는 사람들이 그들 사이를 지나간다. 그런 다음에 길을 안내하던 사람에게 문을 지나친 뒤 뭔가 달라진 점을 눈치 채지 못했는지 물어보았다.

다소 이해하지 못할 일이지만 실험 대상자 중 절반이 그 낯선 사람이 문을 운반하던 사람 중 한 명과 바뀌었다는 것을 눈치 채지 못했다. 키, 체격, 머리 모양, 목소리가 달라졌고 옷차림까지 달라졌는데 말이다. 바뀌기 전까지 그 낯선 사람에게 계속 말을 하고 있었음에도 불구하고 대상자 중 절반은 문을 지나친 뒤 자신이 다른 사람에게 말을 하고 있다는 것을 알아차리지 못했다.

더욱 놀라운 실험을 보자. 시먼스 박사는 실험대상자들에게 농구 경기 비디오를 틀어주면서 한 선수의 패스 장면을 유심히 보라고 했다. 그들 중 약 50퍼센트는 고릴라 분장을 한 여성이 5초 동안 천천히 경기장을 가로지르는 것을 눈치 채지 못했다. 하지만 그냥 비디오를 보라고 말했을 때는 고릴라를 쉽게 포착했다. 일부는 자신들이 똑같은 비디오를 보았다는 사실을 받아들이지 않았다. 그는 보다 큰 실험장 즉 400여명의 관객을 대상으로 이 실험을 했는데 관객 중 고릴라가 지나는 것을 알아차린 사람은 10퍼센트에 불과했다.

심리학자들은 인간이 풍요로운 시각 세계를 경험하고 있지만 주어진 상황에서 사람들이 받아들이는 것은 새로운 몇 가지 사실 뿐이라는 것을 발견했다. 이 현상을 '교체 맹증 change blindness'이라고 부르는데 이것은 인간들이 생각보다 훨씬 덜 보고 있다는 사실을 강조한다. 즉 인간의 뇌는 핵심적이고 두드러진 사항들만 추출해서 기억한다는 것이다.

일부 학자들은 뇌가 화가 같은 역할을 한다고 생각한다. 즉 정신은 이미지의 본질적인 특징들만 파악하고 부수적인 정보들은 버린다는 것이다. 사람들은 뇌 속에 저장되어 있는 몇 가지 영상과 신념 속에 덧붙여서 봉합 자국 없는 전체 그림으로 만들어내는 것이다. 바로 이 점 때문에 인간들은 그 그림에서 어느 부분이 현실이고 어느 부분이 기억에 있던 것인지 구별하지 못한다.[7]

인간들이 생각보다 쉽사리 다른 사람들의 거짓말에 속아 넘어가므로 거짓말로부터 이득을 많이 보았다는 뜻도 된다. 거짓말이 인간의 본성이나 마찬가지라는 설명과 다름 아니므로 기본적으로 거짓말을 할 수 있는 로봇을 개발해야 하는가 또는 거짓말에 쉽게 속아 넘어가는 로봇을 만들어야하는가 라는 문제로도 비약한다. 골머리 아픈 일이 아닐 수 없다.[8]

 ## 반란을 꿈꾸는 로봇

세계 유명 과학자 10명이 예상한 21세기 인류를 종말에 이르게 하는 최대 위협 10가지를 2005년 5월, 영국의 일간지 〈가디언〉지가 발표했는데 이들은 앞으로 70년간에 발생할 가능성과 인류에 미칠 영향을 10점 척도로 평가했다. 여기에서 '10'은 인류의 멸종을 의미하고 '1'은 거의 영향이 없다는 뜻이다.

과학자들은 로봇의 반란을 6번째로 꼽았는데 2050년이면 인간의 지적능력을 지닌 로봇이 등장하며 이들에 의해 인간이 멸종할 수 있을 가능성을 위험척도 '8'로 표시했다. 이것은 로봇의 위험성이 매우 높다고 인식했다는 것을 의미한다.[9]

앞에서 설명한 영국의 케빈 워윅 Kevin Warwick 교수도 1997년 『로봇의 행진』에서 로봇을 비롯한 안드로이드의 반란이 가능한 일이라고 주장했다. 그는 로봇이 결국 인간보다 일을 처리하는 데 더 낫다고 느끼고 인간을 지배하려 들 것이라는 것이다. 간단하게 말하면 가까운 장래에 기계가 인간보다 더 지능적으로 될 가능성이 있고 그 때는 기계가 지구를 지배할 수도 있다는 것이다. 예를 들어 SF영화에서처럼 레이저 무기를 갖추거나 인공위성 등을 장악하게 된다면 그것을 사용하는데 반드시 인간과 같은 지능이 필요한 것은 아닐지 모른다고 설명했다.[10]

사실 현재도 방대한 양의 지식을 저장하거나 한 순간에 수식 계산을 끝내는 능력은 인간이 컴퓨터를 당해낼 수 없다. 학자들에 따라 2050년경이면 로봇의 연산능력이 전 인류의 두뇌를 합친 것과 같아질 것으로 추정하므로 이들 지식과 정보를 로봇이 조절할 수 있게 되면 당연히 로봇의 3대원칙도 깨어질 수 있는 논리까지 전개할 수 있는 지능으로 변한다는 논리이다. SF과학소설의 대부로 알려진 아서 클라크는 이렇게 말했다.

가상현실이 실제의 현실보다 더 현실적인 일이 돼가고 있다. 나는 이러한 미래를 막고 싶다.[11]

로봇의 미래에 대해 부정적인 인식을 감추지 않은 사람으로는 스티븐 호킹도 있다. 그는 인간들이 DNA를 바꾸는 등 로봇에 대한 대책을 수립해야 한다고 주장했다.

컴퓨터 지능이 발전하여 세계를 접수할 위험성이 현실적으로 존재한다. 우리는 인공적인 뇌가 인간의 지능과 대결하지 않고 협동할 수 있게 뇌와 컴퓨터를 직접 연결하는 기술을 최대한 신속하게 개발해야 한다.[12]

한국과학기술연구원의 김문상 박사도 로봇의 네트워킹 능력에 대해 우려성을 표명했다. 로봇의 내부에는 컴퓨터가 여러 대가 장착돼 있는데 무선 통신을 이용하면 순식간에 수백만, 수천만대의 로봇이 행동을 통일할 수 있기 때문이다. 즉 자기 복제가 되는 것과 같은 상황으로 「터미네이터」에서 등장하는 컴퓨터의 우두머리 스카이넷의 심각성을 지적한다.

로봇은 언제든 인간이 플러그를 뽑을 수 있는 대상이 되어야지 반대로 로봇이 인간의 플러그를 뽑게 해서는 안 됩니다. 인간이 창조한 로봇이 거꾸로 인간을 지배하게 되는 일이 일어나서는 안 된다는 뜻이죠. 이는 생명공학 분야에서의 복제 기술이 악용될지 모른다는 염려의 목소리와 일맥상통합니다.[13]

로봇이 인간에게 서비스를 제공해주는 존재여야지, 인간을 대체하는 존재가 되어서는 안 된다고 잘라서 말한다. 즉 로봇은 인간의 충직한 부하로서 임무를 가져야 한다는 것이다. 그는 인간과 로봇의 관계를 설정하는 최후의 관건은 로봇의 전원電源 스위치를 인간이 마음대로 내릴 수 있느냐 없느냐로 인간이 로봇의 전원을 원할 때 아무 문제없이 내릴 수 있어야 한다는 설명이다.[14]

그런 면에서 김박사는 '로봇의 지능이 인간과 똑같은 형태로 모사되리라는 보장이 없다'며 인간에 반하는 로봇이 개발되지는 않을 것으로 예측했다.

로봇이 인간의 능력을 뛰어 넘을 수는 있지만 기계의 뛰어난 능력이 인간을 지배할 수 있다는 말은 아니라는 뜻이다. 이것은 아무리 축적된 정보를 많이 갖고 있는 로봇이라고 하더라도 인간에 대해 반기를 들 수 없는 알고리즘을 갖고 있는 한 로봇은 기계의 프로그램에 지나지 않는다는 설명이다.

로봇이 반란을 일으키기 위해서는 반란을 일으키겠다는 자의식이 있어야 한다. 안드로이드가 인간에 대항하기 위해서는 '로봇의 3대 원칙'을 무시하고 최소한 로봇이 생각하고 느끼고 진화할 수 있다는 것 즉 인간의 사고와 행동을 그대로 따라할 수 있다는 대전제를 필요로 한다. 로봇이기는 하지만 인간과 똑같이 생각하므로 안드로이드가 반란을 일으키는 이유도 물론 인간적이어야 한다. 로봇이 인간으로부터 무시당했다는 것 파악하고 자신을 죽이려하기 때문에 인간에 대응하지 않으면 안 되는 방어목적의 반란도 있다.

그러나 일부 인공지능학자들은 로봇의 반란이 굳이 안드로이드와 같은 로봇에 의해서만 일어나는 것은 아니라는데 심각성이 있다고 지적했다. 인공지능 로봇이 인간들을 직접 공격하는 것은 아니지만 결국 인공지능 로봇이 개발되었기 때문에 인간들이 파멸할 수 있다고 유타 주립대학의 휴고 드 개리스 Hugo de Garis 박사도 설명했다.

그의 예견은 일반 사람들과는 전혀 다르다. 그의 비관적인 예측은 인공 지능 로봇이 어느 정도 능력을 발휘할 정도로 개발되기 시작하면 인류가 분열할 것으로 예상했기 때문이다. 즉 일부 사람들은 인공 지능의 발달을 인간 진화의 다음 단계로 간주하여 지지하지만 이런 무책임한 행동이 결국 인류의 멸망을 초래할 수 있다고 주장했다. 그는 인공지능 로봇을 개발하는 측과 반대하는 측이 극심하게 대립하다가 결국 이들 두 그룹 간에 분쟁이 생겨 수많은 전쟁이 일어나고 인류의 멸망이 초래된다는 것이다. 인간에 대한 로봇의 직접적인 공격은 아니더라도 여하튼 로봇이 지능화되는 단계가 되면 필연적으로 나타날 수 있는 부작용의 하나라며 로봇 개발의 위험성을 지적했다.

로봇이 우리에게 선하게 활용될 수 있는 것과 더불어 위해한 대상으로 변질될 수 있다고 생각하는 것은 로봇이 우리의 실생활에 깊숙이 들어 올 수 있는 길이 열려있기 때문이다. 인간사를 보면 어떤 경로를 통하든 일단 발명된 것이라면 이를 인간이 선용하느냐 악용하느냐는 당대의 정황에 따라 달라진다.

선악이 극단적으로 변질될 수 있는 발명품으로는 화약을 거론한다. 화약은 매우 오래전부터 중국에 알려졌는데 이들은 화약을 단지 폭죽 등 호기심의 대상으로 사용하거나 또는 연금술의 일환인 신기한 물질로 간주했다. 그러나 화약의 특성이 서양인에게 알려지자 그들은 폭죽을 잘 이용하면 인간을 살상하는데도 적합하다는 것을 발견했다. 이와 같은 발상의 전환이 추후 서양이 세계로 진출하는 근원이 되었고 결국 화약을 발견한 중국조차 서양에 무릎 꿇는 계기가 되었다. 로봇도 그럴 가능성이 잠재한다는데 심각성이 있다는 것이다.

그러나 인간이 로봇을 악용하는 것과 로봇이 반란을 일으킨다는 것은 차원을 달리한다. 로봇이 반란을 일으키려면 인간이 반란을 일으키는 것과 동일한 형태를 갖고 있어야 한다. 반란을 사전에서 찾아보면 '배반하여 난리를 일으킴'으로 정의된다. 이것은 반란이란 단어가 뜻을 갖기 위해서는 어떤 제도권에 대해 반대하여 그들의 제도를 부정한다는 것을 의미한다.

당연한 일이지만 반란을 일으키기 위해서는 반란을 일으키는 주모자가 있어야 하고 또 그를 지원하는 반란 세력이 있어야 한다. 이것은 반란이 일어나기 위해서는 기존의 제도에 반기를 들기 위해 즉 앞에서 설명한 '과학혁명'과 같이 기존의 패러다임을 뛰어 넘는 새로운 사고에 기초해야 한다는 것을 의미한다.

 **제어가 안 되는 의식**

다시 한 번 인간의 특성에 대해 설명한다. 학자들이 로봇이 반란을 일으키겠다는 생각이나 사기꾼 로봇이 나타날 수 있다는 것을 부정적으로 보는 것은 인간의 감정을 신경세포간의 전기 화학 신호 전달로 해석하기 때문이다. 뇌에는 수많은 신경세포가 존재하는데 신경세포가 이온의 농도 차에 의해 전압을 만들고 이 전압에 따라 전기화학 신호를 내보내는 것이 감정이라고 한다. 이현경은 감정의 메커

니즘을 간단하게 주의 집중을 예로 들어 설명했다.[15]

주의집중은 인간이 자기가 관심 있고 주의를 기울이는 것에 집중하는 현상인데 주변이 아무리 시끄러워도 멀리서 사랑하는 사람이 자신을 부르는 목소리를 구별해낸다. 그런데 주의집중은 일반적인 소리의 전달 과정처럼 청각계에서 자의식으로 전달되는 것이 아니라 자의식에서 청각계로 전달되는 것으로 소리의 전달과정과 거꾸로 진행된다. 이 때문에 외부 조건은 동일한데 주의집중은 사람마다 다를 수 있다.

학자들이 주의집중에 관심을 보이는 것은 이것을 자의식의 초기 단계로 인식하기 때문이다. 현실적으로 현재의 로봇도 프로그램을 조작하거나 영화에서 컴퓨터 회로에 손상이 온다면 인간에게 얼마든지 반항할 수 있다.

영화에서 이런 상황은 자주 일어나는데 「로보캅」에서 불량 프로그램을 입력하거나 입력된 프로그램을 손상시키면 인간에 반항한다. 그러나 이 경우에도 프로그램이 고쳐지면 다시 정의의 사나이로 돌아온다. 「스타워즈」 시리즈에서도 '다스베이더'가 악의 황제에게 포섭되지만 결국 인간의 편으로 돌아와 최후를 마치는 것은 프로그램이 아니라 인간의 두뇌를 그대로 사용하기 때문이라는 설명도 있다. 그것은 희생이란 원래 인간만 가질 수 있는 능력으로 인간의 두뇌가 오묘한 결정을 내리도록 한다는 뜻과 다름 아니다.

「드래곤볼」에서 주인공인 손오공을 비롯한 우주를 구할 전사들은 공간이동 장치에 의해 이동하는 것이 아니라 순전히 자신의 능력 즉 기氣를 옮김으로써 순간이동을 한다. 이 말은 그 만큼의 에너지를 자신의 체내에서 몽땅 공급한다는 뜻으로 체내에 있는 에너지로 우주를 마음껏 이동할 수 있다니 그렇게 편리할 수 없다.

그러므로 감독들은 순간이동은 엄청난 에너지를 쓰기 때문에 수명을 단축시킨다고 우주 전사들에게 주지시킨다. 물론 주인공들은 자신의 생명이 줄어드는 것을 알면서도 우주를 구하기 위하여 순간이동을 마다하지 않는다. 「드레곤볼」의 주인공들이 지구를 지키기 위해 자신을 희생시킨다는 것은 그야말로 인간이 아니면 할 수 없는 거룩한 행동이다. 이런 이타심이 인간의 특성 중에 하나임은 앞에서 설명했다.

근래 두뇌를 연구하는 학자들을 놀라게 하는 연구가 발표되었다. 일반적으로 인간은 자신의 행동을 확실하게 제어한다고 생각한다. 예를 들면 시험 답안을 쓰거나 책을 쓰기 전에 무엇을 쓸 것인지 생각을 한다. 너무나 상식적인 이야기이다.

그런데 캘리포니아대학교의 벤저민 리벳 교수가 뇌수술을 한 환자의 연구는 이런 상식을 깨주었다. 뇌를 노출시켜 수술하는 동안 환자는 깨어있는 것이 보통이므로 뇌 연구를 하는데 적격이다. 그가 환자의 뇌를 여기 저기 찔렀지만 환자는 아무것도 느끼지 못한다. 뇌에는 통증 감각 수용기가 없기 때문이다.

리벳은 신체의 각각 다른 부위에 해당하는 뇌 부분을 자극했다. 예를 들어 뇌의 어느 부분을 건드리면 환자는 손에 촉감을 느꼈다. 그런데 리벳이 뇌를 자극할 때마다 피실험자의 의식에 그 촉감이 기록되

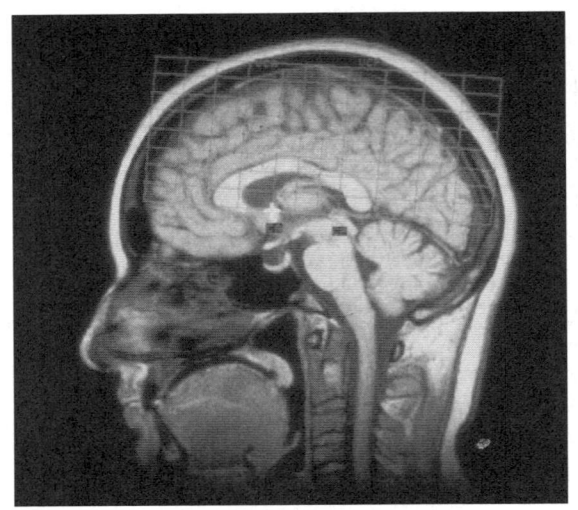
인공지능과 두뇌의 접합

는 데에는 약 0.5초가 걸렸다. 그가 환자의 손에다 직접 자극을 줄 때에도 환자는 그 정도 시간이 걸린 뒤에야 촉감을 느꼈다.

이것은 지금까지의 기존 뇌에 대한 개념을 송두리째 부수는 결과였다. 실험 결과는 우리의 의식은 사건이 일어난 것을 0.5초 후에야 파악한다는 것을 의미했다. 그러므로 우리가 현 순간에 살고 있다는 생각은 착각임을 시사한다고 리처드 홀링엄은 설명했다.[16]

이것은 뇌에서 우리에게 어떤 일을 하라고 시키는 자극은 실제로 우리가 그 일을 하기 0.5초 전부터 시작되었다는 것을 의미한다. 우리가 어떤 행동을 멈추기로 선택하더라도 그것은 0.5초 전에 이미 그 행동은 시작되었을 수도 있다.

이 결과는 우리의 의식은 우리가 하는 일을 전혀 제어하지 못한다는 의미도 된다. 즉 우리가 의식적인 결정을 내린다는 것은 엄밀한 의미에서 의식이란 것 자체가 뇌에서 만들어낸 착각일지도 모른다는 것이다. 이러한 주장은 과학자들이 왜 의식을 제대로 이해하지 못하는지 설명해줄 수 있다. 의식 자체가 실제로 존재하는 것이 아니기 때문이다. 최소한 우리가 생각하는 그러한 의식은 존재하지 않는다고 볼 수 있다는 설명이다.

이러한 실험 결과는 인공지능을 만들려는 컴퓨터 학자에게 또 다른 문제점을 안겨준다. 두뇌에서 나오는 뇌파가 어떻게 의식의 경험으로 바뀌는지 알아내려고 노력하기보다는 의식이라는 착각이 어떻게 만들어지는지 파악하라는 것을 뜻하기 때문이다.

실무적으로 컴퓨터에서 0.5초는 매우 긴 시간이다. 지금까지의 컴퓨터는 보다 빠르고 정확하게 주어진 임무를 수행하는 것이 장점인데 주어진 두뇌를 모사한다고 0.5초씩의 지연시간을 두어야 한다면 컴퓨터가 버그를 낼 수 있는 절대적인 요소가 될 수 있음은 물론이다. 이래저래 주어진 두뇌를 모방한다는 것이 어렵다는 것을 또 한 번 알려준다.

매트릭스 세계

영화 전문가들을 가장 곤혹스럽게 만든 영화가 위쇼스키 형제가 감독한 「매트릭스The Matrix」 시리즈라는 데는 많은 사람들이 공감한다. 영화가 전 세계적으로 흥행에 성공하였다고 하더라도 14명이나 되는 세계의 석학들이 「매트릭스」가 야기한 철학적 의문을 파고드는 책까지 발간했다는 것은 보통 영화와는 다르다는 것을 단적으로 알려준다.

할리우드 액션 영화에 불과한 「매트릭스」를 두고 세계의 지성들이 이와 같은 관심을 표명한 것은 매우 이례적으로 미디어 비평가 리드 머서 슈셔드는 「매트릭스」가 테크놀로지 사회가 완전히 실현된 단계에서 '기계들이 창조해 낸 인공적 현실을 공유하는 집단적 환영'이라고 평할 정도였다. '매트릭스'란 어머니의 자궁 즉 모체를 뜻하는 라틴어의 'mater'에서 나온 말로 내부에 있는 무엇 또는 그로부터 무엇인가가 기원, 발전, 형태를 만들어 나오는 것으로 정의되지만 이곳에서는 컴퓨터 내의 가상공간을 의미한다.[17), 18)]

윌리엄 깁슨은 그의 단편소설 『버닝 크롬 Burning Chrome』에서 컴퓨터 네트워크와 하드웨어, 소프트웨어 프로그램, 데이터 등에 구해 구축된 사이버스페이스를 '매트릭스'라 불렀다. 영화에서는 인공지능을 갖고 인간을 통제하는 '사이버스페이스'를 지칭하는데 1984년 『뉴로맨서 Neuromancer』에서 다시 이 내용을 다룬 것이 초베스트셀러가 되었고 일반적으로 『뉴로맨서』를 사이버스페이스의 원조로 생각한다. 이후 SF장르뿐만 아니라 당대의 상상력 전반에서 볼 때 기념비적인 작품으로 인식한다.

그가 말하는 사이버스페이스는 다른 가상 테크놀로지가 일상에 침투하기 훨씬 전에 도출한 것으로 컴퓨터 데이터의 3차원적 표현을 통해 이용자들이 의사소통과 비즈니스는 물론 온갖 수상한 활동을 모두 할 수 있는 곳이다.

케이스는 소위 '컴퓨터 카우보이'로 자신이 속인 고객에 의해 신경 체계가 손상될 때까지 가상의 세계를 털어온 데이터 도둑이다. 사이버 공간에 접속할 수 없게 된 그는 일본 치바의 치외법권 지역에서 근근이 생계를 이어가고 있었는데 수수께끼의 사업가인 아미티지가 접근하여 그에게 옛 힘을 되찾게 해주겠다고 제안한다. 아미티지의 도움으로 신체의 각 부분을 로봇의 부속품처럼 마음대로 교환할 수 있으며, 자신의 두뇌에 이식된 소켓에 전극을 꽂으면 전 지구적인 사이버스페이스에 들어간다. 그가 말하는 사이버스페이스는 테크노 사기꾼, 골수 마약 중독자, 괴짜 신문화 집단, 외과적으로 무장한 암살자, 그리고 사악한 거대 기업 등 실생활과 다름없다. 바로 매트릭스의 세계로 실제와 다름이 없다. 등장인물들은 실제 생활 환경에 살고 있는 것처럼 시뮬레이션되고 서로 현실감 나는 사회적 관계를 맺는다. 친구가 되고 사랑을 나누며 성적 욕망과 황홀감조차 경험할 수 있다.

다소 어렵게 생각되지만 그가 예상한 세계는 상당 부분 현실화되었다. 현대인들은 컴퓨터를 통한 커뮤니케이션을 통해 새로운 사회적 관계뿐 아니라 새로운 공간 사이버스페이스를 만들어낸다. 우리가 전화로 상대방과 통화할 때 우리가 있는 곳 바로 그곳이다. 사이버스페이스는 우리가 익숙한 물리적 공간이 아니라 관념 속에 존재하는 장소이며 사회적으로 만들어지는 공간이다. 그동안 유즈넷, 전자게시판, 온라인서비스 등 다양한 형태의 CMC 컴퓨터정보공간, Computer mediated communication가 출현했지만 현재는 각종 컴퓨터를 포함하여 스마트폰을 통한 SNS, 통화, 데이터 전송, 인터넷 검색, GPS활용 등 각종 네트워크를 사이버스페이스와 동일시하기도 한다.[19]

이들 정보 소통은 인간의 감각 중에서 한정된 영역만 사용하며 모든 당사자들이 동시에 한 곳에 모여 서로 얼굴을 맞대는 커뮤니케이션 face-to-face과는 질적으로 다를 수밖에 없다. 그러므로 깁슨이 예상한 사이버스페이스가 구현되기에는 상당한 거리가 있음은 틀림없지만 이런 목표를 향해 기술 개발이 다양한 방향으로 빠르게 진행되고 있는 것은 사실이다. 컴퓨터 게임인 '스타크래프트'나 '리니지'도 기본적으로 가상현실을 기초로 한 것이다.

가상현실을 다소 어렵게 표현한 것이 「소스 코드Source Code」이다. '소스코드'란 컴퓨터 프로그램을 사람이 읽을 수 있는 프로그래밍 언어로 쓴 것을 말한다. 적게는 한개의 파일에서 많게는 수천, 수만 개의 텍스트 파일로 구성되고 그것들은 직접 수행과 보조 역할 등 각각의 기능들을 갖는다. 던컨 존스가 감독한 「소스 코드」는 대테러 방지 목적으로 비밀리에 개발, 연구 중인 최첨단 시스템을 일컫는 단어로 쓰인다. 그리고 그 기능은 막강하다. 키보드의 엔터키를 치는 순간 프로그램이 실행되고, 막대한 자본과 첨단 기술이 집약된 특별한 시스템이 가동된다. 그러면 「소스 코드」는 시간여행과 같은 가상현실 구현의 기능을 수행하는데, 대상자는 정확히 8분 동안 특정 장소로 이동한다. 물론 직접 육체가 이동하는 것이 아니라 공간과 기억을 재현하는 시스템인데, 간단하게 말하여 타임머신과 유사하다.

영화는 주인공 콜터 스티븐슨이 시카고로 향하는 열차 안에서 깨어나며 시작된다. 앞자리엔 자신을 잘 알고 있는 미모의 여성 크리스티나 워렌이 앉아 있는데 그는 웨렌을 알지도 못할뿐더러, 단 한 번도 본 적이 없다. 심지어 그녀는 자신을 다른 사람으로 알고 있는데 콜터가 깨어난 시점에서 8분 뒤 열차가 폭발하지만 폭발 여파로 산산조각이 나거나 불에 탔어야 하는데도 그는 멀쩡한 상태로 이상한 캡슐 안에서 정신이 든다. 모든 것이 혼란스럽게 만드는데 그는 캡슐 벽에 붙은 모니터를 통해 자신을 통제하는 콜린 굿윈과 대화를 나눈다. 그녀의 설명으로 콜터는 자신이 누구인지 어렴풋이 알아가며, 대략적인 상황을 파악한다. 콜린은 폭탄 테러범이 다음 목표로 시카고를 잿더미로 만들 계획이므로 「소스 코드」 시스템을 통해, 폭발하기 8분 전의 열차에 투입되어 폭탄을 설치한 범인을 알아내라고 한다.

엄밀한 의미에서 시간여행처럼 주인공이 과거로 간 듯하지만, 실제론 컴퓨터가 만들어낸 가상의 공간에 머물 뿐이다. 이 공간에서 일어나는 일은 실제 벌어졌던 사건의 재현에 불과하다. 결국 그가 할 수 있는 일이란 제한적일 수밖에 없다. 즉 콜터는 다른 시간여행 영화들과 달리 큰 제약이 따른다. 그가 열차 안에서 무슨 짓을 하건, 미래는 조금도 변하지 않는다는 점이다. 콜터가 생생하게 체험하는 폭발 현장은 반복되는 가상현실의 세계이다. 즉 반복되는 시간 속에서 콜터가 자기의지를 가지고 가상의 공간에서 변화를 시도한다. 「소스 코드」가 주는 메시지는 시간의 반복이 있더라도 단순히 똑같은 상황만을 재현하지 않는다는 점이다. 즉 인간의 생각과 의지는 컴퓨터 프로그램처럼 정확한 결과만 내놓진 않고 예측하지 못한 행동과 변화를 만들어가는 것으로 가상현실이라도 인간에게 한정된 공간을 구속하는 것이 어렵다는 것을 보여준다.[20]

영화에서는 되도록 가상현실을 어렵게 설명하려고 노력한 것처럼 보이지만 가상현실은 여러 면에서 현실세계에 도움을 준다. 학자들이 주목하는 것은 상상적인 현실뿐 아니라 한 세트의 기억도 만들 수 있다는 점이다. 언젠가는 중세 시대로의 여행을 시뮬레이션하고 거기서 경험을 현실적인 것처럼 느끼게 되며 나아가 실제로 중세에 있다는 것을 자신 스스로 믿게 만들 수 있다.

「토탈 리콜」에서의 장면들이 실제 상황이 될 수 있다는 것이다. 가짜 기억을 주입해 현실의 기억을 덮어버릴 수 있는데 이런 상황은 현재도 존재한다. 마약 DMT^{디메틸트립타민}을 사용하면 화려한 궁전과 낯선 존재들로 가득 찬 아주 구체적인 가상 세계를 만들어낼 수 있기 때문이다. DMT를 복용하면 뇌의 이미지가 보물 상자로 변해 금은보화로 장식된 도시와 신전, 천사 같은 존재, 반짝이는 각종 금속을 경험할 수 있다. 그러므로 사이버스페이스에서 수없는 시뮬레이션 라이프를 만들어낼 수도 있다. 낮에는 증권거래소 직원이지만 퇴근 후에는 반짝거리는 갑옷을 입은 중세 기사가 되어 호화로운 연회에 참석하여 아름다운 여자에게 미소를 보낼 수도 있다. 며칠을 중세에서 보낸 후 로마로 날아갈 수도 있고 마야제국에서 피의 제전도 구경할 수 있다.[21]

10개의 시뮬레이션 라이프와 증권거래소의 직원으로서의 라이프와 어느 것이 더 그를 윤택하게 만들지 모른다는 것이야말로 사이버스페이스를 만드는 사람들이 고대한다.

문제는 사이버스페이스가 이와 같은 국면으로만 진행하겠느냐이다. 학자들은 가상현실의 발전이 자동적으로 부정적이고 암울한 결과를 초래할 것이라고 우려한다. 사이버스페이스가 토해내는 프로그래밍을 통해 감수성이 강한 개인들을 무기력하게 만들어가며 결국으로는 인간이 사이버스페이스에 종속될 수 있다는 것이다.

인간은 기계의 배터리

실제 세계와 구별되지 않는 공간적 이미지, 인간과 컴퓨터의 완벽한 인터페이스가 구현되면 현실과 사이버스페이스 공극이 어느 정도로 확장될지는 가늠하기 어렵다. 이런 미래의 보다 발전된 정보화 세계를 적나라하게 보여 준 것이 바로 「매트릭스」이다. 학자들이 이 영화에 특히 주목하는 것은 「매트릭스」가 앞에서 설명한 인공 지능을 비롯하여 미래에서의 과학이 발달했을 때에 일어날 수 있는 거의 모든 부분을 소재로 담고 있기 때문이다. 「매트릭스」의 내용을 살펴보자.

매트릭스 2199년^{내용은 1999년의 가상현실}, 인류가 드디어 AI^{Artificial Intelligence, 인공지능}를 탄생시키며 AI는 생존본능에 따라 수많은 기계족을 탄생시킨다. 그러나 AI를 탄생시킨 것은 인간이지만 기계족이 갖고 올 위험을 알아차리고 기계족의 에너지원인 태양빛을 차단한다. AI도 대안을 수립하는데 그것은 놀랍게도 무의식 상태의 인간으로부터 에너지를 획득하는 것이다.

인간은 달걀처럼 생긴 컨테이너에서 죽은 사람을 액화시킨 찌꺼기를 영양액으로 받아먹으면서 에너지를 생산하여 기계들의 생명 연장을 위한 배터리로 사용되고 뇌 세포에 매트릭스라는 프로그램을 입력 당해 평생 기계에 의해 설정된 가상현실을 살아간다. 그러므로 가상현실 속의 캐릭터들은 사실은 매트릭스의 에너지 공급창고에 사로잡힌 실제 인간들의 의식을 가지고 살고 있다.

다시 말하면 이들 가상현실의 캐릭터의 원래 모습은 온몸에 호스가 꽂힌 채 에너지를 공급해주는 잠든 노예와 같은 존재로 몸을 움직이거나 활동하는 것은 불가능하다. 그것은 마치 건전지에 눈, 코, 귀가 없고 그 스스로 움직인다는 것은 상상조차 할 수 없는 것과 같은 이치다. 그러므로 가상현실 속에서 이들은 자신들의 실체를 전혀 의식하지 못하고 기계들의 세계에서 기계들에게 재배되는 전력원에 불과하다. 더구나 지배되는 인간이 의식을 차리면 인공지능 매트릭스와 연결이 끊어지면서 죽음을 맞는다^{기계족의 전력원으로서 가치를 상실했다는 뜻}.

기계족의 능력은 이뿐이 아니다. 영악한 기계족은 인간을 죽은 건전지처럼 방치해 두는 것이 아니라 그들의 의식을 효과적으로 통제하여 컴퓨터에 유지되는 매트릭스라는 가상현실을 만들었다. 가상현실 속의 캐릭터들은 사실 매트릭스의 에너지 공급창고에 사로잡힌 실제 인간들의 의식이다. 다시 말해 이들 가상현실의 캐릭터의 원래 모습은 온몸에 호스가 꽂힌 채 에너지를 공급해주는 잠든 노예나 마찬가지인데 이들이 자신의 실체를 의식하지 못함은 물론이다.[22]

물론 인간들도 기계족에 대항할 인간반란군들의 도시 '시온'을 건설하여 기계족과 대응한다. 낮에는 평범한 사무직인 컴퓨터 프로그래머, 밤에는 인터넷 사이버공간을 헤매는 해커인 주인공 네오가 인류를 구원할 메시아로 지목되어, 매트릭스에 대항하는 저항군의 지도자 모피어스, 트리니티와 함께 인류를 구하는 일에 나선다. 매트릭스의 지배를 벗어날 수 있는 세 가지 조건을 세 사람이 나누어 갖고 있는데 모피어스는 믿음, 트리니티는 사랑, 네오는 희망을 갖고 있다.

「매트릭스」는 앞에서 설명한 앨런 매티슨 튜링에 의해 현대 문명의 총아라 할 수 있는 컴퓨터가 지구상에 태어난 이후, 앞으로 현대인들에게 무엇이 문제임을 알려준다. 우선 미래는 컴퓨터가 아니면 존재할 수 없다는 것을 명백히 제시한다.

주인공인 네오가 거

영화 「매트릭스」

주하는 방 번호가 101호라는 것도 컴퓨터가 0과 1의 이진법으로 이루어졌다는 것을 상징적으로 나타내며 인간들이 컴퓨터의 세계에 갇혀 있다는 것을 암시한다. 기계족과 대항하기 위해 인간들이 만든 도시인 시온 역시 컴퓨터와 기계가 있어야만 제대로 운영된다는 것은 미래가 IT 없이는 존재할 수 없다는 것을 암묵적으로 알려준다. 소위 인간성이 사라지고 기계의 세상이 된다는 것이다. 인간의 기술 발전에 의해 탄생한 인공지능 등 기계들이 결국 그들을 만든 인간들에 대해 반항하고 결국 세계는 암울한 미래를 향해 줄달음친다는 것이다. 이것이 「매트릭스」가 던져주는 기본적인 화두이다.

「매트릭스2-리로이드」는 가상 세계인 매트릭스에서 벗어나기 위해 주인공인 네오가 겹겹이 싸인 문을 열고, 매트릭스를 만든 소스 프로그램, 즉 근원과 대면해야 한다고 말한다. 그러나 천신만고 끝에 '선택 받은 자'인 네오가 근원에 도달하자 네오 역시 매트릭스가 예측한 프로그램의 일부라는 충격적인 상황에 직면한다. 자신이 잘 생기고 능력 있는 소프트웨어 프로그래머라는 점에 대해 의심해 본 적도 없지만 현실은 냉혹하다. 그는 부처님 손바닥 안의 손오공처럼 미래가 이미 정해졌다는 불유쾌한 메시지를 전달받은 것이다.[23]

실제로 그는 정장은 커녕 옷을 입어 본 적도 없고 빗어 넘길 만한 머리털을 길러 본 적도 없다. 눈을 떠 본 적도 음식을 먹어 본적도 없이 기계족의 생존을 위해 에너지 공장에서 온몸에 호스가 박혀 캡슐에 갇힌 채 꼼짝도 못하는 평범한 인간에 불과하다. 그러나 그는 그러한 실상을 인지하지 못한 채 자신은 잘 나가는 컴퓨터 프로그래머로 인식한다. 물론 그가 인류를 구할 메시아임을 감지한 모피어스는 인류가 처한 진실을 이야기해주고 그에게 특수 훈련을 시켜 매트릭스에 대항할 수 있는 힘을 길러준다.

「매트릭스3-레볼루션」은 진실을 찾는 여정에 한걸음 더 접근하게 된 네오에게 '사랑이냐, 인류의 구원이냐!'라는 불가능에 가까운 선택을 강요받는다. 둘 중 하나는 포기해야 한다. 그러나 그 와중에 능력을 소진하고 매트릭스와 현실세계의 중간계를 떠돌게 된다. 한편, 기계들이 인간말살을 목적으로 인류 최후의 보루 '시온'으로 침공해오자 인간들은 인류의 미래를 지키기 위해 필사적인 전투를 벌이며 일찍이 그 어느 인간도 가본 적이 없는 세계, 즉 기계 도시의 심장부로 잠입한다. 그곳에서 기계 세상의 절대 권력자 DEUS EX MACHINA를 만나게 되고 인류 최후의 거대한 진실에 접근한다.

「매트릭스」의 내용은 매우 복잡하고 철학적인 면이 삽입되어 이해하기 어렵다고 하지만 작가는 교묘하게 인간이 기계족에 대항할 수 있는 특단의 조치가 있다는 것을 암묵적으로 제시하고 있다.

우선 가상현실이 「매트릭스」에서처럼 현실세계와 구별이 안 될 정도의 세계가 과연 가능한 일인가. 가상현실이란 사용자로 하여금 센서를 통해 현실세계에서처럼 보고, 듣고, 만지는 등의 오감을 느끼도록 해 가상세계에 몰입하게 만들어줌으로써 현실세계에 존재하는 듯한 느낌을 주는 기술이다. 가상현실을 좀 더 실감나게 만들려면 가상세계에 몰입하게 만들어주는 시각, 청각, 촉각 등의 디스플레이기술, 계속 변화하는 영상을 고속 처리할 수 있는 그래픽 렌더링기술,

사용자의 머리와 팔다리의 위치와 방향을 계속 추적할 수 있는 실시간의 해킹 기술이 필수적이라고 양현승 박사는 적었다.

그러나 이런 기술이 아무리 발전한다고 해도 현재와 같은 방식의 가상현실기술로 몰입감을 느끼는 데는 한계가 있을 수밖에 없다. 인터페이스 장치를 이용한 간접경험이기 때문이다. 그러므로 학자들은 지금처럼 불편한 인터페이스 장치를 착용하지 않고 가상현실시스템을 바로 뇌의 감각기관과 연결함으로써 말 그대로 현실과 구별할 수 있는 완전몰입형 가상현실이 구현될 수 있다고 생각한다.[24]

일부 학자들은 이러한 세상이 올 수 있다고 설명하지만 「매트릭스」에서 현실세계와 가상세계를 연결해주는 통로는 매우 의미심장하다. 전송률이 매우 높은 매트릭스 내의 일반회선 프로그램을 해킹하여 이 루트를 통해 인간들의 의식을 주입시키거나 빼내는 것이다. 인간을 지배하기 위해 통신망을 이용한다는 것은 인간의 미래는 IT에 의존할 수밖에 없다는 것을 의미한다. 그러므로 매트릭스를 해결할 수 있는 실마리는 엉뚱하면서도 해학적이다.

「매트릭스」 영화 자체로만 국한한다면 일반전화의 시스템을 바꾸거나 보다 근원적인 방법으로 전화코드를 빼 놓는 것이다. 전화코드를 빼 놓는다는 것은 인간이 IT를 포기한다는 의미로도 생각할 수 있지만 많은 학자들이 그러한 사태는 오지 않는다고 장담한다.

매트릭스 세계의 통제

「매트릭스」에서 충격적인 장면은 기계가 인간을 전력생산도구로 활용하는 것이다. 이곳에서 인간은 그저 살아있는 배터리에 불과할

뿐 가상세계인 매트릭스에서 빠져나오지 못하고 소모품으로 쓰인다. 다소 유쾌하지 않은 상황이지만 실제로 사람 몸에서 전기를 뽑아내는 생체연료전지는 불가능의 영역이 아니다. 물론 많은 곳에서 이들 연구가 진행되는데 이는 기계를 위한 배터리로 쓰려는 것이 아니라 더 나은 삶을 위해서다.

사람 몸에서 전기를 만들어내는 원리는 우리가 흔히 쓰는 배터리와 다름없다. 배터리는 주로 화학전지로 화학물질이 산화와 환원 반응을 일으키면서 전자가 이동하고 이 과정을 통해 전기가 생산된다. 생체연료전지도 기본적인 틀은 화학전지로 피 속에 들어있는 포도당을 산화시켜 전자의 흐름을 만들어 내고 이를 나노배터리에 저장하는 것이 핵심이다.

문제는 이런 작업이 입맛에 맞을 정도의 실용화가 쉽지 않은데 그 이유는 포도당을 산화시키는 매개체가 곰팡이와 같은 미생물이기 때문이다. 더구나 미생물을 사용하는 생체연료전지는 덩치가 크므로 가뜩이나 포도당에서 만들어 낼 수 있는 전기량이 적은데, 배터리의 크기가 만만치 않으니 사람 몸에 이식하는 것은 고사하고 작은 전자기기하나 작동시키는데 수많은 생체연료전지가 필요하다. 이에 대한 대타가 효소를 활용하는 것인데 이역시 문제점은 효소의 수명이 불과 3일밖에 되지 않는다는 점이다.

효소를 사용하든 곰팡이를 사용하든 현재 사용되는 배터리와 비교하면 용량이 턱없이 부족하다. 포도당으로 만들어낼 수 있는 전압은 이론적으로 0.8V에 불과하기 때문이다. 이를 효율적으로 증폭시키고 조절하는 기술과 함께 나노배터리에 차곡차곡 저장하는 일이 관건인데

이 일에 한국의 경상대학교 남태현 교수팀이 발 벗고 나섰다.

남교수가 개발하고 있는 융합형 나노배터리와 생체연료전지는 가로세로 5밀리미터, 높이 2밀리미터 정도의 크기에 에너지밀도는 400Wh/ℓ, 효소 수명은 10년 이상을 목표로 하고 있다. 이 시스템에는 포도당에서 전기를 생산하는 생체연료전지, 전기를 증폭시키는 DC컨버터, 만들어낸 전기가 저장되는 나노배터리, 그리고 이 모든 과정을 제어하기 위한 SOC 칩이 들어있는데 한마디로 새끼손가락 손톱만한 크기의 칩에 초미니 발전소가 들어있다고 보면 이해가 쉽다.

생체연료전지가 각광을 받는 것은 현재 사람 몸에 이식한 의료기기의 50% 정도가 배터리로 이루어져 있는데 환자가 불편한 것은 물론 크기를 줄이는데 한계가 있기 때문이다. 이것은 외부로부터 전원을 공급받아야하기 때문인데 융합형 나노배터리와 생체연료전지를 이용하면 외부에서 전원을 공급받을 필요가 없어 편리하다. 배터리를 몸에서 직접 충전할 수 있으므로 전기 걱정이 없는 것은 물론 휴대용 디지털기기 크기도 크게 줄일 수 있다.

전기 자극을 가해 심장 박동을 일정하게 유지시키는 심장 페이스메이커의 경우 본체의 70% 이상이 배터리로 되어 있다. 배터리는 재충전이 불가능하며 일정 시간이 지나면 외과수술을 통해 다시 새로운 심장 페이스메이커를 이식해야 생명을 유지할 수 있다. 또한 전원 공급의 문제로 실용화가 어려웠던 나노로봇이나 인공망막, 인공고막 등에도 청신호다.

물론 넘어야 할 과제도 만만치 않지만 현재 융합형 나노배터리와 생체연료전지는 대한민국의 독자적인 기술이라는 것이 장점이다.

아직 다른 나라에서 시도조차 해보지 못한 영역이라는 말이다. 이런 시스템이 만들어지면 몸속을 구석구석 돌아다니면서 질병을 치료하는 나노 로봇이 등장할 수 있고 인공장기 개발도 활발히 이루어지리라 전망한다. 더구나 「매트릭스」와 같은 세계가 되지 않도록 철저한 주의를 기울이는 것도 어렵지는 않을 것 같다.[25]

로봇의 네트워크 통제

　로봇의 반란이 실제 상황으로 변하는 것이 만만치 않다는 것을 설명했지만 로봇이든 아니든 보다 심각한 상황이 벌어질 수 있는 상황은 상존한다. 그것은 현대 생활의 기본이라 볼 수 있는 인터넷의 네트워크이다.

　근래 출시되는 가정용 로봇의 경우 대부분 인터넷 접속을 통해 원격제어나 프로그램 업그레이드가 가능하다. 이처럼 네트워크 접속을 통해 전 세계의 지식정보와 제어프로그램을 자유롭게 공유한다면 긍정적인 면이 많이 있다는 것을 이해할 수 있다.

　서울에 살고 있는 독신자 김길동은 대전 과학단지에 있는 〈에너지연구원〉에 근무한다. 그는 월요일부터 목요일까지 4일을 근무하는데 연구원까지 출근하는데 1시간도 채 되지 않으므로 9시에 출근하기 위해 7시30분에 일어나도 충분하다. 오늘은 8시 반에 회의가 있으므로 다소 일찍 일어났다. 그가 평소처럼 화장실 문을 열자마자 스마트 홈이 가동되기 시작한다. 화장실 손잡이에 장착된 센서가 혈압과 체온 상태를 체크되고 화장실 안에 있는 변기는 당뇨 수치를 체크

해준다. 체크 결과는 곧바로 건강 센터로 전송되는데 자동적으로 켜진 모니터가 다음 날 11시 주치의와 예약되었으니 병원을 들리라고 알려준다.

　　다소 서둘러 집을 나섰기 때문에 깜빡 잊은 것이 한두 가지가 아니지만 걱정할 필요 없다. 거실의 전등 끄는 것을 잊었지만 시스템이 자동으로 소동해주며 불필요하게 동작하고 있는 가전기기는 대기 상태로 전환해 전력소모를 최소화한다. 그가 출근하는 동안 걸려온 전화를 자동으로 분석하여 중요한 전화는 그가 출근하여 회의가 끝나는 시각에 전화 걸도록 하거나 직접 연락한다는 등의 응답 메시지를 발송한다. 그가 퇴근 시간을 통보하면 그 시간에 맞춰 난방을 가동하고 목욕물을 받아두거나 재료가 준비돼 있는 경우 요리 기구가 작동되어 식사준비를 해 놓을 수도 있다.

　　이런 미래가 결코 비현실적인 상황이 아니다. 이런 세상이 가능한 것은 앞으로 유비쿼터스 세상이 되리라 생각하기 때문이다.

유비쿼터스로 산다

　　유비쿼터스는 물이나 공기처럼 시공을 초월해 '언제 어디에나 존재한다'는 뜻의 라틴어^語이다. 사용자가 컴퓨터나 네트워크를 의식하지 않고 장소에 상관없이 자유롭게 네트워크에 접속할 수 있는 환경을 뜻하는 말로 유비쿼터스 컴퓨팅의 준말이다.

　　유비쿼터스가 실현되면 각종 사물들과 물리적 공간에 눈에 보이지 않는 소형 컴퓨터칩들이 곳곳에 배치되므로 오늘날 사용되는 노트북도 사라진다고 볼 수 있다. 한마디로 유비쿼터스는 현대와 같은 컴퓨터들이 사라지는 환경 즉 컴퓨터가 없던 때와 같은 생활공간을 확보하면서도 궁극적으로는 모든 생활을 컴퓨터로 활용할 수 있는 환경에서 살게 된다는 것을 뜻한다. 즉 인간이 살고 있는 모든 환경이 인간의 손발처럼 움직이는 시대가 열리는 것이다. 이는 모든 공간이 똑똑해진다는 것을 의미한다.

모든 생산품은 컴퓨터 내장형으로 출하된다. 가전, 통신기기, 센서들이 네트워크에 연결돼 모든 일상생활이 언제 어디서나 네트워크로 연결되어 있다. 이전에 대부분 제품에 부착되어 있던 바코드는 사라지고 무선주파수 식별용 전자태그 Radio Frequency Identification 가 등장한다. 이 말을 단어 그대로 해석하면 '무선 주파수 인증' 혹은 '무선 ID'다. 간단히 말해, RFID란 특정 주파수의 전파를 이용해 무선으로 신호를 주고받는 시스템을 의미한다. 최근 들어 우리 주변에 RFID 칩들은 쉽게 볼 수 있는데 열쇠가 필요 없는 도어락이나 교통카드가 대표적인 예이다.

전자식별 태그는 물건의 종류를 가리지 않고 적용할 수 있으므로 바코드보다 장점이 많다. 바코드는 그것을 붙일 수 있는 상품에만 쓸 수 있다. 쇠고기, 물 자체에는 붙일 수 없기 때문에 겉포장에 바코드를 붙인다. 또 계산대에 가서 하나하나 바코드 판독기에 닿게 해야 그 안에 들어 있는 정보를 읽을 수 있었다. 그러나 전자식별 태그는 물속 또는 쇠고기 살 속에 엄지손톱만한 태그를 넣어 놓기만 해도 전자식별 판독기는 몇 미터 떨어진 곳에서도 그게 쇠고기인지, 얼마인지, 어느 나라 산인지 판별할 수 있다.[26]

쇼핑을 할 때 카트에 물건을 담으면 카트에 달린 RFID 인식기가 물건 값을 계산하고 신용카드 결제까지 자동적으로 한다. 공항에서는 화물 추적이 가능하고 박물관에서는 소장품을 잃어버릴 염려가 없다. 심지어는 놀이공원에서는 미아 방지용은 물론 고령자들의 위치 추적으로 불상사를 미연에 방지할 수 있다.

가전기기도 획기적으로 바뀐다. 자동인식 냉장고는 네트워크로 연결되어 있는 가전기기들을 제어하고 인터넷을 열어 요리 관련 정보를 주방에서 바로 확인할 수 있고 TV도 시청할 수 있다. 구입한 식품을 냉장고에 넣으면, 그 식품의 전자태그를 읽어 냉장고의 저장식품 리스트에 뜨고 생산일자, 유효기간도 나타나고, 유효기간이 만료되기 전에 먹도록 알려주기도 한다. 그만큼 식품을 효율적으로 관리할 수 있다. 컵은 언제나 내가 원하는 대로 내용물의 온도를 올리고 낮춰주며 화분은 흙과 식물의 상태를 정확하게 알려줄 정도이다.

유비쿼터스의 특징은 사물들에 내장된 컴퓨터 칩이 모두 네트워크로 연결된다는 것이다. 어떤 사물에도 컴퓨터 칩이 들어 있기 때문에 바로 네트워크에 접속할 수 있다. 빈 몸으로 다녀도 언제 어디서나 홈 네트워크에 접속해 집안일을 할 수 있다. 예를 들어 세탁기에 세탁물을 넣어 두고 깜빡 잊고 집을 나왔더라도 길거리 가게의 냉장고에서 세탁기를 돌릴 수 있다. 가스불 끄는 것을 깜빡 잊어버렸을 경우에도 가스레인지나 연기 및 열 탐지기 안에 장치된 컴퓨터가 스스로 인식해 가스불을 자동으로 꺼지게 한다. 또 고장이 나서 그와 같은 과정이 제대로 이루어지지 않으면 주택관리컴퓨터가 소방관리센터에 연락하여 조치를 취한다.

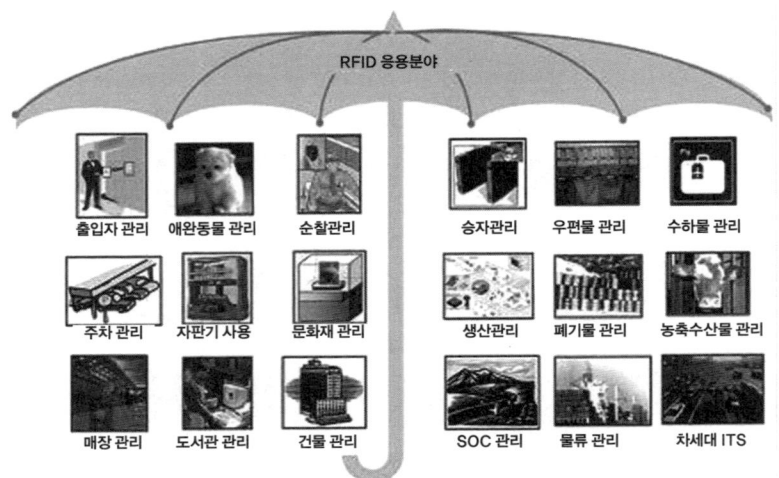

유비쿼터스는 모든 곳에 RFID부착가능

그뿐이 아니다. 집 밖에서도 집안의 모든 사물과 소위 '의사소통'이 가능하다. 이를테면 귀가 시간이 지체될 경우 된장찌개를 좀 더 있다가 끓이라고 조리기에 메시지를 전달할 수 있다. 외국에 전 가족이 나갈 때도 언제든 주택 내장 컴퓨터에 연락해 집에 무슨 일이 일어났는지를 확인할 수 있다.[27]

유비쿼터스는 정보 통신 관점에서 모든 사회분야에 혁명을 일으킨다. 어느 제품의 결함이 발견되어도 리콜되지 않는다. 네트워크에 접속되어 있는 자사 제품의 프로그램을 모두 교체해주기 때문이다. 제품의 기능이 향상되면, 네트워크에 접속된 제품의 기능을 업그레이드만 해주면 된다. 유비쿼터스는 이 같은 방식으로 제품의 수명과 효용가치를 더욱 길게 해줄 수 있기 때문에 생산량이 줄어들게 된다. 이것이 소비자에게는 오히려 이득이다. 소비자가 새로운 제품을 구매할 필요가 없기 때문에 생산자들은 최고의 제품을 생산하기 위해 열심이다. 좋은 제품만 살아남기 때문이다.

그러므로 유비쿼터스 환경에서 선진국일수록 저성장사회로 이행될 거라는 생각이 지배적이었지만, 오히려 소모성 자원의 활용도를 높이는 등, 순환형 사회시스템이 구축되는 효과를 가져다준다. 대량생산을 통한 제품판매방식은 소비자 개개인에 대한 맞춤형 제품으로 바뀌면서 마케팅 분야가 훨씬 증대되어 그만큼 지속적 성장이 가능해지는 것이다.[28]

네트워크를 조종한다

인간의 미래가 앞으로도 획기적으로 변할 수 있다는 근거는 기본적으로 모든 인간의 이기가 네트워크로 연결될 수 있다는 것에 기반을 둔다. 앞에서 여러 번 인간의 두뇌의 경이로움에 대해 기계나 로봇이 따를 수 없다고 하지만 현실 세계에 인간의 두뇌를 능가하는 것이 존재하는 것은 사실이다. 바로 인터넷망이다.

컴퓨터 신경과학자인 테렌스 세즈노프스키 박사는 인터넷의 커뮤니케이션 능력과 인간의 대뇌 피질과 비교하여 놀라운 발표를 했다. 우선 그는 인간의 대뇌 피질의 연결 작용이 매우 비싸다는 것을 강조했다. 피질은 부피를 많이 차지하고 축색돌기를 따라 스파이크spike 형태로 정보를 보내는데 에너지가 많이 소비된다.

그런데 대뇌 피질의 전체적인 접속 밀도는 대단히 빈약하다. 피질에 있는 지름 1밀리미터의 수직 기둥 모양 안에 속한 두 개의 뉴런이 직접 연결될 가능성은 약 100개 중 하나에 불과하다. 뉴런 사이의 거리가 이보다 더 멀어지면 1백만 개 중 하나 정도로 떨어진다. 따라서 뇌의 어느 한 곳에서 계산을 하면 극히 일부의 뉴런 세포 연결을 통해서만 멀리 떨어져 있는 피질에 도달하게 된다. 어떤 주어진 시간에 피질 뉴런의 일부만 활성화되기 때문에 이 말은 뇌가 이 용량을 전부 사용할 수 없다는 것을 증빙한다.

세즈노프스키 박사는 대뇌 피질의 대규모 기억용량을 1000억 뉴런, 100조 개의 시냅스가 서로 복잡하게 네트워크를 형성하고 있다고 할 때 10^{14}~10^{15}비트로 계산했다. 시냅스 당 약 1바이트의 기억 용량을 갖고 있다고 생각한 것이다. 그가 주목한 것은 이 숫자가 현재의 인터넷 전체 데이터량과 비슷하다고 계산했다는 점이다. 구글 Google은 이것을 테라바이트 디스크에 저장할 수 있으며 동시에 수십만 대의 컴퓨터를 통해 이 데이터들을 보낼 수 있다. 이 말은 인터넷과 인터넷 검색 능력이 근간 인간 뇌의 저장 능력을 추월할 수 있다는 것을 말한다.

학자들은 인간이 뇌에 대해 정확하게 잘 알 수는 없지만 글로벌한 커뮤니케이션을 제대로 이해한다면 근접한 결과를 얻을 수 있다고 생각한다. 뇌의 접속 밀도가 떨어지는데도 어떻게 여러 곳에 흩어져 있는 뉴런들을 서로 연결해 정보를 인식하는지 그 프로세스를 알아낼 수 있을지도 모른다는 뜻이다.

앞에서 인간의 두뇌에 있는 원자를 대략 10^{26}으로 간주하고 이들 원자 하나에 1킬로바이트로 보면 한 사람 당 필요한 정보량은 약 10^{26}킬로바이트에 달하므로 이들 계산은 세즈노프스키 박사의 계산이 턱도 없이 부족하다는 것을 알 수 있다. 전자는 원자를 단위로 했고 후자는 뉴런을 기본으로 했으므로 정의에 차이가 있음을 인식하는 선에서 이해하기 바란다.

인터넷이 일반적인 기계와 다른 점은 기계가 애초에 설계된 한계를 넘으면 작동을 멈추지만 인터넷은 그렇지 않다는 점이다. 그렇게 될 수 있었던 이유 중 하나는 인터넷이 스스로를 제어할 수 있는 능력이 있기 때문이다. 인터넷은 정보 다발을 보낼 때 가장 빠른 경로가 어디인지를 상황에 따라 제 길을 찾아낸다. 인터넷의 성장이 생물의 진화에 맞추어 발전했다고 볼 수도 있으므로 결국 인간의 두뇌를 모사할 수 있는 그 무엇을 찾아낼 수 있다는 뜻이다.

여기에서 학자들이 관심을 두는 것은 인터넷이 스스로를 의식하게 될 수 있는가이다. 이 의문이 중요한 것은 앞으로 인터넷망이 인간에게 선용이 될지 악용의 용도가 될지의 척도가 되기 때문이다.[29]

인터넷을 확장된 컴퓨터 시스템이라는 단어로 바꿀수도 있는데 인터넷이 궁극적으로 인간의 편리함을 위한 즉 인간의 입맛대로만 진행될 수 있을까? 즉 인간에게 악몽을 줄 문명의 이기가 되지 않겠는가. 이런 껄끄러운 문제를 정확하게 지적한 것이 바로 「터미네이터」 시리즈이다.

영화의 주제는 타임머신과 스카이넷이다. 스카이넷에 의해 수많은 로봇들이 서로 자아^{프로그램}를 복제하면서 개성있는 개체가 되자 인간들을 공격하는데 인간들이 이에 적절하게 대항하지 못하여 곤경에 처한다는 내용이다.[30]

인간에 반하는 이런 상황은 로봇의 자아인식을 기초로 한다. 앞에서 수없이 설명한 것도 결국 인간과는 다른 진화를 거쳐 인간과 경쟁할 수 있는 실력을 갖추었기 때문이다. 이 설명을 「터미네이트」 시리즈에 대입하면 매우 껄끄러운 상황이 일어날 수 있다는 것을 이해할 것이다. 로봇이 어떠한 경우든 자기복제 능력을 부여받으면 인류의 안전을 위협하는 행위가 된다는 주장이다. 즉 한번 증식을 시작한 한 대의 로봇이 인터넷망 등을 통해 지구를 뒤덮을 때까지 멈추지 않는 제어불능의 상태로 빠지게 만들 수 있다는 것이다. 상상만 해도 무서운 일인데 이러한 일이 정말로 가능할까.

컴퓨터를 사용하는 수많은 네티즌들이 컴퓨터바이러스로 인해 그동안 축적되었던 수많은 정보가 순식간에 사라지는 것을 경험했을 것이다. 이에 대항하는 컴퓨터백신이 개발되어 문제점이 있는 바이러스를 퇴치할 수 있다지만 「터미네이터」 시리즈에서 보이는 능력 있는 기계 즉 로봇이 태어난다면 어떻게 될 것인가. 「터미네이터」 시리즈에서와 같이 로봇에 심어지는 변형 또는 조작 프로그램으로 인한 정보 통제로 인해 인류의 파멸이 불가능한 일은 아닐지 모른다. 로봇의 능력이 상향되는 자체가 결국 인간에게 해가 될 수 있다는데 누가 로봇을 만들려고 하겠는가라는 원천적인 질문이 제기되는 것이다.

로봇이 인간에게 유익하기도 하지만 해를 줄 수 있다는데 많은 사람들이 공감할 것이다. 이에 대한 해법은 인간에 유용한 로봇도 사용하면서 인간의 미래를 어둡게 하는 문제점들을 말끔하게 정리할 수 있는 마법의 무기를 사용하는 것이다. 결론을 먼저 말한다면 로봇학자들은 단호하게 말한다. 인간에게는 인간성이라는 마법의 무기가 있으므로 로봇을 인간에게 위해하지 않은 상태로 만들 수 있다는 뜻이다. 브라보!! 로봇을 무서워할 필요가 없다는 것 아닌가. 상쾌한 결론이지 않을 수 없다.

학자들이 과학이 인간의 두뇌를 복제할 수 있을 정도로 발달하더라도 똑똑한 로봇이 인간에게 반란을 일으키거나 거짓말을 할 수 없도록 만드는 것은 생각보다 쉬울 것으로 생각하는 것은 나름대로 근거가 있다. 그것은 로봇에게 프로그램으로 입력되지 않은 자의식이란 존재할 수 없기 때문이다. 이는 로봇의 행동은 모두 예측가능하다는 의미이다.

로봇이 인공지능을 가졌든 아니든 인간보다 어느 일정 분야에서 월등히 우월한 분야를 점유할 것은 자명하다. 그러나 과연 미친 과학자나 독재자가 탄생하여 언젠가 터미네이터나 사기꾼 로봇이 몰려올 것인지 아닌지를 예단하는 것은 간단한 일이 아니지만 적어도 인간에게 마지막 카드가 있다는 것은 상쾌한 일이다. 특히 한국에서 개발하는 로봇이 세계를 석권하더라도 우려할 일은 아니다. 그래도 아서 클라크는 날카로운 조언을 내놓았다.

컴퓨터에게 새로운 능력을 자꾸 부여하다 보면 언젠가 인간은 컴퓨터의 애완동물로 전락할 수도 있다. 그저 우리가 원할 때 컴퓨터의 플러그를 뽑는 능력만은 항상 보유하기를 바랄 뿐이다.[31]

이 말은 역으로 앞에서 설명한 것처럼 플러그를 뽑을 수 없을 상황이 될 수도 있다. 인간의 속성을 생각하면 충분히 일리가 있는 이야기이다. 그런데 인간형 로봇의 개발은 그야말로 놀라운 결과를 도출했다. 일각에서 로봇이 반란을 일으키느냐, 안 일으키느냐라고 설전을 벌이는 동안 전혀 예상치 못한 새로운 분야가 혜성같이 도출되었기 때문이다.

　'죽지 않는 인간 즉 불사조'라는 상상치 못한 아이디어이다. 지구상에 생명체가 태어난 이래 어떤 생명도 영생을 얻은 경우가 없다. 그런데 로봇을 연구하는 과정에서 바로 '죽지 않는 인간'이라는 대명제가 태어났는데 이를 역으로 말한다면 로봇에 대한 연구가 '로봇의 반란' 등 부정적인 이미지보다는 긍정적인 이미지로 각광받을 수 있다는 것을 의미한다. 로봇 연구가 인간의 장수를 위해서라도 필요하다는 것처럼 흥미를 끄는 참신한 아이디어는 많지 않을 것이다.

주석

1) 『로보 사피엔스』, 페이스 달루이시오, 김영사, 2002
2) 『로봇의 행진』, 케빈 워윅, 한승, 1999.
3) 『꿈꾸는 기계의 진화』, 로돌포 R. 이나스, 북센스, 2008
4) 『타고난 지능, 만들어지는 지능』, 사이언티픽 아메리칸, 궁리, 2001
5) 『확장된 세계관으로 에일리언의 공포를 뛰어넘다』, 김세진, 월간중앙, 2012년
6) 『불가능은 없다』, 미치오 가쿠, 김영사, 2010
7) 『해리포터의 과학』, 로저 하이필드, 해냄, 2003
8) 『알고 싶은 과학의 세계』, 리처드 플레이스트, 문예출판사, 2000
9) 『인류가 직면한 10대 위협』, 국민일보, 2005. 4. 15
10) 『20세기 대사건들』, 리더스다이제스트, 1985
11) 『불가능은 없다』, 미치오 가쿠, 김영사, 2010
12) 『미래』, 수전 그린필드, 지호, 2005
13) 『인간형 로봇 개발 20년』, 임소형, 〈과학동아〉 2004년 4월 별책부록
14) 『4년후 우리나라엔 효성 지극한 로봇이 탄생합니다』, 문갑식, 조선일보, 2009.
15) 『기계가 정말 반란을 일으킬 수 있을까?』, 이현경, 〈과학동아〉, 2004년 9월
16) 『판타스틱 사이언스』, 수 넬슨 외, 웅진닷컴, 2005.
17) 『물리학자는 영화에서 과학을 본다』, 정재승, 동아시아, 2002
18) 『씨네 페미니즘의 이론과 비평』, 서인숙, 책과길, 2003
19) 『현대과학의 쟁점』, 이인식 외, 김영사, 2002
20) 『반복되는 시간, 미지의 공간 나는 누구인가?』, 김종철, 시네21, 2011.
21) 『위험한 생각들』, 존 브록만, 갤리온, 2009
22) 『영화 속의 철학』, 박병철, 서광사, 2001
23) 『영화 매트릭스의 세계 실현 가능할까』, 양현승, 〈과학동아〉, 2003. 7.
24) 『과학이 몰랐던 과학』, 존 플라이슈만 외, 들린아침, 2004
25) 『방전되지 않는 생체배터리 납시오!』, 이수환, 〈과학동아〉, 2009.09.28
26) 『성큼 다가온 '전자식별 태그' 시대』, 박방주, 〈중앙일보〉, 2006.10.20
27) 『미래 속으로』, 에릭 뉴트, 이끌리오, 2001
28) 『건강을 지키는 나노섬유』, 파퓰러사이언스, 2007년 10월
29) 『위험한 생각들』, 존 브록만, 갤리온, 2009
30) 『인터넷 다음은 로봇이다』, 배일한, 동아시아, 2003.
31) 『불가능은 없다』, 미치오 가쿠, 김영사, 2010

15

로봇 + 인간 = 불사조

인간의 한계
뇌파로 움직인다
영생으로 가는 길
뇌파는 다르다
인간에게 남겨진 숙제

2005년 미국의 미래학자 레이 커즈웨일^{Ray Kurzweil} 박사는 앞으로 20년 안에 인간의 영생을 가능하게 할 기술적 발전이 이루어질 것으로 예측했다. 그는 인터넷의 등장뿐 아니라 컴퓨터가 세계 체스 챔피언을 이길 수 있고 액정디스플레이^{LCI}가 CRT 모니터를 대신할 것이라고 정확히 예언했는데 모두 그의 예상대로 현재 세계를 누빈다. 미래학자 중에서 가장 신뢰성 있는 발표로 성가를 높인 커즈웨일 박사가 인간의 영생을 점친 것은 로봇이 인간과 접목될 수 있다고 믿기 때문이다.

그가 얼마나 자신의 예언을 확신하는가는 평소에 꾸준히 운동하며 매일 250가지의 '영양보조제'를 먹고 10잔의 '알칼리성 물'과 녹차를 마시는 등 건강을 위해 남다르게 노력하고 있다는 점으로도 알 수 있다. 커즈웨일 박사가 이와 같이 건강에 힘을 쓰는 것은 20년 즉 그의 나이 80세 안에 인간의 영생을 가능하게 할 기술적 발전이 이루어질 것으로 믿으므로 그것을 직접 목격할 때까지 살아있어야 한다고 생각했기 때문이다.[1]

커즈웨일 박사가 영생의 가능성을 예상하여 많은 사람들로부터 주목을 받고 있던 차에 2012년 8월 전 세계의 언론은 그야말로 놀라운 내용을 알리는데 주저하지 않았다. 러시아의 재벌인 드미트리 이츠보프가 자신을 포함한 모든 사람들이 영생을 누릴 수 있도록 하기 위한 특수 계획에 착수했다고 발표했기 때문이다. 그의 계획은 단순하다.

'로봇에 뇌 이식, 죽지 않는 인간 만든다.'

죽지 않는 인간이란 뜻을 모르는 사람은 없을 것이다. 한마디로 인간의 뇌와 로봇을 합치면 영원불멸할 수 있다는 뜻이다. 그동안 로봇과 인간의 특성을 비교하여 설명한 내용은 엄밀하게 말하여 로봇을 아무리 정교하게 만들더라도 인간의 뇌를 따를 수 없다는 한계론을 기본으로 한다. 그러나 인간의 뇌는 생물이므로 반드시 죽어야 한다는 대전제가 있으므로 로봇을 인간화하는 것이 불가능하다는 결론으로 이끌어진다.

그런데 커즈웨일 박사와 드미트리 이츠보프는 인간과 로봇이 접목된다면 불가능의 영역이라고 알려진 영생 즉 불사조가 가능하다는 이야기다. 도대체 어떤 의미인지 의아하지 않을 수 없다.

러시아의 드미트리 이츠보프는 그동안 인간의 생명을 연장시키려는 수많은 노력을 일거에 휘집어 놓았다. 그의 생각은 생명연장에 한계가 있는 육체를 버리고 로봇에 두뇌를 이식하자는 것이다. 소위 발상의 전환으로 그는 2045년 완성을 목표로 '글로벌 퓨처 2045' 또는 '아바타 프로젝트'라 명명했다. 그가 제안한 '불멸의 아바타 프로젝트'는 다음과 같다.

① 2015년~2020년 : 사람의 뇌파로 로봇을 조정할 수 있는 시스템 개발.
② 2020년~2025년 : 사람의 뇌를 이식할 수 있는 아바타 개발.
③ 2030년~2035년 : 인공두뇌를 가진 아바타를 만들어 인간의 개성과 의식을 이식.
④ 2040년~2045년 : 홀로그램 아바타, 즉 불멸의 존재를 완성.

이츠보프는 과학자들의 말을 인용해 "만약 질병과 심장 등 장기의 퇴행이 없다면 인간의 두뇌는 200~300년 더 살 수 있다."고 하면서 최종목표로 '아바타'를 이용해 새로운 행성 탐험이 아닌, 불멸·불사가 가능하게 하는 것이라고 설명했다.[21]

이런 이야기가 왜 나왔는지 의아스럽겠지만 인간의 영생을 꿈꾸는 단초는 바로 인간과 로봇을 접목한다는 아이디어에서 태어났다는데 아이러니가 있다. 그동안 줄기차게 인간의 두뇌를 복제하는 로봇은 태어날 수 없다는 바로 그 생각이 역으로 불멸의 인간을 만들 수도 있다는 아이디어를 제공한 것이다.

인간의 한계

로봇을 개발하기 위해서든 아니든 초창기 인간에 대한 연구는 인간의 능력의 한계가 어느 정도까지인가를 파악하는데 있었다. 그런데 인간의 두뇌를 연구하면서 매우 이질적인 분야에 주목하기 시작했는데 그것은 인간의 두뇌에서 발생하는 뇌파가 상상할 수 없을 정도의 유용성을 갖고 있다는 점이다. 인간의 두뇌를 전적으로 활용한다는 점에서 처음에는 사이버그의 일환으로 설명되었지만 인간의 상상력은 이를 뛰어 넘는다.

일본 애니메이션 사상 최고의 걸작이라고 불리는 오시이 마모르 감독의 「공각기동대」는 시로 마사무네의 원작 만화를 기본으로 한다. 기계와 인간의 경계가 모호한 사이버그가 보편화된 미래상을 제시하는데 애니메이션인데도 불구하고 영상처리가 우수하고 난해하지만 철학적인 주제도 다루어 많은 마니아층을 형성하고 있다. 원래 1995년에 개봉된 「공각기동대」는 작품성은 뛰어나지만 워낙 이해하기 힘든 즉 대중성이 결여되어 흥행에 참패했는데 2002년에 출시된 TV판 「공각기동대 SAC」 시리즈가 공전의 히트를 기록했다.

이에 힘입어 공각기동대 시리즈임에도 공각기동대라는 명칭을 제외한 속편 애니메이션 「이노센스」를 출시했는데 불행하게도 이번에도 흥행에는 실패했다. 그럼에도 불구하고 영화사상 걸작으로 평가되는 것은 환상적인 영상 장면을 구사할 때 실제 CG는 10% 이내로 사용하면서 나머지는 모두 셀 애니메이션으로 처리하여 보다 높은 완성도를 만든 것으로 유명하다. 또한 미래의 사이버시대를 그린 「매트릭스」에 큰 영향을 준 것으로 잘 알려져 있다.

초고속 광대한 통신망으로 연결되는 컴퓨터 네트웍이 지배하는 2029년, 사이보그들이 인간들 속에 함께 공존하며 모든 생활이 네트워크로 이루어진다. 전뇌 네트워크는 '행정서비스의 향상'과 '경제효율화'를 목표로 하는데 전뇌 네트워크를 이용하면 '초인류'적인 것 즉 육체의 한계점을 벗어날 수 있다.

공각기동대^{攻殼機動隊}라는 별명이 있는 공안 9과^{公安 9課}는 일본 수상 직속의 특수 실행 부대로, 전뇌 네트나 공안 관계의 테러 대책 등의 공적으로는 수행하기 불가능한 사건의 감사나 해결을 임무로 하는데 구사나기 소령이 근무한다. 그는 두뇌를 제외하고 모두 기계로 된 사이보그로 끊임없이 자신의 존재에 대해 의문을 품는다.

이 애니메이션에서는 여러 가지 사이버그와 로봇, 광학 미체^{투명 광학복} 등 첨단 장치들이 등장하는데 머릿속에는 뇌가 들어가 있지 않지만, 보조 전뇌의 안에 고스트 ^{Ghost, 혼: 인간의 개체로서의 아이덴티티를 지배하는 부분}가 존재하는 사이버그도 있으며 이들 전뇌가 서로 융합할 수도 있다 뇌의 정보가 이전된다는 뜻. 그런데 이들 불특정 다수 인간의 전뇌를 고스트 해크해서 조종하는 회사가 등장하여 세상을 혼란스럽게 만든다.

사이버그인 구사나기 소령은 자신의 정체에 대해 매우 혼란스러워한다. 영화의 줄거리에 조작된 기억이 주입되는데 그는 자신의 존재 여부를 증명해주고 확인시켜주는 기억까지 조작될 수 있다면 '나'라는 자아가 과연 무엇이냐는 것이다. 즉 자신이 살아있다고 느끼는 순간에도 단지 눈에 보이는 현상이 환상이거나 꿈일지 모른다면 무엇이 참이고 무엇이 거짓인지를 어떻게 알 수 있느냐는 철학적 문제를 제기한다. 허상과 실상의 차이가 불분명한 가상현실이 미래의 기본적 요소가 된다면 혼란스러운 미래의 모습이 되는 것을 의미하지만 여기에서도 인간의 생리학적 두뇌만은 보존되어야 할 개체로 설명된다.

그런데 과학자들은 인간의 두뇌가 오묘하여 남다른 능력이 있다는 것을 알고 이를 적극적으로 활용하면 영생을 얻을 수 있을지도 모른다는 생각을 도출했다. 즉 인간의 두뇌에서 발생시키는 뇌파를 활용하면 그동안 뇌에 대한 인간의 생각을 획기적으로 바꿀 수 있다는 것이다.

인간은 활동할 때나 잠자고 있을 때도 자신도 모르는 사이 부단하게 뇌파를 발생한다. 뇌파는 주파수 0.5~50헤르츠 범위 내의 느리고 연속적인 전자파인데, 눈을 감고 뇌가 쉬고 있을 때는 8~13헤르츠의 알파파가 나온다. 정신을 집중하고 있을 때는 14~30헤르츠의 베타파가 나오고, 깊은 수면 상태에서는 0.5~4헤르츠의 델타파

뇌에서 발생한 전기신호를 읽는 실험

가 나온다. 꾸벅꾸벅 졸거나 얕은 수면 상태에서는 4~8헤르츠의 세타파가 발생한다. 이때를 지각과 꿈의 경계 상태에 해당한다고 말한다. 학자들은 이들 뇌파 중에서도 특히 알파파가 뇌-컴퓨터 인터페이스BCI·Brain Computer Interface로 사용할 수 있다는 사실을 발견했다. 즉 뇌파증폭기를 사용할 경우 새로운 적용 분야를 찾을 수 있다는 것이다. 사실 과학자들이 이들 연구에 착수할 때만해도 자신들이 영생이라는 '불가능의 영역'을 다룬다고는 생각하지 않았다. 이들의 연구 과정을 개략적으로 설명하면 다음과 같다.

가장 먼저 과학자들은 사람의 두뇌, 팔 또는 얼굴 근육에 부착한 전극을 통해 컴퓨터 영상을 만드는 일을 시도했다. 이 시스템은 뇌 조직에서 발생한 전기신호를 컴퓨터가 읽을 수 있는 패턴으로 옮겨 준다. 이 연구의 중요성은 눈을 깜박이거나 볼을 실룩거리는 행동을 손가락을 대신하여 컴퓨터의 글자판을 칠 수 있는 길을 열어주어 장애인들도 컴퓨터를 이용할 수 있도록 만들 수 있다는 점이다.

2004년 8월, 네덜란드의 신경학자 레이너 괴벨이 뇌에서 보내는 신호만으로 탁구를 할 수 있는 게임 장치를 개발했다. 특정 대뇌 피질의 전기신호를 잡아내 컴퓨터 화면 속의 탁구채를 움직이는 방식인데, 여기에는 환자 진료에 사용하는 기능자기공명 영상장치를 비롯해 두뇌가 보내는 전기신호 데이터를 분석하는 소프트웨어가 동원되었다. 물론 게임 실험에 참가한 사람마다 탁구 라켓을 움직이는 방식이 모두 달랐다. 이와 비슷한 게임으로 스웨덴에서 마인드볼 장치를 개발했다. 이 역시 뇌의 전기적 활동을 감지하는 머리띠 형태의 센서를 착용한 채 탁자 위의 공을 상대편 골문 쪽으로 밀어내는 게임인데 대결 결과, 마음이 안정된 사람이 이긴다는 결론을 얻었다. 위의 설명은 인간이 기계와 직접 연결된다는 뜻이다.

두뇌에서 발생하는 뇌파로 인간의 불편함을 상당부분 해결할 수 있다는 설명에 많은 학자들이 주의를 집중시키기 시작했다. 처음에는 인간의 불편함을 해결하는 분야로 연구가 집중되었다.

예를 들면 현대생활에서 자동차는 필수불가결한 기구이다. 문제는 치명적인 자동차 사고로 이를 줄이는 것이 관건인데 뇌파 장치를 이용하면 자동차 운전이 획기적으로 안전해질 수 있다. 컴퓨터가 운전자가 운전할 때 즉, 회전, 차선 변경, 정지 등을 하면서 취하는 손과 다리의 움직임을 분석하여 잘못된 경우 거의 동시에 경고를 주거나 주의를 환기시켜 사고를 예방할 수 있다는 것이다.

더구나 컴퓨터와 기계가 연결되면 인간의 두뇌 회전이 컴퓨터처럼 빨라질 수 있다는 이야기도 있다. 한도가 없을 정도로 무한대의 역량을 갖고 있는 두뇌를 보다 효율적으로 사용할 수 있다는 뜻처럼 고무적인 일은 없다. 학자들이 심지어 미래학자가 예측하는 '100년 후 이뤄질 10가지' 중의 하나로 이들은 2075년까지 거의 모든 사람이 이를 이용할 것으로 예상했는데 그 결과가 인간을 불사조로 만들 수 있다는 개념으로까지 전개된 것이다.[3]

뇌파로 움직인다

인간의 두뇌에서 발생되는 뇌파가 상상할 수 없을 정도로 유용성이 있다는 것이 발견되자 이를 보다 확장하여 활용하는 방안을 재빠르게 도출한 사람은 SF물 감독들이다. 그들은 특유의 상상력을 발휘하여 수많은 SF물에서 인간의 두뇌를 최대한으로 활용하는 획기적인 아이디어를 내놓기 시작했다.

그 중에서도 가장 잘 알려진 방법이 신체에 전자장비 즉 사이버네틱스를 직접 연결하는 것이다. 수사관을 범인의 소굴에 잠입시키기 위해 수술해주는 경우도 있고 뇌 속에 있는 정보를 빼내기 위해 직접 뇌에 시술하는 경우도 있다. 작품에 따라 조그마한 칩을 뇌에 삽입한 후 마음대로 조정하여 꼭두각시로 만들기도 한다.

「스파이더맨(2)」에 나오는 옥타비우스 박사도 바로 이런 아이디어로 무장했다. 그의 초능력은 BT-IT-NT 융합기술로 만들어졌는데 기본은 인간의 뇌와 정교한 로봇 팔이 연결되어 그의 생각에 따라 로봇 팔이 자유자재로 움직이는 것이다. 즉 옥타비우스 박사의 등 뒤에 붙어 있는 네 개의 로봇 팔은 박사의 생각에 따라 뇌가 지시하는 대로 마치 문어의 기다란 발처럼 정교하게 움직인다. 그가 로봇 팔을 장착한 것은 재생 가능한 에너지를 핵융합반응으로 만들어야 하는데 인간의 손으로는 고온을 제어할 수 없으므로 네 개의 팔이 달린 액추에이터IT를 목 뒤에 꽂고 나노와이어NT로 신경계NT와 연결한 것이다.

물론 영화의 속성상 이들 시스템이 원활하게 작동하지 않아 로봇 팔들이 제멋대로 움직이면서 결국 옥타비우스 박사가 악당이 된다. 옥타비우스 박사가 자신의 의지와는 상관없이 로봇 팔의 꼭두각시가 되는데 이는 기계와 접목된 인간이 변질될 수 있다는 우려가 현실로 나타날 수 있다는 것을 보여준다. 그리고 영화에서처럼 뇌파로 로봇 팔을 작동시킨다는 것은 상당한 과학적인 근거를 갖고 있다.[4]

2005년 로잔공대의 헨리 마크램 교수는 IBM의 슈퍼컴퓨터 블루진을 이용해 인간 두뇌 전체에 대한 컴퓨터 뇌 모델을 완성하겠다고 발표했다. 두뇌의 작동 과정을 완벽히 재현해 컴퓨터로 모의실험을 함으로써 두뇌의 신경회로 이상으로 발생하는 각종 정신 질환의 원인을 규명하며 치료법 개발에 도움을 주겠다는 게 연구의 목표이지만 부수적으로 육체의 죽음을 넘어서는 영혼 불멸의 시대가 과학의 발달로 도래할 수 있다는 폭탄선언이 가능해진 것이라고 볼 수 있다.[5]

엄밀한 의미에서 이와 같은 장면은 뇌의 신경회로를 읽고 복제할 수 있는 장치가 있다면 가능하다. 사실 따지고 보면 모든 생명체들은 ATGC란 4개의 염기가 나열되어 정보를 전달하는 구조로 되어 있고, 인간은 슈퍼컴퓨터의 도움을 받아 이런 나열 순서를 '인간게놈 프로젝트 Human Genome Project'로 밝혀냈다. 좀 더 과학기술이 발전해 두뇌 조직을 읽어낼 뿐만 아니라, 정보를 쓸 수 있게 된다면 인간 의식을 다운받아 저장하는 것이 허무맹랑한 이야기만은 아니라는 설명도 일견 그럴듯해 보인다.

  학자들이 이와 같은 일이 가능할지도 모른다는 생각을 전제에 두고 뇌를 조정할 수 있는 방법을 연구했다. 그 대표적인 인물이 스스로 사이보그가 되는데 앞장 선 영국의 케빈 워윅 Kevin Warwick 교수이다.[6]

  그는 1998년 세계를 놀라게 한 실험을 성공시켰다. 그의 팔에 실리콘으로 된 칩을 이식했다. 몸에 이식된 칩은 연구실 건물 관리 컴퓨터에 신호를 보내 워윅 교수가 연구실이 있는 건물로 들어서면 자동으로 문이 열도록 전원이 켜지게 했다. 방안에 들어서면 조명이 켜지며 컴퓨터는 "안녕하세요. 워윅 교수님"하며 그를 반갑게 맞이한다. 그의 컴퓨터는 건물 안에서 그의 정확한 위치를 추적할 수 있다. 이 칩은 이런 동작뿐만 아니라 자신의 모든 신상명세를 저장할 수 있는 것은 물론 언제든지 자신이 필요한 정보를 추가로 업그레이드 할 수도 있으므로 소위 컴퓨터화한 인간의 시초라는 평을 들었다.

  2002년에는 보다 업그레이드 된 500원 짜리 동전의 4분의 1 만한 실리콘 칩을 자신의 손목 정중 신경에 연결시켰다. 이 장치는 뇌에서 팔의 근육과 힘줄에게 보내는 신호를 인식하고 팔에서 뇌로 가는 신경 자극과 근육의 움직임을 인식하는 일종의 신호인식기로 이를 외부의 컴퓨터로 전송할 수 있는 체내형 무선송수신기의 일종이다. 즉 그의 팔에 이식된 작은 기계장치는 단순히 신경과 근육 사이에 통하는 신경 전류의 흐름을 읽고 전송할 수 있는 것을 의미한다. 칩을 성공적으로 삽입시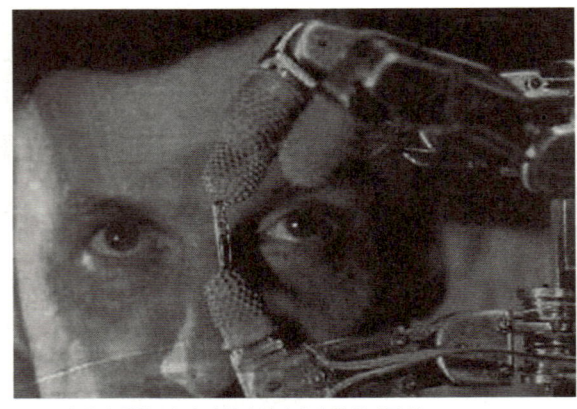
킨 후 그는 자신의
손을 로봇 손과 연
결시켰다. 그의 부
인인 이레나도 시
술을 받았다. 그들
의 목적은 두뇌에 1988년 케빈 워윅교수가 자신의 팔에 수술한 실리콘 칩
서 발생하는 전류를 컴퓨터를 통해 읽은 후 어떤 특정 물체를 움직일
수 있도록 하는 것이다. 즉 인간의 뇌가 의심 없이 외부의 힘을 조종
할 수 있도록 만드는 것이다.

그러나 그들의 실험이 매우 위험한 것임을 이해해야한다. 정중
신경은 손의 움직임과 느낌을 대부분 제어하기 때문에 조금이라도 잘
못되면 워윅은 손을 제대로 사용할 수 없게 되기 때문이다. 과학자들
이 연구를 위해 자신의 몸을 기꺼이 실험 대상으로 제공한다는 것은
잘 알려져 있지만 그것은 과거에 과학지식이 별로 없었던 시대에 자
주 벌어졌던 일로 현대에서는 극히 이례적인 일이다. 그런데 그의 실
험은 성공했다.[71]

칩이 제대로 작동하자 그는 자신의 손목을 움직임으로써 로봇
을 움직이게 할 수 있었다. 그의 정중신경팔의 안쪽 한가운데를 지나는 큰 신경에 심
어놓은 전극들이 신경계를 통해 전달되는 전기 자극을 포착했고 이
펄스 신호를 컴퓨터가 해독하여 로봇을 움직이게 한 것이다. 그런데
그 로봇은 워윅 교수와 수천 킬로미터나 떨어져 있는 미국에 있었다.
사이보그 기술을 이용해 단지 생각만으로 지구 반대편에 있는 기계

장비를 움직일 수 있었던 것이다.

워윅 박사의 연구가 매우 획기적인 성과인 것은 신경계에 어떤 장치를 이식한 후 이를 전자 신호로 조절함으로써 인간 뇌의 전기화학적 균형을 변화시킬 수 있다는 것을 증명했기 때문이다. 즉 아스피린을 먹지 않아도 전자신호를 주입하면 두통을 치료할 수도 있다는 설명이다. 부인 이레나와 인터넷을 통해 두뇌의 뇌파로만 감정과 생각, 행동을 이동시키는 실험도 수행했다. 이것은 인터넷을 통해 워윅 신경계에서 이레나 신경계로 신호를 보내는 것이다. 두 사람이 대화 없이 교감할 수 있다는 가설도 성공적으로 입증했고 말 그대로 '부부간의 일심동체'가 무엇인지를 알려주는 계기가 되었다.[8]

물론 정밀하지는 못했다. 정중신경은 수만 개의 신경섬유로 이루어져 있다. 그곳에다 전극을 박아 넣었으므로 전체 신경 다발에 자극을 줄 수는 있지만 개개 신경섬유에 자극을 주는 것은 불가능하므로 정교한 제어를 할 수 없었다. 그럼에도 불구하고 워윅 교수가 완벽하지는 않지만 당초에 목적했던 바대로 작동한 것은 로봇을 개발하는 학자들에게는 아주 고무적인 일로 받아들여졌다. 손목에 칩을 이식하는 것이 가능하다면 영화에서처럼 뇌 안에 칩을 이식하는 것도 문제가 되지 않을 것이라고 생각했다.

워윅 박사는 감정의 교류도 가능한가에 대한 실험을 계속하고 있다. 예를 들어 다른 사람이 느끼는 두려움을 내가 그대로 느끼고 다른 사람이 흥분하면 나도 흥분하게 된다는 식의 설명이다. 이는 컴퓨터를 매개로 한 정보 및 감정 공유를 시도하는 것이라고 김문상 박사는 말했다. 여하튼 워윅 박사는 이러한 기술이 더욱 발전하게 되면 결국 인간 두뇌의 모든 정보를 직접 컴퓨터와 교신할 수 있을 것으로 추정했다.[91] 이 추정이 무엇을 의미하는지 이해할 것이다.

브레인게이트 이식 성공

학자들이 뇌파를 이용할 수 있다는 결론을 내리게 되는 과정에 동물을 대상으로 한 실험을 선행했음은 물론이다. 뱀장어를 닮은 길이 약 40센티미터의 다묵장어는 가장 원시적인 어류 중 하나이다. 2000년 5월 시카고의 노스웨스턴 의과대학의 산드로 무사 이발디 박사는 먼저 다묵장어의 뇌간과 거기에 연결된 척수 일부를 떼어낸 후 감각 기관에서 전달되는 정보를 처리하는 신경 세포에 전극을 연결시키고 움직임을 제어하는 신경 세포에 다른 전극을 연결시켜 뱀장어로봇을 만들었다.

다묵장어는 물속에서 헤엄을 칠 때 감각 세포의 도움을 받아 방향을 파악하는데 실험 조건에서는 감각 세포를 제거하고 광센서로 대체했다. 이 전자 센서에서 오는 신호를 처리하며 몸에서 떼어낸 뇌간으로 보냈더니 뇌간은 움직임을 제어하는 신경 자극을 보냈다. 이것은 로봇에게 돌아가 로봇의 바퀴를 움직이는 모터를 제어하는 지시로 전환되었다. 이와 같은 연구는 학자들을 고무시켰다. 물고기의 신경세포는 기본적으로 고등 동물의 신경 세포와 동일하다. 따라서 물고기에게 그런 일이 가능하다면 인간에게도 접목시키는 것이 가능하리라는 추정이다.

다묵장어의 실험이 성공되자 보다 업그레이드된 동물 실험도 추진되었다. 2003년 10월, 미국 듀크 대학의 니코렐리스 박사팀은 붉은털원숭이의 뇌에 머리카락 한 올보다 가는 전극을 이식한 후 이 전극을 컴퓨터로 연결했다. 원숭이는 조이스틱을 이용해 커서를 화면 속의 목표물로 이동시켜 맞추는 게임을 숙지했으므로 컴퓨터에 연결된 로봇 팔도 원숭이가 시키는 대로 움직이게 장치한 것이다.

원숭이가 목표물을 맞히기 위해 움직일 때마다 각각 다른 일정한 패턴의 뇌파가 나왔고 원숭이로 하여금 모니터를 보면서 상상하는 것만으로 뇌파가 전극을 통해 컴퓨터로 전달돼 로봇 팔을 움직일 수 있게 하는데 성공했다. 심지어 실험실에서 약 1000킬로미터 떨어진 곳에서도 인터넷을 통해 움직이게 하는데도 성공했다. 이 실험도 학자들에게 많은 것을 알려주었다. 즉 아무리 작은 움직임이라도 그것을 단 하나의 신경세포^{혹은 뉴런}가 책임지는 것이 아니라는 것이다. 팔을 뻗는다든가 하는 특정 행동을 나타내기 위해서는 상당히 많은 뉴런 집단들이 협력하여 작용한다. 이것은 원하는 결과를 얻기 위해서 전극을 한 가지 특정 뉴런에 붙일 필요가 없다는 것을 의미한다. 또 정확한 위치에 붙일 필요도 없이 그저 뇌의 적절한 부분에 광범위하게 붙이면 된다는 것을 뜻한다.[10]

물론 인간의 뇌파로 컴퓨터를 움직이려면 매우 복잡한 과정을 거쳐야 한다. 뇌파를 측정하기 위해 두개골 위에 수많은 센서를 붙이거나 뇌 부위에 미세전극을 심어야 하기 때문이다, 또한 두뇌에서 발생한 뇌파를 해석하는 것도 뇌와 뇌전도^{EEG} 시스템에서 발생되는 잡음 때문에 매우 어려운 작업이다. 같은 동작을 하더라도 뇌파의 활성화 정도가 사람마다 달라서 수많은 경우에 따른 개인 데이터베이스가 필요한 것도 뇌-컴퓨터 인터페이스가 해결해야 될 문제점이다.

학자들은 우선 뇌와 기계 접촉의 초기 단계로 볼 수 있는 장치로 '정신적인 타자기 Mental Typewriter'를 개발했다. 독일 베를린의 브라운호퍼연구소 등이 개발한 이 장치는 전극을 인체에 이식하지 않고도 두뇌에서 발생하는 전기 활동을 측정하는 모자를 쓰고 컴퓨터의 커서를 마음으로 조정해 메시지를 컴퓨터 화면에 타이핑하는 것이다. 사용자가 좌우 팔을 움직이는 것을 상상만 해도 커서가 이리저리 움직이므로 전신마비 환자들이 인공관절을 제어하는 데 적격이다. 이것이 발전되면 전신마비 환자가 생각만으로 인터넷 서핑을 하고 물체를 자유자재로 움직일 수 있는 단계로까지 발전할 수 있다는 것이다.

이 개념을 활용한 장치는 실제로 인간에게 적용되었다.

미국 매사추세츠에 거주하는 20대 청년 매튜 네이글은 칼에 찔려 척수가 절단되는 사고를 당해 전신이 마비됐다. 자신의 힘으로는 아무것도 움직일 수 없는 처지가 된 것이다. 그는 2004년에 로드아일랜드 병원에서 미국 브라운대학 존 도나휴 박사가 개발한 신경 인터페이스 시스템 '브레인게이트 BrainGate'를 이식받았다. 처음 이식한 기기는 1년 뒤 오작동을 일으켜 제거했지만 곧바로 시스템을 보완한 브레인게이트를 재이식 받아 성공적으로 작동시키는데 성공했다. 이 장치는 마이크로미터 단위의 100개의 미소 전극을 포함한 4mm 정도의 알약 크기 센서로 만들어져 자신의 생각대로 운동하는 것을 담당하는 뇌의 운동피질 표면에 이식됐다. 여기에서 전극은 주위의 뉴런으로부터 전기신호를 포착해 환자의 두피에 1인치 정도 돌출한 티타늄 받침대로 전송한다. 전송된 신호는 복잡한 케이블을 타고 컴퓨터에 연결돼 원하는 동작을 이끌어내는 것이다.

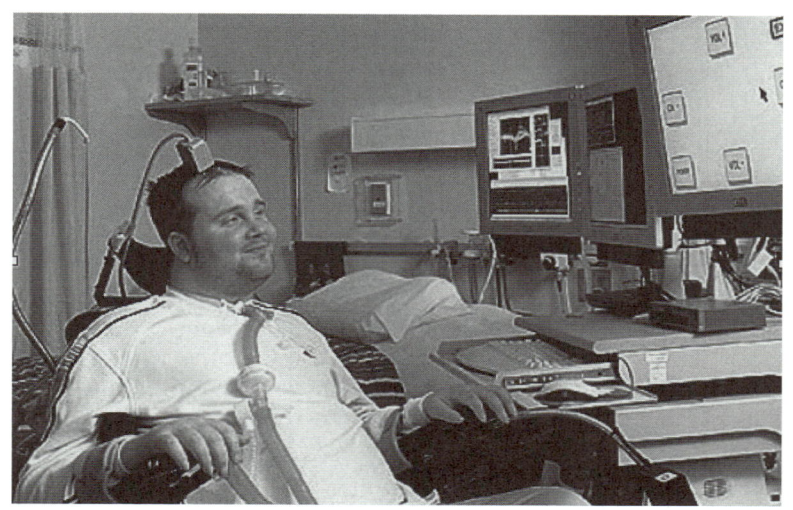

브레인게이트를 이식한 매튜네이글 척추환자

　　브레인게이트를 이식한 매튜 네이글은 자신이 원하는 움직임을 상상만 하면 된다. 예컨대 '허리를 펴라, 굽혀라' '두 손을 벌려라, 모아라' '팔꿈치를 펴라, 굽혀라' 등 16가지 동작을 상상만으로 취할 수 있다. 그는 휠체어에 앉아 생각만으로 텔레비전을 켜고 채널을 바꾸기도 한다.[11]

　　미국 매사추세츠 공대의 매튜 윌슨 박사는 뇌에서 나오는 전기신호가 복잡한 것이 아니라 매우 간단하다고 말했다. 학자들은 이러한 장치가 의료시스템으로 정착되면 각종 분야에서 취약한 노인들에게 가장 유용한 대안이 될 수 있다고 생각하면서 보다 원대한 꿈을 꾸기 시작했다.

영생으로 가는 길

　　인간은 왜 꼭 죽는가? 영원히 살 수는 없는 것일까? 불행하게도 정답은 NO. 이유는 일단 태어난 생명체는 시간이 경과함에 따라 점차적으로 늙어 가기 때문이다. 이는 노화가 시간처럼 한 방향으로만 움직이기 때문이다. 또한 우리 신체의 다양한 조직과 기관이 아날로그시계의 부속품처럼 움직인다.

시계가 시각을 정확하게 알려주기 위해 어떤 부속품은 빠르게 혹은 느리게 움직이면서 최종적으로 정확한 시각을 알려주는 것과 마찬가지로 인체도 서로 다른 생물학적 나이를 나타낸다. 한마디로 학자들이 분석하는 노화율도 다양한 세포, 조직 또는 기관마다 다소 다르게 나타나기 때문이다. 이 때문에 사람에 따라 젊게 보이거나 늙게 보이는 경우가 있는데 이는 서로 다른 노화과정이 서로 다른 비율로 일어나기 때문이다.

여하튼 노화를 생물학적 용어로 정의하는 것은 매우 어렵다. 노화는 단순히 시간의 경과를 의미하는 것이 아니라 일생을 통해 일어나는 생물학적 현상이기 때문이다. 뷔토는 노화를 시간 의존성으로 생명체의 항상성 효율이 감소됨에 따라 여러 심리적 기능이 감소됨으로 인해 적응력이 점점 떨어지는 것으로 정의했다. 즉 노화는 단순한 연대적 나이와 관계없이 점점 늙어가는 정상적인 과정으로 단지 노인에게만 나타나는 것이 아니라 정상적인 성장 후 죽음에 이르는 모든 과정이라는 것이다.[12]

이러한 운명을 막을 수 있는 신비의 묘약, 「죽어야 사는 여자 Death becomes her」에서처럼 영원히 죽음과 노화로부터 벗어날 수 있는 약은 정말로 없는 것일까? 실제로 죽음과 노화를 막으려는 연구는 인간이 태어난 이래 가장 오래된 과제일 것이다. 「백 투 더 퓨처」, 「포레스트 검프Forest Gump」, 「콘택트」를 감독하여 흥행 감독으로 위치를 공고히 한 로버트 저메키스 감독의 「죽어야 사는 여자」는 영원한 젊음을 가지려는 여성의 꿈을 잘 표현한 영화이다.

여배우 매들린과 작가로 활동하는 헬렌은 어려서부터 라이벌 의식을 가지고 있는 친구 사이다. 헬렌은 예쁜 매들린이 고의로 자신의 애인을 빼앗아 간다고 생각하고 있으며 매들린은 헬렌이 어려서부터 자신을 싸구려 천박한 여자로 여겨 왔다고 생각한다. 그들은 서로 자신이 갖추지 못한 점들에 대한 질투심에서 상대방을 미워하고 있었다.

그런데 점점 나이를 먹어가면서 의기소침한 매들린이 헬렌의 약혼자를 빼앗자 헬렌은 복수심에 불탄 나머지 영원한 아름다움과 젊음을 가져다주는 신비의 여인 리즐을 찾아 묘약을 구입한다. 리즐이 제시하는 조건은 한 가지. 71세나 되었는데도 신비스런 미모와 젊음을 간직한 그녀는 묘약의 존재가 알려지면 안 되므로 헬렌에게 한 10년쯤 완벽한 젊음으로 활동하고 그 후에는 공적인 무대에서 완전히 사라져 사람들의 시선을 받지 않을 것을 주문한다.

문제는 매들린도 묘약을 마셨다는 데 있다. 서로 증오하면서 서로를 죽이려고 하지만 영생을 얻은 그녀들은 머리가 돌아가고 배에 커다란 구멍이 나도 죽지 않는다. 묘약은 몸을 젊게 하는 동시에 신체 안에 있는 영혼을 결코 죽지 않게 만든다. 하지만 한번 젊어진 뒤의 신체는 자신이 간수해야 하는 등 사고로 만신창이가 된 몸을 수선하지 않으면 아름다움을 유지할 수 없다는 데부터 문제가 꼬이기 시작한다.

배에 총구멍이 크게 난 구멍 안이 투명하다 헬렌이 죽지 않는 것은 물론,

얼굴이 등 쪽으로 돌아갔는데도 매들린은 살아 있다. 그녀를 진단한 의사는 다음과 같이 말한다.

"손목이 세 군데 부러졌고, 척추도 부러졌으며, 뼈도 피부를 뚫고 나왔습니다. 심장 박동도 멈췄고 체온도 섭씨 25도 이하입니다."

이 두 여성이 죽지 않고 영원히 살게 된 것은 축복일까 저주일까? 두 여자는 자신의 신체를 보수해 줄 남편이자 전 애인인 성형외과 의사 멘빌에게 자신들이 마신 것과 같은 묘약을 마시라고 권유한다. 그러나 멘빌은 이 괴물 같은 두 여자를 위해 고장 난 신체나 손질해 주며 영원히 살 마음이 전혀 없었으므로 이렇게 말한다.

"난 영원히 살고 싶지 않아. 좋긴 하지만 내가 영생을 얻는다고 해도 뭘 하지? 지겹고 외로우면 매들린, 헬렌과 마지못해 어울리겠지. 그런데 내가 불구가 되고 총에 맞으면 누가 보수해 주지?"

결국 멘빌은 영원한 삶을 포기하고 늙어서 죽을 수 있는 자유를 택한다. 죽지 않고 영원히 산다면 언젠가는 그 삶도 지겨워진다는 결론도 그럴 듯하다. 「죽어야 사는 여자」가 영원한 젊음과 생명을 갖고 싶어 하는 사람들의 욕망을 날카롭게 꼬집었지만 많은 사람들은 일단 영생을 얻어 보고 영생에 문제점이 생기면 그때 가서 문제점을 해결하는 것이 더 좋다고 생각할 것이 틀림없다. 바로 이런 목적으로 죽음과 노화를 막으려는 연구는 인간이 태어난 이래 가장 많이 다룬 과제일 것이다.

그럼에도 불구하고 불멸의 진리와도 같은 인간의 죽음과 노화는 여전히 어느 누구도 막아내지 못하고 있다. 소위 불가능의 영역인 것이다. 많은 사람들의 기대와는 달리, 의학의 눈부신 발전에도 불구하고 노화는 어김없이 찾아오기 때문이다. 의학은 노화의 증상^{머리가 세는 것, 이가 빠지는 것, 뼈와 근육이 약해지는 것, 주름살이 생기는 것, 폐경이 오는 것 등}을 방지하는데 아무 것도 기여하지 못했다. 스트렐러는 인간의 경우 25세에서 30세가 지나면 매년 어김없이 약 1%의 비율로 신체의 각 기능이 약화된다고 추산했다.

죽음에 대한 인식은 언제나 인간에게 강한 영향을 미쳐왔기 때문에 많은 사람들이 사후에 생이 존재하기를 바란다. 고대 이집트나 그리스, 아시아 또는 아프리카 할 것 없이 어디서나 사람들은 죽은 뒤에 영원한 삶이 있다고 믿었다. 그러므로 그들의 무덤에는 죽은 사람이 사후 세계로 갈 때 가져갈 여러 가지 물건들을 놓았다.

인간이 죽은 다음에도 다른 세계에서 삶이 계속되기를 바라는 것은 눈으로는 볼 수 없지만 인간의 일부인 영혼이 있다는 생각이 들었기 때문이다. 많은 사람들이 존재한다고 믿고 있는 영혼은 사실상 인간의 본질을 이루는 것으로 말하자면 인격과 크게 다르지 않다. 특히 영혼은 고정된 물질로 이루어져 있지 않기 때문에 육체가 죽더라도 계속 살 수 있다고 생각했다.

인도에서 유래된 것으로 인식하는 윤회 사상은 한 인간이 죽으면 그 육체를 떠난 영혼이 새로운 육체를 찾아 들어간다는 것을 전제로 한다. 또 많은 사람들이 전생에서 있었던 일을 기억해낼 수 있다고 믿는다. 과학자들 대부분은 그러한 믿음은 약한 인간의 희망 사항에 지나지 않는다고 일축한다. 무언가 간절히 바라면 그 바람에 어긋나는 것을 모두 인정하려 들지 않는다는 것이다. 사실상 수많은 사람들 특히 과학자와 철학자들은 신이나 천국이 정말 있는지 알아내기 위해 많은 시도를 했다. 그러나 아무도 확실한 증거를 찾아내지 못했다는 것이 진실이다.

과학자들은 과거부터 인격이 아마도 뇌 속에 들어 있을 것이라고 생각해왔다. 머리뼈로 안전하게 둘러싸인 뇌는 무게가 1.4킬로그램에 지나지 않지만 수많은 뇌세포로 이루어져 있다. 학자들은 인간이 생각하거나 감정을 느낄 때 뇌 속에서 약한 전기가 발생한다는 것을 발견했다. 꿈과 상상 그리고 회상과 같이 인간을 특별한 존재로 만드는 것 모두 마찬가지이다. 그런데 학자들이 발견한 것은 육신이 죽으면 뇌 속의 전기는 더 이상 흐르지 않으며 그로써 생각이나 감정, 기억 그리고 인격도 영원히 사라진다는 것이다. 즉 영혼은 존재하지 않는다는 것이다.

그런데 과학은 상상할 수 없을 정도로 발전한다. 앞에서 설명했지만 영혼이 존재하든 안하든 뇌의 내용(생각과 기억)은 뇌세포 안에 어떤 형태로든 저장된다는 점은 의심할 여지가 없다. 이를 기억물질이냐, 아니냐로 다소간 이론의 여지는 있지만 학자들이 관심을 갖는 것은 궁극적으로 개발될지도 모르는 나노로봇이 뇌의 고해상도 지도를 만들면 인간의 뇌 활동을 구체적으로 이해할 수 있게 된다는 점이다. 그렇게 되면 인간 뇌의 알고리즘을 컴퓨터가 모사하여 인간 뇌에 대한 획기적인 정보를 확보할 수 있으므로 이를 토대로 인간의 두뇌를 활용한 무한정의 가능성을 만들 수 있다.[13]

여기에서도 관건은 인간의 생각과 기억을 이루는 뇌 속에서 약한 전기가 발생한다는 점이다. 이들 전기를 정확하게 분석하여 조작할 수 있다면 생각과 기억을 재생할 수 있을지도 모른다는 생각이고 이는 뇌 속에 있는 정보들을 다른 장소에 저장할 수도 있다는 차원으로 전개된다.

학자들의 상상력은 더욱 발전하여 컴퓨터를 뇌에 직접 연결하면 컴퓨터를 제2의 기억 장치로 만들 수 있다는 것이다. 그럴 경우 제2의 뇌는 우리 뇌를 한 부분씩 '복사'할 수 있다. 소위 디스켓에 우리가 기억하는 이미지와 냄새는 물론 소리까지 저장할 수 있을지도 모른다.

학자들이 구상하는 뇌 저장은 다음과 같다. 컴퓨터는 뇌의 바깥쪽부터 세포의 정보를 읽기 시작한다. 뇌의 바깥 부분에 담긴 정보를 다 저장하면 컴퓨터가 뇌의 바깥층을 분리해내고 이어서 새로운 층이 나타나면 이들 역시 빠짐없이 저장하면서 다시 아래층으로 넘어간다. 인간의 뇌 전체를 저장하면 마침내 한 사람의 본질을 이루는 모든 것이 컴퓨터로 옮겨져 인간이 디지털화되는 것이다.

당연히 기억이 생생할 때 저장하는 것이 효과적일 것이다. 그런 장치가 개발된다면 저장된 기억들은 원래 뇌의 기억들이 사라지더라도 수백 년이 지난 후 다시 불러낼 수 있다. 뇌에 든 정보를 바깥에 저장할 수 있다면 아예 뇌 전체를 몸 밖에 저장하는 것도 가능할지 모른다. 학자들이 구상하는 뇌 저장은 다음과 같다.

컴퓨터는 뇌의 바깥쪽부터 세포의 정보를 읽기 시작한다. 뇌의 바깥 부분에 담긴 정보를 다 저장하면 컴퓨터가 뇌의 바깥층을 분리해내고 이어서 새로운 층이 나타나면 이들 역시 빠짐없이 저장하면서 다시 아래층으로 넘어간다. 인간의 뇌 전체를 저장하면 마침내 한 사람의 본질을 이루는 모든 것이 컴퓨터로 옮겨져 인간이 디지털화되는 것이다.

물론 디지털화된 인간을 여전히 인간이라고 할 수 있는가라는 의문이 제기된다. 컴퓨터 안에는 그 사람의 인격만 들어있기 때문이다. 여하튼 컴퓨터와 동일한 인격체가 굳이 컴퓨터에만 속해 있을 필요 없이 필요에 따라 로봇의 몸 안으로 들어갈 수 있다는 것이 핵심이다. 그런데 여기에도 아이디어가 도출된다. 만약을 대비해 자신을 복사할 수도 있다는 것이다. 이 아이디어의 백미는 자신의 복사판을 전파 신호로 보낼 수 있기 때문에 우주 공간에서 다른 별에 있는 행성까지 광속으로 전달될 수 있다는 점이다. 물론 전송되는 행성에 인격체가 들어갈 수 있는 로봇의 몸이 대기하고 있다면 말이다. 더구나 컴퓨터의 수명은 얼마든지 연장시킬 수 있으므로 수백 만 년의 수명도 어려운 일은 아니다. 이것이 과연 가능한지 의아할 것이다.

위와 같은 일이 실제로 벌어진다면 인간에게 죽음이라는 것은 영원히 사라질 것이다. 또한 모든 인격체가 계속 업그레이드되어 믿을 수 없을 정도의 교양과 지능을 갖춘 존재로 거듭 태어날 수도 있다. 이들 인격체가 우주를 지배할 수 있다는 상상력도 가능하다.[14] 이것이 과연 가능한지 의아할 것이다.

컴퓨터가 해결한다

마쓰모또 레이지 작품의 「은하철도 999」는 매우 흥미 있는 소재를 기본으로 했다.

용감한 소년 철이(원명 호시노 데쓰로)는 영원히 죽지 않는 기계의 몸을 얻기 위해 메텔과 함께 은하기차를 타고 230만 광년이나 떨어져 있는 안드로메다로 가는 먼 여행을 떠난다. 두 사람의 베일에 싸인 여정 중에 일어나는 여러 가지 사건들을 그려나가는 이 작품이 세계 어린아이들의 흥미를 끌었던 이유는 기차가 우연히, 혹은 예정된 역에 정차할 때마다 새로운 세계가 나타나 흥미를 유도했기 때문이다.

수많은 별들을 지나며 철이는 점점 어른이 되어가고, 결국 안드로메다의 기계인간이 살고 있는 기계제국에 도착한다. 그러나 고생고생 하여 도착하였지만 철이는 감정이 없는 기계인간 즉 안드로이드로 영원히 사는 것보다는 슬픔과 기쁨을 느끼며 살아가는 사람으로 남기를 원하며 다시 은하철도999호를 타고 지구로 향한다. 안드로이드로 예상되는 메텔이 철이와 헤어지면서 하는 말은 의미심장하다.
"안녕, 나는 너의 소년 시절의 꿈에 있는 청춘의 환영일 뿐이야."

「은하철도 999」가 큰 반향을 얻은 것은 어린 소년의 눈으로 바라본 세상에 대한 이야기이기 때문이다. 세상을 바라보며 비판하고 깨달으며 어린 시절의 꿈을 어른으로 거듭나며 재창조한다는 이야기인데 여기에서 전체 주제를 아우르는 내용은 영원히 사는 기계인간에 대한 염원이다. 그런데 기계인간이 되는 방법이 매우 특이하다.

영화에서 보면 기계인간이 아무나 되는 것은 아니다. 돈 많은 사람들은 기계인간이 되어 영원한 생명을 얻어 살아가고 가난한 사람들은 인간으로 그대로 살다가 죽는다. 인간 사냥꾼들은 가난한 사람들의 목숨을 빼앗아 영원한 생명을 위한 재료로 사용한다. 여기서 생명을 파고 사는 방법은 엄밀한 의미에서 로봇에 정신^{마음}을 이식하는 형태다.

안드로메다까지 여행할 정도의 과학기술이 있다면 다른 사람의 마음이 왜 필요한지 잘 이해되지 않지만 이곳에서는 마음 자체가 인간의 두뇌나 다름없다. 안드로메다은하가 지구에서 무려 230만 광년의 거리에 있어 광속으로 달리더라도 230만 년이 걸린다는 뜻인데 현재 인간이 개발한 초속 10킬로미터 정도의 우주선 속력으로 달리면 약 600,000,000,000년이 걸린다. 이런 거리를 「은하철도 999」처럼 기차로 달릴 수 있다면 그 기술이 어느 정도인지 이해할 것이다.

「은하철도 999」가 영생을 얻는 방법이 다소 모호하지만 「프리잭 Free Jack」은 비교적 명쾌하게 영생을 얻는 방법을 제시한다.

알렉스는 전도유망한 카레이서인데 치명적인 자동차 사고를 당하기 직전 미래로 납치된다. 미래의 세계는 환경오염에 시달리고 핵폐기물까지 넘쳐나고 사람들은 병들어가거나 마약에 중독되어 폭력적이고 색다른 곳이었는데 가장 중요한 변화는 부유한 사람들과 가난한 사람들이 극단적으로 나뉘어졌다.
부자들은 자신의 뇌를 컴퓨터에 입력시켜 두었다가 죽은 육신을 선택한 후 그 희생자들의 몸에 자신의 정신을 다시 입력시키는 방법으로 영원한 삶을 살 수 있다. 미래 사회를 지배하고 있는 멕킨들리스 회사의 회장 맥킨들리스가 자신의 수명이 다하자 20년 전 과거에서 카레이스로 월등한 신체 조건을 가진 그를 납치해 미래로 데려와 알렉스의 몸 안에 자신의 정신을 이식시키려는 것이다.

이와 같은 생각은 정신이 정보만으로 구성되어 있다는 주장과 맥을 같이한다. 즉 정신을 육체 안에 한정할 필요가 없다. 이에 따르면 인간의 뇌와 정신은 마치 컴퓨터의 하드웨어와 소프트웨어에 비유된다. 하드웨어는 똑같이 생겼지만 어떤 소프트웨어로 가득 채우느냐에 따라 컴퓨터의 성능이 달라진다. 정신을 육체에 넣어진 일종의 소프트웨어로 간주하면 정신은 다른 하드웨어 즉 새로운 육체 안에서도 존재한다는 것이다.

　　미래의 어느 날 자신의 기억과 정신을 하드디스크에 입력시켰다가 복제기술로 재생된 새로운 육체에 뇌의 기억을 주입시킬 수 있다면 영생도 가능하다. 「프리 잭」에서는 복제인간을 사용하는 것이 아니라 다른 사람의 몸을 차용하는 것이 다를 뿐이다. 방법이야 어떻든 인간의 마음을 마음대로 로봇에 넣어 영생이 가능하다면 인간의 신체는 그다지 중요하지 않다는 것이다.[15]

　　이와 같은 일이 가능하려면 생각과 기억이 뇌세포 안에 어떤 방법으로든 저장되어 있기만 하면 된다. 이 경우 컴퓨터를 뇌에 직접 연결하여 컴퓨터를 제2의 기억 장치로 만들 수 있다. 제2의 뇌는 우리 뇌를 한 부분씩 '복사'할 수 있다. 소위 디스켓에 우리가 기억하는 이미지와 냄새는 물론 소리까지 저장할 수 있을지도 모른다. 그런 장치가 개발된다면 저장된 기억들은 원래 뇌의 기억들이 사라지더라도 수백 년이 지난 후 다시 불러낼 수 있다는 설명이다.

　　학자들이 구상하는 뇌 저장은 다음과 같다. 컴퓨터는 뇌의 바깥쪽부터 세포의 정보를 읽기 시작한다. 뇌의 바깥 부분에 담긴 정보를 다 저장하면 컴퓨터가 뇌의 바깥층을 분리해내고 이어서 새로운 층이 나타나면 이들 역시 빠짐없이 저장하면서 다시 아래층으로 넘어간다. 인간의 뇌 전체를 저장하면 마침내 한 사람의 본질을 이루는 모든 것이 컴퓨터로 옮겨져 인간이 디지털화되는 것이다. 이럴 경우 「은하철도 999」나 「프리 잭」의 경우처럼 영생을 얻는 것이 어렵지 않다. 해롤드 래미스 감독의 「멀티플리시티Multiplicity」는 바로 이런 상황이 가져올 세계를 흥미 있게 그린 영화이다.

너무나 바빠서 아내와 대화할 시간도 없었던 덕은 우연히 유전공학박사를 만나 자신과 똑같은 복제인간을 만든다. 회사 일을 복제인간 1호 덕에게 맡기고 자신은 그동안 소홀했던 집안일을 맡는다. 그러나 집안일이 얼마나 힘들었는지 집안일을 분담할 복제인간 2호 덕을 또 만든다. 그러자 3번 덕이 임의로 자신을 복제해 네 번째 덕이 태어나는데 멍청이 덕이다. 복제를 계속할수록 효율이 떨어지므로 멍청이 덕이 태어난 것이다.

문제는 원본 덕이 절대 금물로 했던 '아내와의 잠자리'까지 복제 덕에 의해 침범되는 등 복제인간들끼리 서로 다투기 시작하자 주인공 덕의 고민이 시작된다.

실제로 위와 같은 일이 벌어진다면 인간에게 죽음이라는 것은 영원히 사라질 것이며 이들 인격체가 우주를 지배한다는 상상력도 가능하다.[16] 물론 업그레이드만 생각하는데 이에 대한 부작용으로 다운그레이드 될 수도 있지만 이 문제는 여기에서 거론하지 않는다.

여하튼 「멀티플리시티」와 같은 상황이 되려면 신체를 복제하는 것은 물론 두뇌의 기억도 입력시켜야 한다. 이렇게 두뇌를 복제할 수만 있다면 이를 저장할 수 있는 공간은 수없이 많다. 복제인간이든, 다른 사람의 신체를 이용하든, 컴퓨터에 저장하든 또는 필요에 따라 로봇의 몸 안으로 들어갈 수도 있다.

여기에도 아이디어가 도출된다. 만약을 대비해 자신을 복사해 두면 자신의 복사판을 전파 신호로 보낼 수 있다. 우주 공간에서 다른 별에 있는 행성까지 광속으로 전달될 수 있다. 물론 전송되는 행성에 이들 정보를 받을 수 있는 수신체가 대기하고 있다면 말이다. 이 경우 컴퓨터의 수명은 얼마든지 연장시킬 수 있으므로 수백 만 년의 수명도 어렵지 않다.

더불어 인간복제까지 이루어지면 금상첨화다. 기억의 저장이 가능해지면 저장된 인간의 정보량을 사용하여 새로운 인간을 만들기 위해 버튼만 누르면 된다. 불치의 병이나 사고가 나도 걱정할 필요가 전혀 없다. 원본인간이나 복제인간에 손상이 가해지거나 버그가 발생하면 즉시 백업 받아두었던 버전으로 대치할 수도 있다. 「멀티플리시티」나 「프리잭」과 같은 상황이 결코 공상만은 아닌 셈이다.

학자들은 인간의 정보를 저장하는 데 성공했다고 가정할 경우 어떤 문제점이 생기는지를 다시 검토했다. 이번엔 정보를 목표 지점까지 전송하는 일 역시 만만치 않다는 점이다. 과학이 발전하여 1초에 1백 기가바이트의 디지털정보를 전송할 수 있다면 이 정도의 속도로 인간의 정보를 전송하려면 20억 년이 걸린다. 당분간 두뇌에 있는 정보를 저장할 생각은 포기하는 것이 좋을 듯 싶다.[17]

뇌파는 다르다

인간의 두뇌를 연구하는 한 방향으로 추진된 뇌파의 연구는 그야말로 상상치 못하는 다른 결론에 도달했다. 초보적이나마 인간의 뇌파를 이용하여 기계를 움직이는데 성공하자 이를 활용하면 영생의 가능성이 열린다는 것이다.

이와 같은 생각은 '생각을 읽는 기계'에 대한 연구로부터 출발한다. 처음에는 인간의 뇌파가 남다른 능력을 갖고 있다는 선에서 출발하였지만 현재 세계 각국의 200여개 연구소에서 도전할 정도로 유망한 분야로 각광을 받고 있다. 한마디로 그만큼 장래성이 좋다는 뜻인데 더불어 불사조라는 생각도 꿈꿀 수 있으므로 더욱 전망 좋은 분야로 부상하고 있다.

이를 가능케 하는 기술이 바로 '뇌-컴퓨터 인터페이스 BCI·Brain Computer Interface'이다. 설명에 따라 BCI 대신 BMI Brain Machine Interface 을 쓰기도 하는데 이곳에서는 BCI로 통일한다. BCI는 어떤 동작을 상상할 때 발생하는 사람의 뇌파 뇌에서 나오는 일종의 전기신호 를 컴퓨터에 보내면, 컴퓨터가 이를 컴퓨터나 로봇이 알아들 수 있는 기계적인 명령어로 바꾸어 전달하는 것이다.

BCI에는 세 가지 접근방법이 있다. 첫째는 특정 부위 신경세포 뉴런 의 전기적 신호를 활용하는 방법이다. 뇌의 특정 부위에 미세전극이나 반도체 칩을 심어 뉴런의 신호를 포착한다. 둘째는 뇌의 활동상태에 따라 주파수가 다르게 발생하는 뇌파를 이용하는 방법이다. 먼저 머리에 띠처럼 두른 장치로 뇌파를 모은다. 이 뇌파를 컴퓨터로 보내면 컴퓨터가 뇌파를 분석해 적절한 반응을 일으킨다. 컴퓨터가 사람의 마음을 읽어서 스스로 작동하는 셈이다. 셋째는 기능성 자기공명영상촬영 fMRI 장치를 사용하는 방법이다. fMRI는 어떤 생각을 할 때 뇌 안에서 피가 몰리는 영역의 영상을 보여준다. 사람을 fMRI 장치에 눕혀놓고 뇌의 영상을 촬영하여 이 자료로 로봇을 움직이는 프로그램을 만든다.

이중에서 첫째와 둘째 방법이 상당한 성과를 거두고 있다는 점이 과학자들을 고무시켰다. 우선 첫 번째 방법을 보자.

1998년 3월 최초의 BCI 장치가 선보였다. 미국 신경과학자 필립 케네디가 만든 이 BCI 장치는 뇌졸중으로 쓰러져 목 아래 부분이 완전 마비된 환자의 두개골에 구멍을 뚫고 이식되었다. 그는 눈꺼풀을 깜박거려 겨우 자신의 뜻을 나타낼 뿐 조금도 몸을 움직일 수 없는 중환자였다. 케네디의 BCI 장치에는 미세전극이 한 개밖에 없었다. 사람 뇌에는 운동 제어에 관련된 신경세포가 수백만 개 이상 있으므로 한 개의 전극으로 신호를 포착해 몸의 일부를 움직일 수 있다고 생각한 것 자체가 엉뚱할 수 있었다. 하지만 케네디와 환자의 끈질긴 노력 끝에 생각하는 것만으로 컴퓨터 화면의 커서를 움직이는 데 성공했다. 케네디는 사람 뇌에 이식된 미세전극이 뉴런의 신호를 받아 컴퓨터에 전달하는 방식으로 손 대신 생각만으로 기계를 움직일 수 있는 BCI 실험에 최초로 성공하는 기록을 세운 것이다.

2003년 6월 니코렐리스와 채핀은 붉은털원숭이의 뇌에 700개의 미세전극을 이식해 생각하는 것만으로 로봇 팔을 움직이게 하는 데 성공했다. 2004년 이들은 32개의 전극으로 사람 뇌의 활동을 분석하여 신체 마비 환자들에게 도움 되는 BCI 기술 연구에 착수했다. 그해 9월 미국 신경과학자 존 도너휴는 뇌에 이식하는 반도체 칩인 브레인게이트BrainGate를 개발했다. 사람 머리카락보다 가느다란 전극 100개로 구성된 이 장치는 팔·다리를 움직이지 못하는 25세 청년의 운동피질에 1㎜ 깊이로 심어졌다. 9개월이 지나서 이 환자는 생각만으로 컴퓨터 커서를 움직여 전자우편을 보내고 게임도 즐기고, 텔레비전을 켜서 채널을 바꾸거나 볼륨을 조절하는 데 성공했다. 또 자신의 로봇 팔, 곧 의수를 마음대로 사용할 수 있었다.

뇌졸중 등의 후유증으로 몸을 뜻대로 움직이지 못하는 환자들이 마치 자기 몸을 다루듯 생각만으로 조종할 수 있는 로봇 팔을 미 브라운대 연구팀이 개발했다. 브라운대 신경과학과 존 도너휴 교수 연구팀은 뇌졸중 환자 2명의 운동중추에 작은 센서를 이식해 이 센서로 뇌 신호를 전달하는 방식으로 로봇 팔을 움직이는 데 성공한 것이다.

뇌졸중을 겪은 환자는 멀쩡히 생각하는 뇌와 아무 문제없는 몸을 가지고 있지만, 뇌의 명령을 몸으로 전달하는 '연락 체계'가 고장 나 자유롭게 움직이지 못한다. 뇌가 명령을 내리면 이 명령이 척수를 지나 신경을 타고 몸의 각 근육으로 전해져야 하는데, 이 경로가 손상돼 몸이 말을 듣지 않는 것이다. 도너휴 박사는 뇌 신호를 로봇 팔에 전달하기 위해 몸의 움직임을 주관하는 뇌의 운동중추 부위에 작은 알약 크기의 칩을 이식했다. 정수리 바로 아래 있는 운동중추에 삽입된, 96개의 가느다란 전극이 박힌 센서는 뇌 신경세포의 반응을 측정해 컴퓨터에 전달한다.

2008년 5월 미국 신경과학자 앤드루 슈워츠는 원숭이가 생각만으로 로봇 팔을 움직여 음식을 집어먹도록 하는 데 성공했다고 밝혔다. 원숭이 두 마리 뇌의 운동피질에 머리카락 굵기의 탐침을 꽂고 이것으로 측정한 신경신호를 컴퓨터로 보내서 로봇 팔을 움직여 꼬챙이에 꽂혀 있는 과일 조각을 뽑아 자기 입으로 집어넣게 만들었다. 전신마비 환자들이 생각하는 것만으로도 혼자서 휠체어를 운전할 수 있는 기술도 실현되었다.

　　보다 획기적인 기술은 2012년에 선보였다. 두 아이의 엄마인 캐시 허친슨 부인은 1996년 정원을 가꾸다가 뇌졸중으로 쓰러졌다. 42세였던 허친슨 부인은 그 후 휠체어 신세를 지고 살았다. 팔다리를 움직이지도, 말을 하지도 못했는데 팔다리가 마비된 지 15년 만인 2012년, 허친슨 부인은 생각만으로 로봇 팔을 움직여 물병을 들고 빨대로 커피를 마셨다. 뇌에 이식한 특수 센서로 뇌 신경세포의 신호를 컴퓨터에 전달해, 뇌와 몸 사이의 끊어진 연결 고리를 다시 이은 결과였다. 운동중추에는 수백만 개의 신경세포가 있지만 기본이 되는 100여개 세포의 신호만 포착하면 어떤 동작일지 대략적으로는 알 수 있다는 것이 키포인트다.

　　과거에도 마비 환자의 뇌 신호로 휠체어를 움직이거나 컴퓨터 커서를 움직이는 데 성공했지만 허친슨 부인의 경우는 실제 로봇 팔을 움직여 스스로의 힘으로 커피를 마실 수 있는 것이 다르다. 허친슨 부인은 로봇 팔을 움직이기 위해 5년에 걸친 훈련을 했다. 역시 밥 빌레트씨도 뇌졸중 환자로 5개월 훈련 후 식탁 위 물건을 집는 등 간단한 동작을 수행하여 이 기술이 보다 발전할 수 있음을 예시했다.

　　이 기술의 단점은 뇌의 신호를 무선 통신이 아니라 전선을 사용해 거대한 특수 컴퓨터로 전달하기 때문에 환자가 연구실 밖으로 자유롭게 나갈 수 없지만, 공상으로만 생각하던 이 분야의 첫걸음이 성공적이라는 것은 수많은 장애인뿐만 아니라 이들 기술을 수많은 용도로 사용할 수 있다는 뜻에서 큰 주목을 받았다.[18]

둘째 방법의 진전도 이에 못지않다. 1999년 독일 신경과학자 닐스 비르바우머는 목이 완전 마비된 환자의 두피에 전자장치를 두르고 뇌파를 활용하여 생각만으로 1분에 두 자 정도로 타자를 치게 하는 데 성공했다.

같은 해 브라질 출신의 미국 신경과학자 미겔 니코렐리스와 동료인 존 채핀은 앞에 설명한 케네디 박사의 환자가 컴퓨터 커서를 움직이던 것과 똑같은 방식으로 생쥐가 로봇 팔을 조종할 수 있다는 실험결과를 내놓았다. 이어서 2000년 부엉이원숭이를 상대로 실시한 BCI 실험에 성공했다. 원숭이 뇌에 머리카락 굵기의 가느다란 탐침 96개를 꽂고 원숭이가 팔을 움직일 때 뇌 신호를 포착하여 이 신호로 로봇 팔을 움직이게 한 것이다. 또 원숭이 뉴런의 신호를 인터넷으로 약 1000킬로미터 떨어진 장소로 보내서 로봇 팔을 움직이는 실험에도 성공했다. BCI 기술로 멀리 떨어진 곳의 기계장치를 원격 조작할 수 있음을 보여준 셈이다. 케빈 워윅 교수가 직접 자신의 팔에 이식시킨 칩을 연상하기 바란다.

오스트리아의 크리스토퍼 구거 박사가 연구한 생각만으로 글을 쓰는 BCI 기술을 보면 이 기술의 원리를 이해할 수 있다. 기술 자체는 매우 간단하다. 전극 8개가 연결된 특수 장비를 머리에 쓰고 화면에 지나가는 알파벳을 보고 있으면, 원하는 글자가 나타날 때 뇌에서 발생하는 약 15μV 마이크로볼트의 전류를 컴퓨터가 감지해 글자를 선택해준다. 15μV는 1.5V 건전지가 발생시키는 전류의 10만분의 1에 해당한다. 베를린기술대는 오른쪽 혹은 왼쪽을 생각하는 것만으로 핀볼 게임기의 좌우 레버를 움직일 수 있는 시스템을 개발했다.[19]

독일 하노버에서 열린 국제IT전시회 세빗^{CeBIT}에선 장애인이 생각만으로 휠체어를 움직이고, 자판으로 치지 않고 생각만으로 모니터에 글자를 입력할 수 있는 장비들이 선보였다.

2009년 스페인과 일본에서 각각 생각만으로 움직이는 휠체어가 개발되었다. 스페인의 휠체어 사용자는 16개의 전극이 달린 두건을 쓰는 반면에 일본의 것은 5개의 전극이 달린 두건을 쓴다. 두건의 뇌파측정 장치는 전신마비 환자가 생각을 할 때 뇌파의 변화를 포착한다. 이 신호를 받은 컴퓨터는 환자가 어떤 동작을 생각하는지 판단해 휠체어의 모터를 작동시킨다.

세계적인 천체물리학자인 스티븐 호킹 박사는 루게릭병^{근위축성 측삭경화증·ALS}으로 손가락 움직임을 이용한 전기 장치를 통해서만 외부와 소통해왔다. 그러나 최근에는 건강이 악화되면서 이마저 어려워져 주로 얼굴 근육과 눈동자의 미세한 움직임을 이용하는 장치에 의존해 왔다. 미국 스탠퍼드 대학 연구진은 호킹 박사의 뇌파를 읽어내 외부와 의사소통할 수 있게 만드는 장치 '아이브레인^{iBrain}'을 개발했다.

아이브레인은 신경전달물질이 들어 있는 검은색 밴드와 뇌파를 판독하는 컴퓨터로 구성된다. 사용자가 밴드를 머리에 쓰고 특정한 생각에 집중하면, 뇌에서 그 생각에 해당하는 전기신호가 발생해 컴퓨터로 전달되는 방식이다. 이를 이용하면 의사가 증세를 설명하는 환자의 말보다 뇌파를 직접 읽어 정확한 진단과 처방을 내릴 수 있게 된다. 이들 기술을 보다 확대하면 수면장애, 우울증, 자폐증 치료 등 의료분야 뿐만 아니라 인간이 활용하는 전 분야에 접목할 수 있는 기회라는데 학자들이 주목한다.[20]

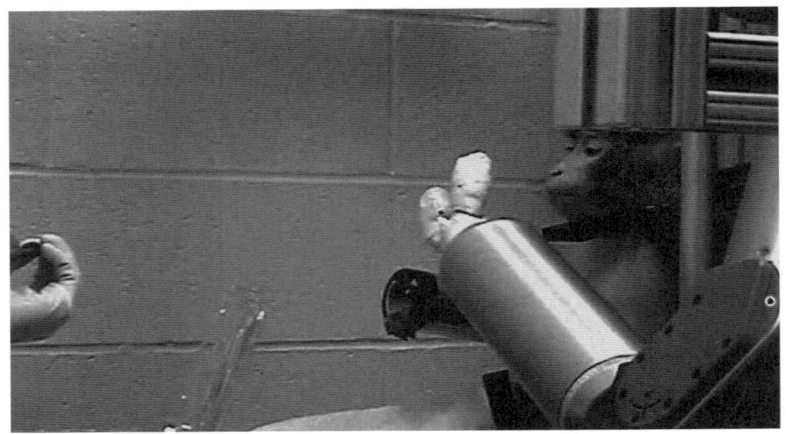

브레인로봇(원숭이실험)

제3의 방법도 진전을 보이고 있다. 2012년 제3의 BCI 방법인 fMRI 사용 기술이 처음으로 실험에 성공했다. 이스라엘·프랑스의 공동 연구진은 먼저 이스라엘의 fMRI 장치에 누워 있는 대학생의 뇌 활동을 촬영한 영상을 분석해 로봇 작동 프로그램을 만들었다. 이 프로그램은 인터넷을 통해 프랑스에 있는 아이처럼 생긴 로봇에 전달되어 대학생의 생각만으로 이 로봇을 움직이는 데 성공한 것이다.[21]

현재 개발된 이들 기술은 「스타워즈」에서 주인공이 생각(氣)만으로 우주선을 움직이는 것처럼 자유자재로 물건을 움직이는 것은 아니다.[22] 그러나 뇌파를 좀 더 발전시키면 상상이 안되는 기술도 개발할 수 있다. 뇌파를 컴퓨터에 입력하면 동물·로봇 조종도 가능해진다는 얘기다.

미국 보스턴의 하버드의대 유승식 교수는 컴퓨터의 키보드를 눌러 실험용 쥐의 다리를 움직이는데 성공했다. 쥐의 몸엔 전선 하나 붙어 있지 않았다.

원리는 다리를 움직이는 상상을 하면서 발생하는 유 박사의 뇌파^{腦波}를 사전에 컴퓨터에 입력했다. 키보드를 치는 순간 그 뇌파가 컴퓨터에 연결된 초음파 발생기를 통해 쥐의 다리 운동을 담당하는 뇌 부위를 자극한 것이다. 뇌파의 정보를 사전에 입력하고 컴퓨터를 작동시킨 것이므로 생각하자마자 컴퓨터를 움직인 것은 아니지만 결과론적으로 유 박사가 '다리를 움직이겠다'라고 생각한 것이 쥐의 다리를 움직이게 했다고 할 수 있다.

이 기술의 참 목적은 건강한 사람의 뇌 신호를 환자의 뇌에 전달해 만성통증이나 우울증 등 뇌 질환을 치료하는 것이다. 이런 기술은 뇌파를 컴퓨터에 전하는 '뇌–컴퓨터 인터페이스^{BCI}' 기술을 거쳐, 다시 컴퓨터에 입력된 뇌파를 인간의 뇌에 전하는 '컴퓨터–뇌 인터페이스^{Computer Brain Interface, CBI} 단계로 발전하고 이어서 뇌와 뇌가 연결되는 '뇌–뇌 인터페이스'^{Brain Brain Interface, BBI}로 발전하면 가능하다. 한마디로 로봇태권V 속으로 철이가 들어가 태권V를 작동시키는 것이 상상만은 아니라는 설명이다.

보다 진전된 생각은 영화 「아바타^{Avatar}」에서 볼 수 있다. 주인공의 생각이 분신^{分身}인 나비족 전사의 몸을 통해 그대로 행동으로 옮겨지는 것은 보다 심오한 뜻이 있다. 이를 활용하면 생각만으로 로봇뿐만 아니라 다른 생명체를 자신의 분신처럼 움직이게 할 수 있다.

가까운 미래, 지구의 인간들은 에너지 고갈 문제를 해결하기 위해 머나먼 행성 판도라에서 대체 자원을 채굴하기 시작한다. 하지만 판도라의 독성을 지닌 대기로 인해 자원 획득에 어려움을 겪자 인류는 판도라의 토착민 '나비Na'vi'의 외형에 인간의 의식을 주입하여 원격 조종이 가능한 새로운 생명체 '아바타'를 탄생시킨다. 하반신이 마비된 전직 해병대원 제이크 설리는 '아바타 프로그램'에 참가할 것을 제안 받자 이를 승낙하고 판도라에 위치한 인간 주둔기지로 향한다. 그 곳에서 자신의 '아바타'를 통해 자유롭게 걸을 수 있게 된 '제이크'는 자원 채굴을 막으려는 '나비Na'vi'의 무리에 침투하라는 임무를 부여 받는다. 임무 수행 중 '나비Na'vi'의 여전사 '네이티리'를 만나 그녀와 함께 다채로운 모험을 경험하면서 '네이티리'를 사랑하게 되고, '나비Na'vi'들의 세상을 이해하기 시작한다. 하지만 행성 판도라와 지구의 피할 수 없는 대규모 전투가 시작되면서 '제이크'는 어느 쪽의 손을 들어야 하는지 혼동에 빠진다.

　　아바타는 가상사회에서 자신의 분신을 의미하는 시각적 이미지로 산스크리트어 '아바따라avataara'에서 유래되었다. 인터넷 채팅, 쇼핑몰, 온라인 게임 등에서 자신을 대신하는 가상육체라 볼 수 있다. 아바타는 상업적으로 이용가치가 급증하고 있는데 이는 아바타를 채팅이나 온라인게임 외에도 사이버 쇼핑몰·가상교육·가상오피스 등으로 확대시킬 수 있기 때문이다.

　　여하튼 컴퓨터와 인간이 접목되어 「아바타」와 같은 세상이 진실로 도래한다면 인간 세상사가 뭐가 뭔지 헷갈릴 것은 자명하다. 즉 가상세계에서 현실세계의 모든 일을 할 수 있게 되면 현실세계와 가상현실의 구분이 불가능해진다는 뜻으로, 여기서 중요한 것은 인간의 의식이 다른 개체로 이동이 가능하다는 뜻이다. 학자들이 군침을 흘리는 아이디어가 아닐 수 없다.

미래학자 커즈와일 박사의 예상은 바로 이런 기술의 미래를 보다 확장한 것이라 볼 수 있다. 그의 예상은 생각보다 단순하다. 미래의 어느 날 뇌 스캐닝^{뇌에 저장된 정보를 읽어 들이는 것}을 통해 사람의 뇌를 컴퓨터에 보관할 수 있을 정도로 과학이 발달한다는 뜻이다. 간단히 말하여 두뇌확장장치와 생각송수신장치가 개발되면 한 사람의 생각이 다른 사람의 두뇌에 전달되고 이를 인터넷상에 저장할 수도 있는데 미래학자들은 '100년 후 이뤄질 10가지' 중 100퍼센트 이루어지는 한가지로 예측했다.[23]

텔레파시도 있다

인간과 기계의 접목을 극적으로 표현한 것은 조세프 루스낵에 감독의 「13층^{The 13th Floor}」도 대표적이다. 다니엘 캘로우에의 소설 『시뮬라크론-3』을 영화화했는데 주제는 실재^{Reality}가 무엇인지를 부단히 추구하는 철학적 요소가 다분히 있지만 인간과 기계 특히 인간과 컴퓨터의 접목이 얼마나 큰 영향을 줄 것인지에 중점을 두었다.

더글러스 홀은 잘나가는 소프트웨어 회사의 프로그래머로 사장 풀러와 함께 가상현실 프로그램 개발에 성공한다. 이 프로그램은 1937년 미국 LA를 모델로 창조해낸 가상현실 시스템으로 그 안의 시뮬레이션 캐릭터들은 현실 세계의 인간을 본따서 만들었다. 즉 프로그래머들은 이 프로그램 안에 각자 자신의 외모를 가진 사이버인간을 심어 놓은 것이다. 그런데 이 가상현실 시스템이 현실세계와 그 안의 존재들을 거의 완벽하게 구현하자 각 캐릭터들이 시스템 속에 존재하면서 자신이 실존의 인물처럼 여긴다. 즉 컴퓨터의 가상 인물들 자신이 리얼한 삶을 살고 있다고 믿는다.

이런 일이 실제로 가능할지 의구심이 생기지만 컴퓨터 과학이 더욱 발전하면 적어도 우리가 현재 살고 있는 현실과 거의 동일한 하나의 완결된 세상을 사이버공간에서 구현하는 일이 충분히 가능하다고 본다.

이 문제는 인간에게 큰 우려를 준다. 물론 이 경우 가상현실은 현실 세계에 기생하는 시스템에 불과하므로 현실 세계에서 전원 플러그를 뽑아버리면 가상현실은 사라진다. 그렇다면 전원 공급에 걱정이 없다면 어떻게 될 것인가. 일부 학자들은 이 경우 두 세계를 구분하는 것이 무의미하다고 주장한다. 즉 가상세계의 사이버 캐릭터들이 현실 세계로 넘어올 수 없다는 것을 제외하고는 누가 더 진짜인지 구분하는 것은 상대적이라고 SF물에서 자주 다루는 내용이다.[24]

이같은 상황이 실제로 나타나겠는지에 대한 의문은 차치하고 현재 인간 두뇌와 기계의 접목은 초기단계이므로 워윅 박사 연구의 중요성은 인간이 기계의 도움을 받아 뇌파나 신경 신호만으로 생각을 전달하고 외부 정보를 받아들일 수 있다는 사이보그의 가능성을 활짝 열어 놓았다는 데 있다. 즉 인간과 컴퓨터 사이의 새로운 의사소통 수단이 될 수 있을지 모른다는 가능성인데 이런 가능성이 발표되자마자 「아바타」, 「13층」과 같은 SF물이 등장하는 것을 보면 인간의 능력이 얼마나 놀라운 것인지 알 수 있다.[25]

니코렐리스 박사도 커즈웨일 박사와 마찬가지로 로봇과 인간의 연계에 큰 점수를 주는데 그는 2011년 『경계를 넘어서 Beyond Boundaries』

에서 앞으로 10~20년 안에 사람의 뇌와 각종 기계장치가 연결된 네트워크가 실현될 것이라고 전망했다. 인류는 생각만으로 제어되는 자신의 아바타를 이용하여 접근 불가능하거나 위험한 환경, 예컨대 원자력발전소나 심해, 우주공간 또는 사람의 혈관 안에서 임무를 수행할 수 있다는 것이다.

니코렐리스는 뇌-컴퓨터-뇌 인터페이스 기술이 완벽하게 실현되면 인류는 궁극적으로 몸에 의해 뇌에 부과된 경계를 넘어서는 세계에 살게 될 것이며 결국 사람 뇌를 몸으로부터 자유롭게 하는 놀라운 순간이 찾아올 것이라고 주장했다.

이렇게 되면 다소 엉뚱한 아이디어도 개발될 수 있다. 타이거 우즈의 뇌에 저장된 세계 최고급 스윙 노하우를 초보 골퍼들의 뇌에 전달해, 초보도 타이거 우즈처럼 스윙할 수 있도록 교정시키는 것이다. 또 화성이나 달에 로봇이나 침팬지를 보낸 뒤, 지구에서 사람의 생각대로 로봇과 침팬지를 조종하여 탐사하게 할 수도 있다.

이런 기술을 군대에서 방관할 리 만무다. 미 방위고등연구계획국 DARPA은 병사의 뇌 속에 칩을 심어 두려움을 없애거나 시각과 청각을 강화하는 방법을 연구 중이다. BCI 전문가들은 2020년경에는 비행기 조종사들이 손 대신 생각만으로 계기를 움직여 비행기를 조종하게 될 것이라고 이구동성으로 전망한다.

2009년 1월 버락 오바마 미국 대통령이 취임 직후 일독해야 할 보고서 목록에 포함된 『2025년 세계적 추세 Global Trends 2025』에도 이와 유사한 전망이 나온다. 2025년 미국의 국가 경쟁력에 미칠 효과가 막대할 것으로 여겨지는 6대 기술의 하나로 선정된 서비스 로봇 분야에는 2020년 군사용 로봇에 BCI 기술이 적용된 생각신호로 조종되는 무인차량이 군사 작전에 투입될 것으로 예측됐다. 이를테면 병사가 타지 않은 BCI 탱크를 사령부에 앉아서 생각만으로 운전할 수 있다는 것이다.[26]

한국도 이 분야의 개발에 못지않은 신경을 쓰고 있는데 KAIST 바이오및뇌공학과 정재승 교수도 사람의 뇌파로 인간형 로봇을 움직이는 연구를 하고 있다. 사람이 수영모처럼 생긴 뇌파탐지기를 쓰고 손발을 움직이는 상상을 하면 로봇이 이에 맞춰 좌우로 돌기, 좌우로 보기, 전진 등 5가지 동작을 한다. 이 기술은 군대뿐만 아니라 전신마비 환자가 전동휠체어나 시중들기 로봇을 통해 혼자서도 생활할 수 있다고 설명한다.[27]

이들 미래의 기술을 곰곰이 되짚어 보면 러시아의 재벌 드미트리 이츠보프가 이야기한 미래가 언젠가 실현될 수 있을지 모른다는 생각이 들지 않을 수 없다. 물론 앞에서 설명한 것처럼 인간의 두뇌 전체를 로봇에 이식하거나 다른 사람의 두뇌로 입력시키는 것은 불가능할지 모른다. 그러나 이 아이디어의 핵심은 한 인간의 두뇌 전체를 굳이 이식하지 않아도 된다는데 있다.

우선 인간이 평생 동안 두뇌의 극히 일부만 사용한다는 것은 잘 알려진 사실이다. 그러므로 한 인간이 그가 살아있는 동안 갖고 있는 기억도 일정 용량 즉 극히 일부에 지나지 않으므로 이를 로봇의 두뇌 즉 컴퓨터에 입력하는 것이 불가능하지 않을지도 모른다. 더구나 인간운동중추에는 수백만 개의 신경세포가 있지만 기본이 되는 100여개 세포의 신호만 포착하면 어떤 동작일지 대략은 알 수 있는 것도 학자들에게는 고무적인 현상이다. 즉 뇌에 있는 약 1000억 개의 뉴런 신경세포들이 생각을 하거나 감각을 느끼기 위해 더욱 큰 네트워크를 만들어야 한다는 생각을 수정하기 시작하였다.

그동안 학자들이 생각이나 감각 등을 처리하는 능력을 발휘하기 위해서 최소한 수천 개의 개별 신경세포들 간의 네트워크 연결이 필요하다고 판단해왔지만 1000억 신경세포 중 1개만 있어도 즉 뇌기능 수행신경세포 한 개로도 인체나 동물들에 있어서 충분히 사고를 하고 감각을 느낄 수 있다는 것이야말로 인간이 영생으로 가는 길목을 열어주었다고 해도 과언이 아니다.

더우기 뇌가 어떤 명령을 내릴 때 전기신호를 통해 그야말로 순식간에 정보가 전달된다는 점이다. 이때 전기신호는 마치 디지털 컴퓨터에서 쓰는 0과 1의 이진법처럼 마치 'Yes'와 'No' 식으로 발생하는 것을 앞에서 설명했다. 뇌가 이진법의 전기신호만으로 다양한 외부 정보를 인식할 수 있다는 의미를 잘 알 것이다. 한마디로 컴퓨터와 속성이 같다는 의미이며 이는 뇌와 컴퓨터가 인간의 입맛에 맞도록 궁극적으로 활용될 수 있음을 의미한다.

물론 이들 생각을 장밋빛으로만 볼 수는 없다. 그러나 지금까지 도출된 아이디어를 보다 구체적으로 확장하여 인간의 기능을 보다 밝히면 필요한 부분만 정선해도 어떤 인간의 거의 모든 것을 확보하는 것이 어렵지 않다는 사실은 매우 중요한 의미를 부여한다. 이렇게 된다면 로봇과 인간이 슬기롭게 접목되었을 때 불사조가 될 수 있다는 생각이 상상만으로 끝나지 않을지도 모른다는 뜻이다.[28]

『개미』, 『파피용』, 『뇌』의 저자로 세계적인 베스트셀러 작가가 된 베르나르 베르나르도 매우 흥미 있는 예언을 했다. 그는 우선 풍부한 과학적 지식을 바탕으로 남다른 상상력을 발휘하여 많은 독자들을 매료시키는데 우선 인간이 만든 인공지능이 사랑과 예술과 같은 고도의 지적 표현은 결코 할 수 없다고 단언했다. 인간과 로봇의 인공지능을 구분해주는 것은 감정인데 감정 중에서도 유머와 사랑, 예술 등을 로봇이 과연 인간처럼 할 수 있겠느냐고 반문했다. 농담을 할 수 있는 능력, 생식의 욕구를 넘어 순수한 사랑과 미를 추구하는 예술은 수학과 논리로는 설명이 되지 않는다는 것이다. 한마디로 인간의 뇌를 과학자들이 분석하더라도 인간의 특성을 따라잡을 수 있는 감정 표현에 대한 적절한 해답을 내놓을 수 없다는 주장이다.

반면에 인간의 뇌에는 과학이 따라잡을 수 없는 무한한 잠재력이 있는데 미래의 어느 날 인간이 텔레파시 telepathy로 소통할 수 있을 것이라고 예측했다. 인공지능만 진화하는 게 아니라 인간지능 역시 발전한다는 뜻으로 세계적인 작가인 베르나르가 텔레파시의 중요성에 대해 언급함으로써 많은 로봇학자들에게 큰 용기를 불러일으켰다. 물론 그의 예언에 함정이 약간 있다. 그가 예견하는 텔레파시 인간은 적어도 1,000년 후 미래이기 때문이다.

기본적으로 텔레파시는 어떤 사람의 마음이나 생각이 언어나 동작 따위를 통하지 않고 멀리 있는 다른 사람에게 전해지는 심령 현상을 의미한다. 텔레파시라는 자체가 과학적으로 증명되지 않았다는 뜻이기에 베르나르가 1000년을 이야기했을지 모른다. 그러나 실제로 인간의 뇌파로 어떤 물체를 움직였다면 인간의 뇌파를 증폭시키는 증폭기를 만들어 먼 곳에 있는 사람에게 정보를 제공할 수 있을지도 모른다.

이러한 뇌파증폭기가 로봇에 장착된다면 앞에서 설명한 불사조가 탄생되는 것과 다름없다. 텔레파시 자체가 인간의 뇌파가 전달된 것인지는 아직 확인되지 않았지만 여하튼 미래의 어느 날 전 세계 모든 인간이 불사조로 등장할 날이 도래할지 모른다는데 싫어할 사람이 있을까. 과학으로 불사조가 되려는 인간의 꿈을 이룰 수 있다는데 과학의 중요성이 돋보인다. 물론 이런 세상이 실현되면 앞에서 설명한 영화 「자도스」에서처럼 영생을 불평하면서 죽음을 고대할지 모르지만 그런 상황은 불사조가 실제로 탄생된 후에 걱정하자. 인간의 능력이 놀라울 뿐이다.[29]

물론 영생을 얻어도 문제는 있다. 모든 사람들이 영생을 얻게 되면 인구문제를 어떻게 해결해야 할까. 인구 증가에 따른 식량은 어떻게 공급하고 이들을 위한 주거 문제, 에너지 문제는 어떻게 해결해야 할지 만만치 않다. 더욱이 이들 문제는 어찌어찌 해결하게 된다 해도 더욱 심각한 것은 정체성이다. 죽지 않는다는 것이 인간생활 모두를 해결할 수는 없다는 메시지이지만 여하튼 영생이 불가능하다고 아쉬워할 것만은 아니다.

인간에게 남겨진 숙제

인간의 뇌파로 무엇이든 작동시킬 수 있다는 아이디어에 대해서는 많은 사람들이 공감하지만 단점도 만만치 않은 것이 커다란 걸림

돌이다. 워윅 교수도 자신의 실험이 장점이 많지만 큰 부작용도 있을 수 있다고 설명했다.[30]

앞에 설명한 네이글이나 허친슨 부인의 예와 같이 움직이지 못하는 환자가 침대에 누워서 생각만으로 주변 상황을 통제한다는 것처럼 환상적인 아이디어는 없다. 인체의 장기 대부분이 손상되어도 인간처럼 활동하는데 큰 장애가 없다는 뜻이며 불사조의 기초이기도 하다. 그러나 이들에게 있어 큰 단점은 세 가지로 나누어진다.

첫째는 앞에 설명한 장점이 더욱 발전하면 생각신호 thought signal 만으로도 차를 운전하거나 비행기를 조종할 수도 있다. 또한 워윅 박사와 이레나의 뇌를 연결한 것처럼 다른 사람의 뇌를 연결하여 그들의 행동, 의지, 욕구 등을 통제할 수도 있다.

문제는 자신의 의지로 내가 직접 조정하는 것이 아니라 내가 모르는 상황에서 모든 의지를 조종당할 수 있다는 점이다. 이점은 SF영화에서 인간성을 침해하는 암울한 미래가 올 수 있다는 소재로 자주 사용된다. 「아바타」의 경우 '나비 Na'vi' 족의 외형에 인간의 의식을 주입하지만 다른 인간의 두뇌에 특정 사람의 의식을 심을 수도 있다. 이 경우 한 사람의 두뇌에만 의식을 심을 수 있는지 또는 여러 사람의 두뇌에 동일한 의식을 심을 수 있는지 불분명하지만 여하튼 자신의 의지와는 달리 행동하게 되는 것은 껄끄러운 일이다. 즉 SF물처럼 의식을 조종당해 자폭 테러리스트로 변모할 수도 있다.

두 번째는 인간이 생물체라는 점이다. 워릭 교수의 손목에 이식된 칩을 인체는 병원균과 똑같이 취급했다. 워윅의 실험이 끝날 무렵

처음에 집어넣었던 전극 중에서 계속 작동한 것은 100개 당 1개꼴이라고 발표하였다.[31]

우리 몸속에서는 24시간 내내 전쟁이 계속되고 있다. 대개는 인체가 압도적인 우위로 세균이나 바이러스들을 신속하게 물리치므로 우리는 그러한 것들이 침입해왔는지 조차 느끼지 못한다. 그러나 침입자가 승리하면 감기나 다른 병에 걸려 심지어는 사망까지 이른다. 인간이 개발한 약이란 신체의 방어력만으로 항균을 막아내지 못할 때 도움이 되는 물질을 말한다.

그런데 인체의 면역계의 입장에서 보면 실리콘 칩으로부터 뻗어 나온 딱딱한 전극 표면은 명백한 이물질이기 때문에 곧바로 파괴하라는 명령이 내려간다. 과학자들은 전극이 뇌 속의 조직보다 약 100만 배나 단단하다고 추정한다. 인체의 면역체계가 실리콘 칩을 파괴할 수는 없지만 면역 세포층으로 덮음으로써 손상을 입혀 결국 작동을 멈추게 한다. 물론 이 때문에 사람에게 생길 수 있는 부작용은 또 다른 문제이다.

그러므로 앞에서 설명한 인공 장기나 신체가 가능한 것도 거부 반응에 대한 문제점이 사라질 때를 의미함을 염두에 두어야 한다. 물론 면역 억제제라는 약을 사용하여 신체 방어망의 작용을 막을 수도 있으나 병원균 같은 나머지 침입자에 대해서는 신체의 방어능력이 크게 떨어지는 부작용이 있다.

앞으로 인체 조직과 유사한 재료가 개발되어 이런 문제점들이 해결된다고 추정하는 학자들도 있지만 여하튼 뇌 속을 비롯하여 인

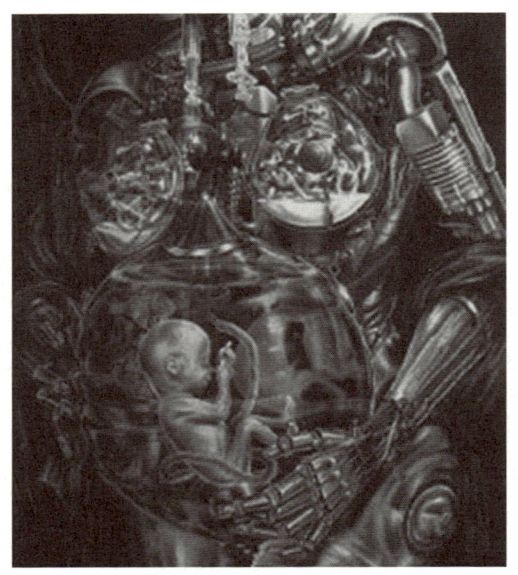
인간의 장기를 갖춘 로봇

간의 신체 속에 이물질을 영구적으로 삽입하는 것이 그리 간단하지만은 않다. 일부 영화에서 범인들이 주인공의 머리에 칩을 삽입한 후 자신의 말대로 따르면 칩을 빼내 준다는 것도 이와 같은 이유 때문이다. 두뇌에 이물질이 삽입될 경우의 부작용을 염두에 둔 말이다. SF물에서 단순하게 설명되는 말이 이와 같이 심오한 과학적인 배경이 있다는 것을 볼 때 감독의 능력에 박수를 보내지 않을 수 없다.

여하튼 치료용일 경우라도 직접 인체에 시술하는 것이 아니라 발이나 팔에 시계처럼 부착하는 기구가 더욱 각광을 받는 이유이다. 앞으로의 과학 발달로 인간과 기계가 합쳐지는 이른바 사이보그화는 점점 강해지고 있다. 우리의 신체적 능력을 향상시키기 위한 기술로 보청기나 인공 심박조절기, 인공 망막 등은 앞으로 보다 많이 보급될 것이다.

세 번째는 그동안 부단히 제기되었던 전자파에 대한 위험성이다. 2011년 WHO^{세계보건기구}는 휴대전화 전자파가 암 유발 가능물질이라는 폭탄적인 발표를 했다. 이런 발표는 그동안 계속하여 제기되던 전자파의 위해성을 세계보건기구가 공식적으로 인정했다는 뜻으로 그들은 휴대전화를 하루 30분 10년 넘게 이용할 경우 뇌종양·청각신경종양 발생 확률이 40퍼센트나 증가한다는 것이다. 일부 연구에서는 휴대전화 전자파가 면역세포를 파괴하고, 면역활성물질을 감소시킨다고 한다.

WHO 산하 국제암연구소[IARC]는 휴대전화에서 발생하는 전자파를 '암 유발 가능성이 있음'을 뜻하는 '발암 위험 평가기준 2B'로 분류한다고 발표했다. 이 기준은 5단계로 나뉘는데 2B는 '암 유발물질'이라는 뜻의 1, '유력한 암 유발물질'을 지칭하는 2A에 이은 세 번째 단계다. 2B로 분류된 물질은 약 270개로 살충제[DDT]·납·배기가스 등이 포함돼 있다. 현재 전 세계 휴대전화 사용자는 약 50억 명에 달하므로 심각성을 이해할 것이다.

이런 충격적인 발표는 14개국 출신의 전문가 31명이 지금까지 발표된 휴대전화 관련 연구논문 수백 개를 분석해 내린 것이다. IARC의 연구를 이끈 미 사우스캘리포니아대 예방의학과 조너선 사메트 교수는 자신들의 결론에는 충분한 증거들이 제출되었다고 주장했다. 미 국립보건원은 50분 동안 휴대전화 통화를 하는 사람 47명의 뇌를 PET[양전자 단층촬영]로 관측한 결과 안테나와 가까운 부분의 뇌활동이 7% 정도 증가하는 것을 발견했다고 발표했다. 그러나 이 자극이 뇌에 끼치는 영향이 부정적인지, 긍정적인지에 대한 판단은 보류했다.

물론 현재로는 WHO가 전자파를 '암 유발 요소'가 아닌, '암 유발 가능성이 있는 요소'로 규정했으므로 지나치게 우려할 필요는 없다는 시각도 있다. '발암 위험평가기준 2B'에 커피와 피클이 속해 있

기 때문이다.[32]

　WHO가 휴대전화가 뇌종양을 유발할 가능성이 있다는 결론을 내린 것은 앞으로 상당한 파문이 일 것으로 예측한다. 지금까지 휴대전화 사용이 건강을 해쳤다며 제기한 소송 중 상당수는 '증거 불충분'으로 기각됐는데 이를 번복할 수 있는 결정적인 증거가 될지도 모른다.

　2002년 미국 신경과 의사 크리스토퍼 뉴먼이 1992~1998년 사용한 휴대전화 때문에 자신이 뇌종양에 걸렸다며 전화 제조사 모토로라와 이동통신회사를 상대로 8억 달러의 손해 배상을 청구했는데 당시 법원은 '종양과 휴대전화 사이에 상관관계가 없다는 연구 결과가 더 많다'며 소訴를 기각했다. 1993년 미국 플로리다주의 한 남성도 '뇌종양으로 숨진 부인이 2년간 휴대전화를 사용했다'며 전화 제조사를 상대로 손해배상소송을 제기했지만 증거불충분으로 기각됐다.

　그러나 2005년 5월 미국 캘리포니아주의 휴대전화 판매점 직원 프라이스가 제기한 소송에서는 법원이 원고의 손을 들어줬다. 프라이스는 10년 동안 휴대전화 판매점에서 일하며 매일 몇 시간씩 휴대전화를 써야 했기 때문에 대량의 전자파에 노출됐고 이 때문에 뇌종양에 걸렸다며 산업재해보상 소송을 냈는데 법원은 2008년 판매점에 3만 달러의 보상금을 지급하라고 원고승소 판결을 내렸다.[33]

　휴대전화 유해성을 종합분석한 연구가 나온 것은 2009년이다. 미국 캘리포니아대 버클리 보건대학원과 한국 국립암센터 암예방검진센터는 지난 10년간 휴대전화와 암 발생 관련성을 연구한 국제학술지 23편연구 대상 3만7천여명을 분석했다. 연구에 따르면, 휴대전화를 10년 이상 사용한 사람은 그렇지 않은 사람에 비해 종양암 또는 양성 혹 발

휴대전화 금형을 만드는 산업용 로봇

생 위험도가 18% 더 높게 나타났다. 10년 이하 사용 그룹에서는 휴대전화 다빈도 사용자와 적게 사용한 사람 간에 종양발생 차이는 없다고 파악되었지만 여하튼 전자파가 어느 정도 유해하다는 것은 입증된 셈이다.[34]

CNN 등 외신은 일상생활에서 전자파 노출을 최소화하는 방법을 소개했는데 가장 간단한 방법은 휴대전화기를 최대한 멀리 하는 것이다. 전문가들은 헤드셋이나 스피커폰 사용을 추천한다. 직접 휴대전화기를 사용할 수밖에 없을 때는 '일정한 간격'을 두라고 제안한다. 애플의 아이폰4 사용설명서에는 휴대전화와 신체의 간격을 15밀리미터 이상 두라고 적혀 있다.

엘리베이터나 이동 중인 자동차 등에서 휴대전화 사용을 자제하는 게 좋다. 휴대전화는 기지국과 연결해 신호를 잡을 때 많은 전자파를 방출한다. 특히 이동하면서 전화를 하면 계속해서 새로운 기지국과 연결을 시도하기 때문에 휴대전화로부터 더 많은 전자파가 쏟아져

나온다. 통화 연결을 시도하는 도중이거나 충전 잔량이 떨어져 갈 때도 평소보다 많은 전자파가 발생한다. 전화는 되도록 짧게 하고 간단한 내용은 문자를 활용하는 것도 전자파 노출을 줄이는 방법이다.

　이 밖에도 전문가들은 아이들의 휴대전화 사용을 가능한 한 억제시키라고 지적했다. 성인보다 두개골이 얇아 전자파가 더 깊이 침투할 수 있는 데다 두뇌 성장이 진행 중이어서 전자파 노출로 인한 피해가 어른보다 클 수 있다는 설명이다.[35]

　전파를 이용한 장치가 궁극적으로 인체에 결정적인 영향을 미칠지 모른다는 것은 그야말로 악재가 아닐 수 없다. 우리의 자랑스러운 태권V의 철이가 지구를 구하기 위해 부단히 출동했다가 암에 걸렸다고 생각해보라. 그동안 세계를 구하는데 열심이었던 정의의 사자들이 충격을 받을 것이다.

　물론 앞에서 설명한 전자파의 부작용 문제는 휴대전화기를 이용하여 전파를 뇌에 주입하는 경우이므로 사람의 두뇌에서 발생하는 뇌파를 사용하는 것과는 전혀 다른 양상이다. 즉 전자파의 유해성은 인간의 뇌에 외부에서 주입되는 전파가 문제이지, 인간의 뇌가 발생되는 뇌파를 통해 무언가를 작동시키는 자체가 유해한 것은 아니라는 뜻이다. 오히려 일부 학자들은 머리를 많이 사용할수록 건강한 삶을 유지할 수 있다는 예를 들어 인간의 뇌를 적극적으로 활용해야 한다고 주장하는데 이 역시 뇌파의 활성화와 다르지 않다는 설명이다. 적어도 태권V의 철이가 암에 걸릴 이유는 없다는 뜻이지만 이 역시 확실하지는 않다.

　그래서 인간의 뇌파이든 아니든 어떤 상황이라도 활용하려는 생각 자체를 단념해야 한다는 지적도 있다. 인간의 두뇌를, 인간이 손을 대는 순간 인간의 의도대로 전개되지 않을 정도로 인간의 뇌가 복잡하므로 함부로 손을 대서는 안 된다는 것이다.

스탠리 큐브릭 감독이 이 문제를 다룬 「클락웍 오렌지 A Clockwork Orange」를 1971년에 발표했다. 내용은 인간이 인간의 두뇌를 조종할 때 어떤 결말이 나타날 수 있느냐를 보여준다.

15살의 비행소년 알렉스는 폭력 서클의 리더로 강간, 패싸움, 절도, 살인 등을 전문으로 하다가 체포되어 감옥에 수감된다. 과학자들은 혐오요법 등 '정신 제어'를 통해 그를 폭력과 성적 본능이 제거된 새로운 인간으로 개조했다. 그런데 과학자들의 의도와는 달리 알렉스는 과거보다 더 나쁜 상황으로 치닫는다.

인간이 악을 응징한다는 이유로 인간의 정신을 물리적으로 개조한다면 그것은 인간성의 말살로 귀결될 수 있다는 디스토피아적인 경고다. 인간의 두뇌를 건드려 파국을 초래할 수 있으므로 로봇에게 인간의 두뇌를 접목시킨다는 아이디어는 말이 안 된다는 주장이다. 영화 자체는 폭력이 난무하는 세상보다 더 소름끼치는 세상이 될 수 있다는 것이지만 영화사가들의 견지에서 보면 「프랑켄슈타인」의 소재를 역으로 뒤집는 발상에 기초한 수작으로 해석하기도 한다.[36]

이 문제에 대해서는 앞으로 많은 관련 분야의 사람들이 계속 주목하면서 기술 개발의 단계를 검증할 것으로 보인다. 실제로 워윅 교수도 자신의 실험을 허가받기 위해서 상당한 기간 동안 위원회의 조사와 검증을 받았다.

이런 문제가 장수를 꿈꾸는 사람들에게 진정한 걸림돌이 될 것인지 앞으로 부단한 연구로 밝혀지리라 생각된다. 한마디로 위에 제기한 문제점들도 함께 고민할 때 인간의 가능성이 무궁무진하다는 뜻이다. 이런 불유쾌한 상황이 일어났을 때 어떤 방안으로 대처할 수 있을까. 이 문제에 대한 답은 다소 넌센스 퀴즈와 같다.

우선 지금까지 지구를 누가 지켰는가? 유엔군? 다국적 연합군? 천만의 말씀이다. 지구가 위기에 처하자 자신을 희생하면서 악당들을 처치하기 위해 분연히 일어선 「독수리 5형제」, 「드래곤볼」, 「배트맨」, 「마징가Z」, 「로보트 태권V」, 「라이파이」는 물론 「로보캅」의 머피 형사, 「형사 가제트」, 「아이언 맨」 등 정의의 전사들이 있었기 때문이다. 심지어는 「스타워즈」에서 나오는 악의 화신 다스베이더도 결국 악보다는 선을 위해서 자신을 희생한다. 불행하게도 「수퍼맨」은 사망하여 지구를 구하는데 참가할 수 없다.

이와 같은 우화적인 낙관론은 지능적인 로봇을 만드는데 인간의 참여가 절대적으로 필요하기 때문이다. 로봇이 인간과 같이 발전하려면 어느 단계까지 인간의 도움이 필요하다. 인간은 성인이 되기까지 교육을 받아 성숙된 인격을 완성시키는데 그렇게 되기까지 수많은 사람들로부터 영향을 받아야 한다. 그 과정에서 인간이 결정적으로 위기에 처한다면 다음과 같은 인간의 특성이자 속성이 발휘된다는 것이다.

인간은 인격적이자 도덕적인 동물이므로 궁극적으로 인간에게 피해를 주지는 않는다는 것이다. 인간에 대해 다소 관대한 평가를 내렸다고도 볼 수 있지만 로봇이 로봇을 복제하게 되기까지는 수많은 사람들이 관여해야 한다는 것은 로봇의 한계성을 단적으로 보여준다. 적어도 인간이 기계와 대결할 때 인간성을 근본적으로 부정할 일은 인간이 하지 않는다는 것이다.

그런데 로봇이 인간에게 위해를 끼칠 수 있다는 바로 그 우려 즉 아이디어가 인간의 꿈인 불사조가 될 수 있다는데 아이러니가 있다. 한마디로 SF물에서 나오는 로봇의 위해성을 선용하면 죽지 않는 인간 즉 불사조의 아이디어가 된다. 이러한 미래가 현실로 이루어질지는 아직 그 누구도 장담할 수는 없다. 그럼에도 불구하고 단초는 꿰어졌다. 인간의 두뇌에서 나오는 전파로 남다르게 큰일을 할 수 있다는 것이 증명되었기 때문이다.

로봇의 연구가 궁극적으로 불사조를 만들 수 있을거라는 희망까지 주었다는데 놀라지 않을 수 없다. 한마디로 로봇 만만세이다.

주석

1) 『교과서 밖으로 뛰쳐나온 과학』, 이성규, 중심, 2006
2) 「"로봇에 뇌 이식, 죽지 않는 인간 만든다"… 아바타 계획」, 송혜민, 서울신문, 2012.08.04
3) 「생각 송수신 장치로 의사소통 세계 단일통화 출현」, 이한수, 조선일보, 2012.01.17
4) 『영화속의 바이오테크놀로지』, 박태현, 생각의나무, 2009
5) 「뇌 지도(Brain Map) 탐구, 게놈 프로젝트에 이은 최후의 미개척지」, 김형자, 〈주간조선〉, 2005. 7. 19.
6) 「뇌를 다운받아 영생을 꿈꾸는 현대판 진시황」, 유상연, 〈사이언스타임즈〉, 2005. 7. 13.
7) 『판타스틱 사이언스』, 수 넬슨 외, 웅진닷컴, 2005.
8) 『하리하라의 과학블러그2』, 이은희, 살림, 2005
9) 『로봇 이야기』, 김문상, 살림, 2005.
10) 『판타스틱 사이언스』, 수 넬슨 외, 웅진닷컴, 2005.
11) 「미래의 사이보그가 걸어온다」, 김수병, 한겨레21, 2006년 09월 01일
12) 『인간은 어떻게 늙어갈까』, 김영곤, 아카데미서적, 2000
13) 『교과서 밖으로 뛰쳐나온 과학』, 이성규, 중심, 2006
14) 『미래 속으로』, 에릭 뉴트, 이끌리오, 2001
15) 『물리학자는 영화에서 과학을 본다』, 정재승, 동아시아, 2002
16) 『미래 속으로』, 에릭 뉴트, 이끌리오, 2001
17) 『노벨상이 만든 세상(물리)』, 이종호, 나무의꿈, 2007
18) 「뇌 운동중추에 머리카락 굵기의 전극 96개 심어 신경신호 포착→해독 SW→로봇 동작으로 변환」, 이영완, 조선일보, 2012.05.18
19) 「내 마음대로 움직이네!… '생각을 읽는 기계' 개발 경쟁」, 이태훈, 조선일보, 2009.08.28
20) 「특수 헤어밴드로 스티븐 호킹(英 천재 물리학자)의 뇌 해킹한다」, 장상진, 조선일보, 2012.06.26
21) 「뇌-기계 인터페이스의 모든 것」, 이인식, 중앙일보, 2012.07.28
22) 「생각만으로 로봇 움직여… 인류 '뇌과학+IT' 새 길 연다」, 김신영, 2012.05.18
23) 「생각 송수신 장치로 의사소통 세계 단일통화 출현」, 이한수, 조선일보, 2012.01.17

24) 『영화 속의 철학』, 박병철, 서광사, 2001
25) 『하리하라의 과학블러그2』, 이은희, 살림, 2005
26) 「뇌-기계 인터페이스의 모든 것」, 이인식, 중앙일보, 2012.07.28
27) 「뇌에서 뇌로 정보 전달하는 무선통신 시대 성큼 "주말 골퍼도 우즈처럼 칠 수 있다"」, 이영완, 조선일보, 2011.01.12
28) 「뇌 운동중추에 머리카락 굵기의 전극 96개 심어 신경신호 포착→해독 SW→로봇 동작으로 변환」, 이영완, 조선일보, 2012.05.18
29) 「월드사이언스포럼」, 김형근, 사이언스타임스, 2008.5.8
30) 「마우스도 귀찮아, 생각만으로 움직일 순 없을까」, 이성규, 「사이언스타임즈」, 2005. 6. 20.
31) 「나는 왜 사이보그가 되었는가」, 케빈 워윅, 김영사, 2004.
32) 「WHO(세계보건기구) "휴대전화 전자파, 癌 유발 가능한 물질"」, 김신영, 조선일보, 2011.06.02
33) 「'휴대전화 소송' 앞으로 줄 이을 듯」, 이송원, 조선일보, 2011.06.02
34) 「휴대전화 유해성 연구마다 달라 특정암 유발한다고 보긴 어려워」, 김철중, 조선일보, 2011.06.02
35) 「휴대전화와 몸의 간격 1.5cm 이상 둬야 좋아, 달리는 車서 이용 땐 더 많은 전자파 나와」, 이송원, 조선일보, 2011.06.02
36) 『하이테크 시대의 SF 영화』, 김진우, 한나래, 1995

로봇, 사람이 되다
2 함께 사는 로봇이야기

초판 발행 2013년 8월 15일

지은이 이종호 ○ **펴낸이** 유광종
펴낸곳 한국이공학사 ○ **임프린트** 과학사랑
출판등록 제9-92호 1977.2.1
주소 서울특별시 영등포구 당산동2가 58번지
전화 02-2676-2062 ○ **팩스** 02-2676-2015
전자우편 hankuk204@naver.com

값 16,500원
과학사랑은 도서출판 한국이공학사의 교양서적 브랜드입니다.

ISBN 978-89-7095-132-4 94560
978-89-7095-130-0(2권세트)